建设工程施工图识读系列丛书

市政工程施工图识读

顾少华　徐佳力　胡茂泉　主编

中国建材工业出版社

图书在版编目（CIP）数据

市政工程施工图识读 / 顾少华，徐佳力，胡茂泉主编． -- 北京：中国建材工业出版社，2023.8
（建设工程施工图识读系列丛书 / 胡茂泉主编）
ISBN 978-7-5160-3813-0

Ⅰ．①市… Ⅱ．①顾… ②徐… ③胡… Ⅲ．①市政工程－工程施工－工程图纸－识别 Ⅳ．① TU99

中国国家版本馆 CIP 数据核字（2023）第 147689 号

市政工程施工图识读
SHIZHENG GONGCHENG SHIGONGTU SHIDU
顾少华　徐佳力　胡茂泉　主编

出版发行：中国建材工业出版社
地　　址：北京市海淀区三里河路 11 号
邮政编码：100831
经　　销：全国各地新华书店
印　　刷：北京雁林吉兆印刷有限公司
开　　本：787mm×1092mm　1/16
印　　张：12
字　　数：300 千字
版　　次：2023 年 8 月第 1 版
印　　次：2023 年 8 月第 1 次
定　　价：50.00 元

前　　言

施工图识读是建设工程设计、施工的基础，在技术交底以及整个施工过程中，应科学准确地理解施工图的内容。施工图也是科学表达工程性质与功能的通用工程语言。它不仅关系到设计构思是否能够准确实现，同时关系到工程的质量，因此无论是设计人员、施工人员还是工程管理人员，都必须掌握识读工程图的基本技能。

为了帮助广大建设工程设计、施工和工程管理人员系统地学习并掌握最新的建设工程施工图识图的基本知识，我们编写了《建筑工程施工图识读》《市政工程施工图识读》《装饰装修工程施工图识读》和《安装工程施工图识读》这一系列识图丛书。编写这套丛书的目的：一是培养读者的空间想象能力；二是培养读者更好地依照国家标准，正确阅读建筑工程图的基本能力。本书在编写过程中，融入了编者多年的工作经验并配有大量识读实例，具有内容简明实用、重点突出、与实际结合性强等特点。

本书由顾少华、胡茂泉、徐佳力主编。第一章主要介绍了投影概述、道路工程概述、道路工程平面图、道路工程纵断面图、道路工程横断面图、道路工程路基与路面施工图、防护工程图、道路工程交叉口施工图、高架道路工程施工图和城市道路及景观绿化工程；第二章主要介绍了桥梁工程施工图概述、桥梁工程基坑与基础施工图、桥梁工程施工图和桥梁工程构件详图；第三章主要介绍了隧道洞门图、隧道衬砌图和隧道避车洞图；第四章主要介绍了涵洞工程施工图和通道工程施工图；第五章主要介绍了供热管道工程施工图和燃气管道工程施工图；第六章主要介绍了给水排水系统图、给水排水工程施工图和管道工程构件详图；第七章主要介绍了市政工程施工图的实例。

由于编者的水平有限，疏漏之处在所难免，恳请广大同仁及读者不吝赐教。

编者

2023.8

前 言

目　　录

第一章

道路工程施工图

第一节　投影概述

一、投影的形成与分类

1. 投影的形成

投影在日常生活中随处可见。在阳光下，物体在地面上的落影。在灯光下，物体在墙面、桌面上的落影。人们对这种自然现象进行科学的归纳和总结，用画法几何学的语言清晰的描述出了物体和落影之间的几何关系，开创了绘制工程图样的方法——投影法。

如图 1-1 所示，光源用 S 表示，墙面作为投影面（承受落影的面），用 P 来表示，从光源 S 发出的光线，经过物体（三角板）的边缘投射到投影面上的线，称为投影线，这些投影线与投影面相交的交点连线所围合而成的图形，为物体在投影面上的投影。要获得物体的投影，必须具备投影线、物体和投影面这三个基本条件。用投影表示物体的方法，称为投影法。

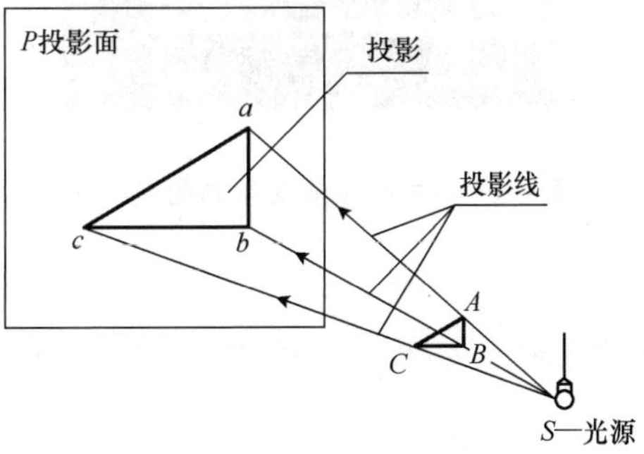

图 1-1　投影的形成

2. 投影法的分类

按投射线的不同,投影法可分为两大类,即中心投影法和平行投影法。

(1)中心投影法

投影线从一点射出所产生的投影方法,称为中心投影法,如图 1-2 所示。

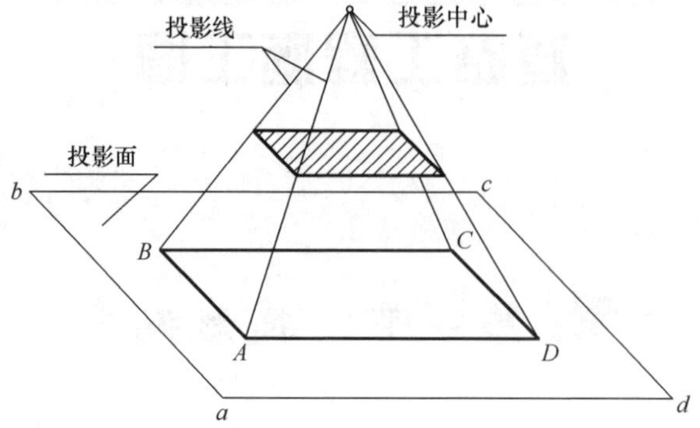

图 1-2　中心投影法

采用中心投影法绘制的图样,称为透视图。这种图样立体感较强,在建筑工程外形设计中经常使用,如图 1-3 所示。

图 1-3　用中心投影法绘制的透视图

(2)平行投影法

投影线互相平行所产生的投影方法,称为平行投影法。平行投影法又分为正投影法和斜投影法。

1)正投影法

投影线互相平行且垂直于投影面所产生的投影方法,称为正投影法,是工程图样常用的投影方法,如图 1-4 所示。

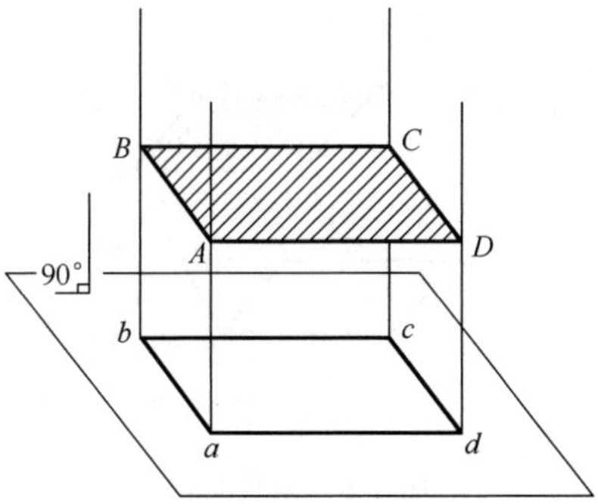

图 1-4　正投影法

正投影包括以下基本特征：

①积聚性的特征。直线和平面垂直于投影面时，直线和平面的投影积聚成一个点和一条直线，如图 1-5(a)和图 1-5(b)所示。

②显实性的特征。直线和平面平行于投影面时，直线和平面的投影分别反映实长和实形，如图 1-5(c)所示。

③相似性的特征。直线和平面与投影面倾斜时，直线的投影变短，平面的投影变小，但投影的形状与原来形状相似，如图 1-5(d)所示。

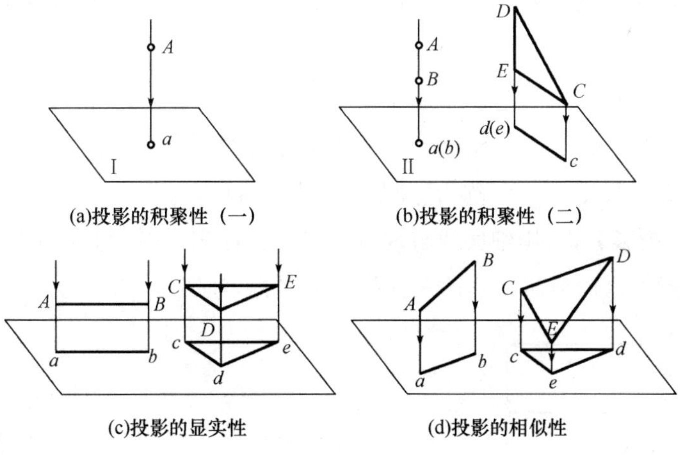

图 1-5　正投影的基本特征

2)斜投影法

投影线互相平行且倾斜于投影面所产生的投影方法，称为斜投影法，如图 1-6 所示。

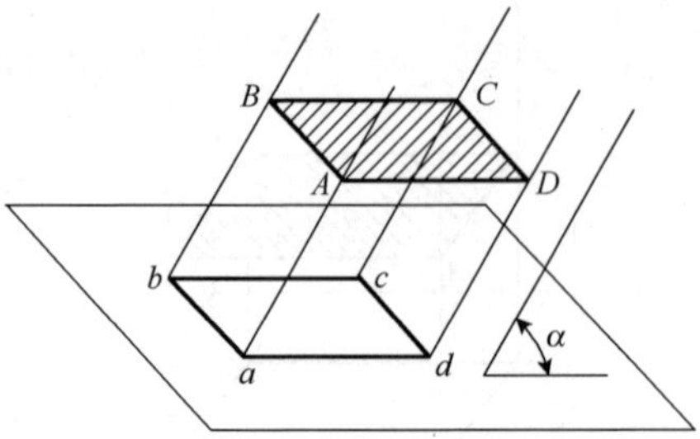

图 1-6 斜投影法

二、点、直线及平面的投影

1. 点的投影

点是最基本的几何元素，掌握点的投影规律，是绘制和识读工程图样的基础。制图中规定，空间点用大写拉丁字母（如 A、B、C……）表示；空间点的投影用同名小写字母（在 H 面上用 a、b、c……；在 V 面上用 a′、b′、c′……；在 W 面上用 a″、b″、c″……）表示。点的投影用小圆圈画出，直径小于 1mm。点的标记写在投影的近旁，标注在相应的投影区域中。

如图 1-7(a)所示，将空间点 A 置于三面投影体系中，采用正投影的方法，自 A 点分别向三个投影面作投影线（作垂线），分别与投影面相交得 a、a′、a″，即为空间点 A 的 H 面投影、V 面投影和 W 面投影。则：

A 点在 H 面上的投影 a——称为空间点 A 的水平投影；

A 点在 V 面上的投影 a′——称为空间点 A 的正面投影；

A 点在 W 面上的投影 a″——称为空间点 A 的侧面投影。

为了便于进行投影分析，用细实线将两点投影连接起来，分别与轴相交后得到 a_X、a_{Y_H}、a_Z 和 a_{Y_W}，展开后如图 1-7(b)所示。点的三面投影的坐标，如图 1-8 所示。

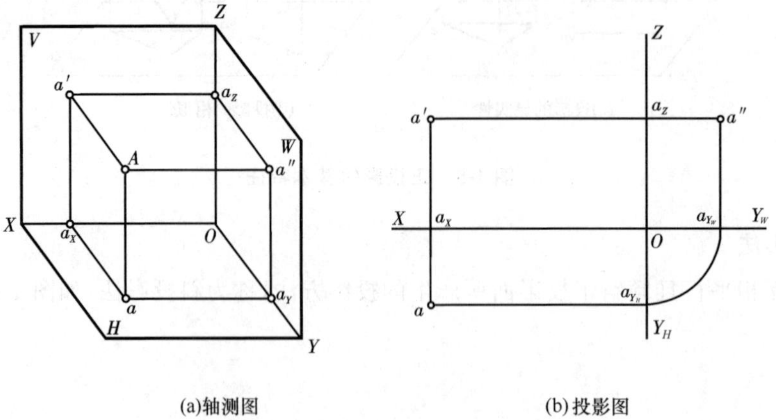

图 1-7 点的三面投影

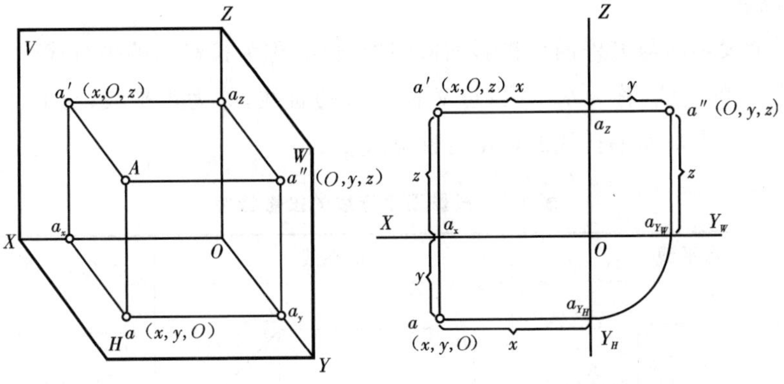

(a)轴测图　　(b)投影图

图 1-8　点的坐标

2. 直线的投影

直线是点沿着一定方向运动的轨迹，两点即可定一直线，求作直线的投影就是求作直线两个端点的投影，然后同名投影连线，即得该直线的投影。

按照直线与投影面相对位置的不同分为：一般位置直线、特殊位置直线。

(1)一般位置直线

倾斜于三个投影面的直线，称为一般位置直线，如图 1-9 所示。

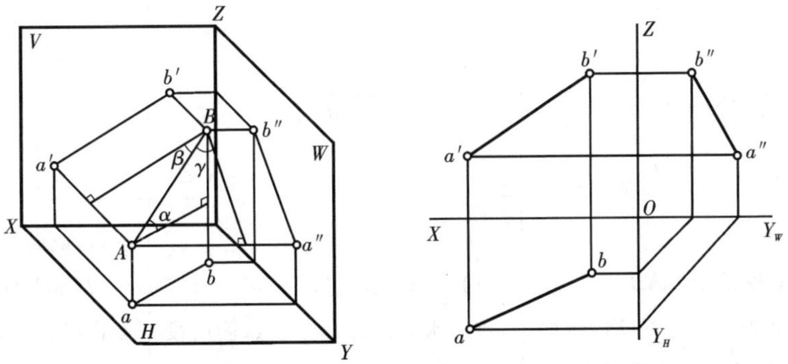

(a)轴测图　　(b)投影图

图 1-9　一般位置直线的投影

直线与投影面上的投影所夹的角，称为直线对该投影面的倾角。按照规定，对 H、V、W 面的倾角分别用 α、β、γ 表示。

一般位置直线的投影特性包括以下两点：

1)直线的三个投影仍为直线，均小于实长。

2)直线的三个投影倾斜于投影轴，三个投影与投影轴的夹角不反映直线与投影面的真实倾角 α、β、γ。

(2)特殊位置直线

1)平行一个投影面与另外两个投影面倾斜的直线,称为投影面的平行线。

与 H 面平行的直线,称为水平线;与 V 面平行的直线,称为正平线;与 W 面平行的直线,称为侧平线。三种投影面平行线的投影特性见表 1-1。

表 1-1　投影面平行线的投影特性

名称	水平线	正平线	侧平线
轴测图	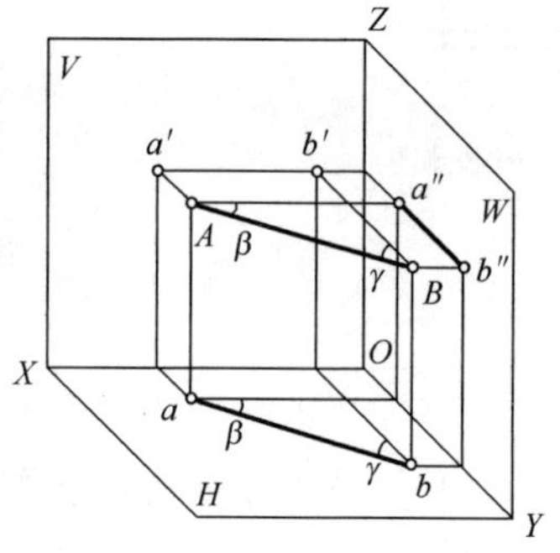	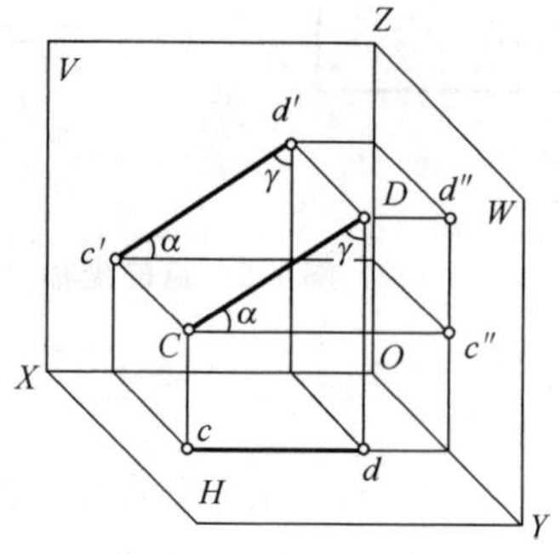	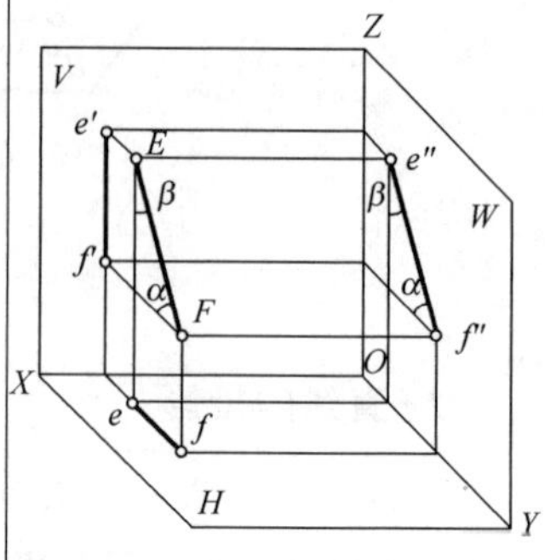
投影图	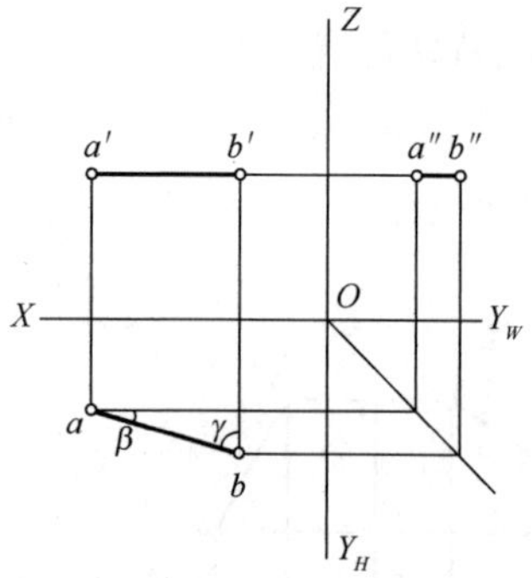	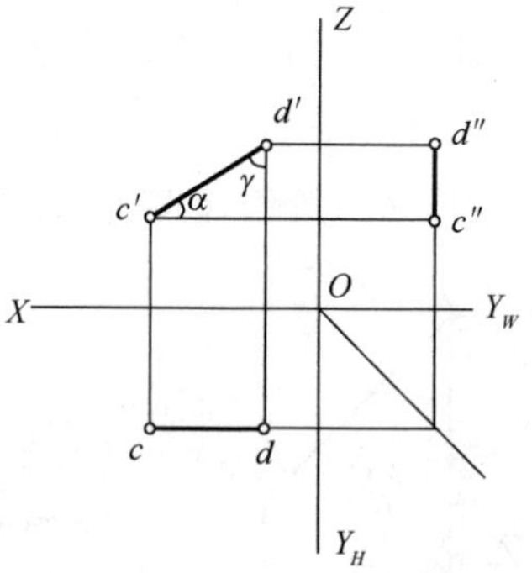	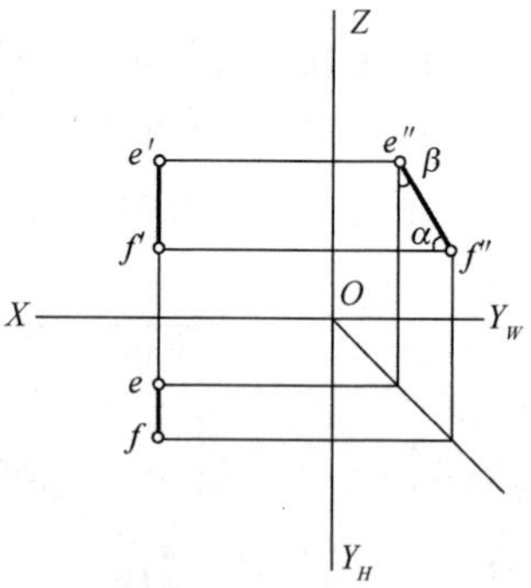
投影特性	(1)水平投影 $ab=AB$ (2)正面投影 $a'b'/\!/OX$,侧面投影 $a''b''/\!/OY_W$,都不反映实长 (3)ab 与 OX 和 OY_H 的夹角 β、γ 等于 AB 对 V、W 面的倾角	(1)正平投影 $c'd'=CD$ (2)水平投影 $cd/\!/OX$,侧面投影 $c''d''/\!/OZ$,都不反映实长 (3)$c'd'$ 与 OX 和 OZ 的夹角 α、γ 等于 CD 对 H、W 的倾角	(1)侧面投影 $e''f''=EF$ (2)水平投影 $ef/\!/OY_H$,正面投影 $e'f'/\!/OZ$,都不反映实长 (3)$e''f''$ 与 OY_W 和 OZ 的夹角 α、β 等于 EF 对 H、V 的倾角

投影面平行线的投影特性包括以下两点:

①与哪一个投影面平行,在该投影面上的投影反映实长,反映直线对其他两个投影面的真实倾角。

②另外两个投影分别平行相对应的投影轴。

2)垂直一个投影面与另外两个投影面平行的直线,称为投影面的垂直线。

与 H 面垂直的直线,称为铅垂线;与 V 面垂直的直线,称为正垂线;与 W 面垂直的直线,称为侧垂线。三种投影面垂直线的投影特性见表 1-2。

表 1-2 投影面垂直线的投影特性

名称	铅垂线	正垂线	侧垂线
轴测图	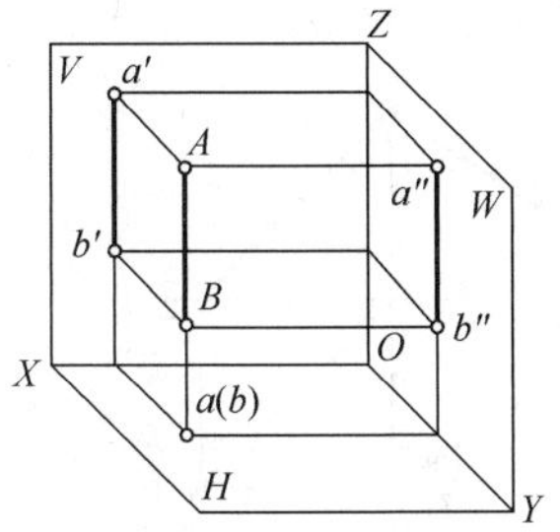	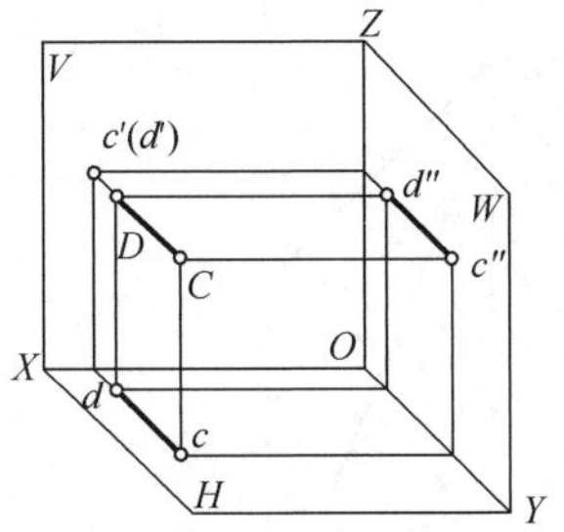	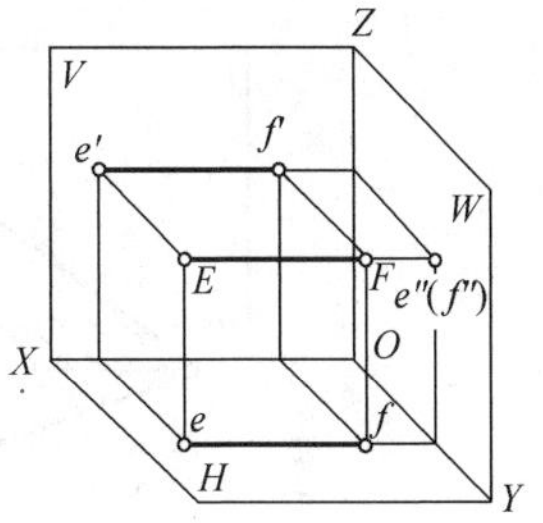
投影图	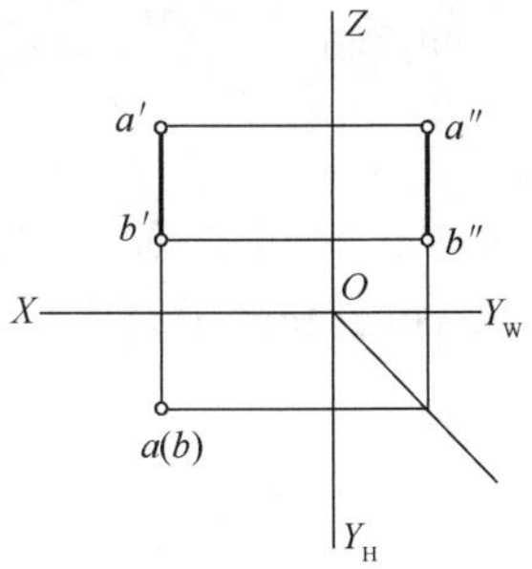	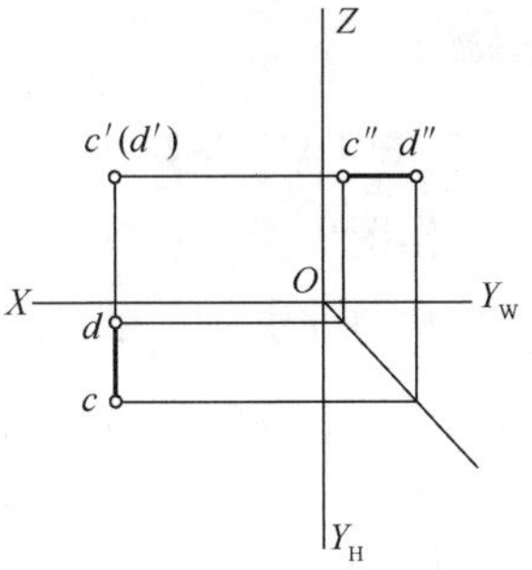	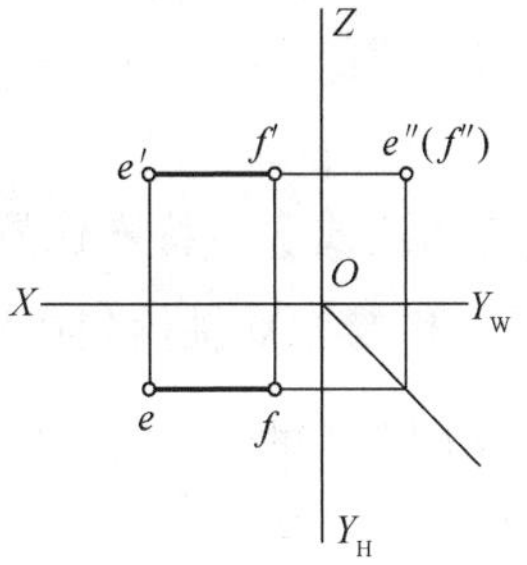
投影特性	(1)水平投影 $a(b)$ 积聚成一点,有积聚性 (2)$a'b'=a''b''=AB$,且 $a'b'\perp OX$,$a''b''\perp OY_W$	(1)正面投影 $c'(d')$ 积聚成一点,有积聚性 (2)$cd=c''d''=CD$,且 $cd\perp OX$,$c''d''\perp OZ$	(1)侧面投影 $e''(f'')$ 积聚成一点,有积聚性 (2)$ef=e'f'=EF$,且 $ef\perp OY_W$,$e'f'\perp OZ$

投影面垂直线的投影特性包括以下两点:

①与哪一个投影面垂直,在该投影面上的投影有积聚性。

②另外两个投影分别垂直相对应的轴,反映实长。

3. 平面的投影

不在一条直线上的三个点,即可确定一个平面。

(1)用几何元素表示平面,如图 1-10 所示。

(2)平面与投影面的交线,称为迹线。用迹线来确定其位置的平面,称为迹线平面,如图 1-11所示,与 H 面的交线称为水平迹线,用 P_H 表示;与 V 面的交线称为正面迹线,用 P_V 表示;与 W 面的交线称为侧面迹线,用 P_W 表示。

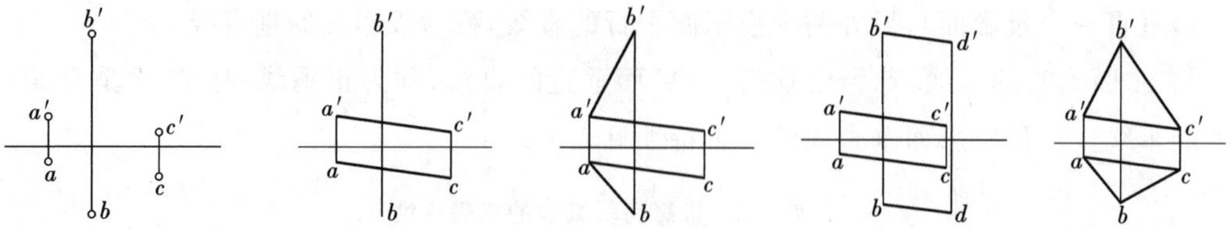

(a)不在同一直线上的三个点　(b)一直线和直线外一点　(c)相交两直线　(d)平行两直线　(e)任意平面图形

图 1-10　用几何元素表示平面

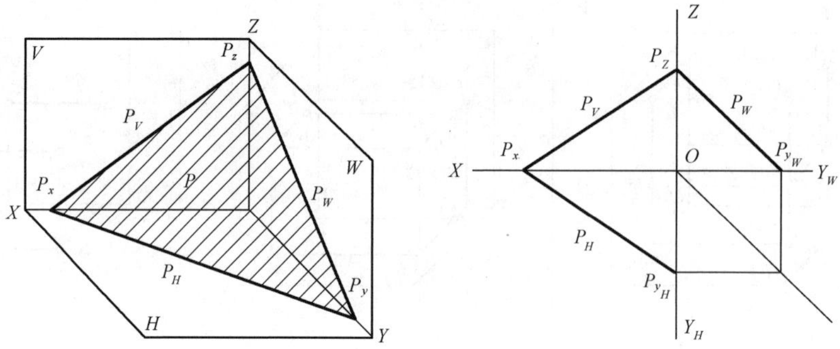

(a)轴测图　(b)投影图

图 1-11　用迹线表示平面

用迹线表示特殊位置平面，在作图中经常用到。如图 1-12(a)所示，正垂面 P 的正面迹线 P_V 一定与 OX 轴倾斜($P_H \perp OX$，$P_W \perp OZ$，P_H和 P_W均可不用画出)；如图 1-12(b)所示，正平面 Q 的水平迹线 Q_H和侧面迹线 Q_W一定分别与 OX 轴和 OZ 平行。

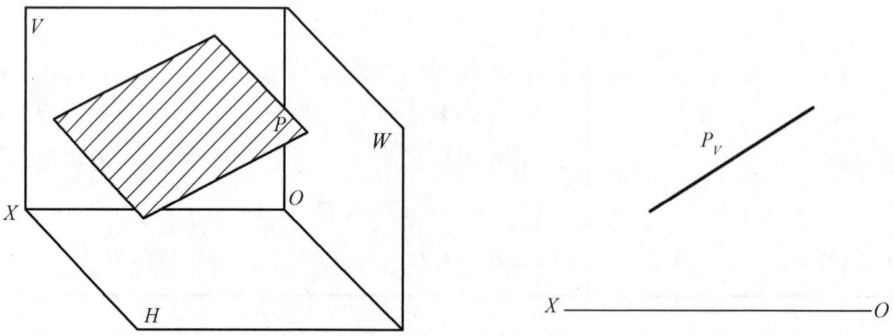

(a)

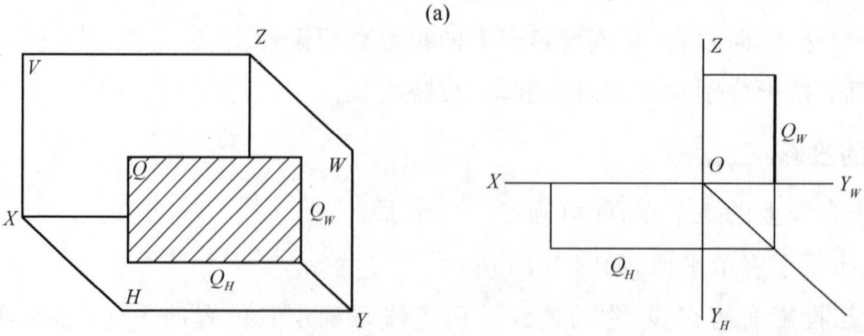

(b)

图 1-12　用迹线表示特殊位置平面

从平面的表示形式中我们发现，平面图形是由线段和线段之间的交点组合而成的，因此，求其平面的投影，就是求平面的这些线段和线段之间的交点的投影，然后将其各点的同名投影依次连线，即为平面的投影，如图 1-13 所示。

(3)倾斜于三个投影面的平面，称为一般位置平面，如图 1-13 所示。

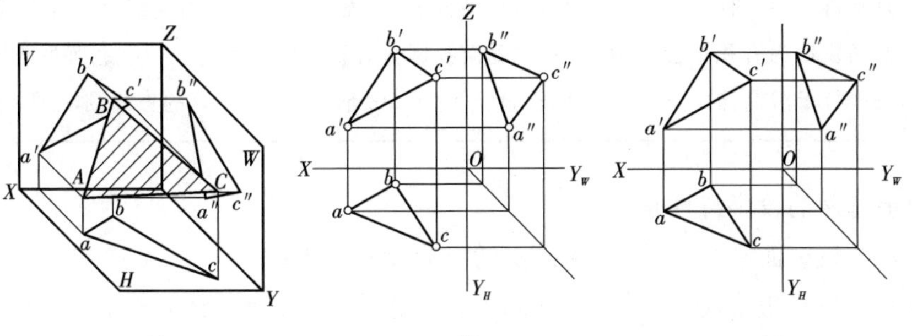

(a)　　(b)　　(c)

图 1-13　一般位置平面

一般位置平面的投影特性是：三个投影均成平面形，比实际形状小，不反映实形。

(4)特殊位置平面。

1)平行于一个投影面，与另外两个投影面垂直的平面，称为投影面的平行面。

与 V 面平行的平面，称为正平面；与 H 面平行的平面，称为水平面；与 W 面平行的平面，称为侧平面。三种投影面平行面的投影特性见表 1-3。

表 1-3　投影面平行面的投影特性

名称	水平面(∥H)	正平面(∥V)	侧平面(∥W)
轴测图	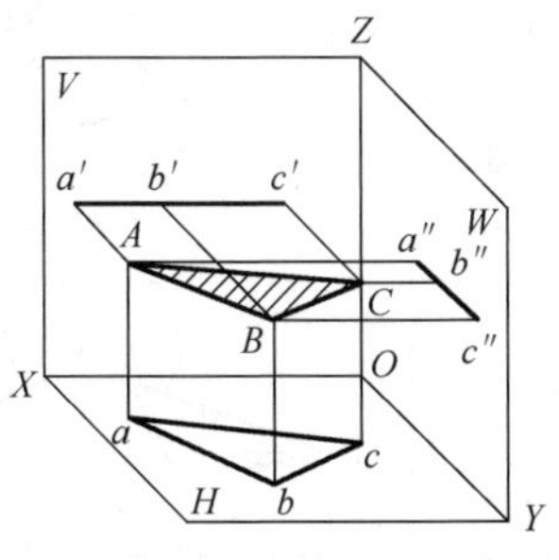	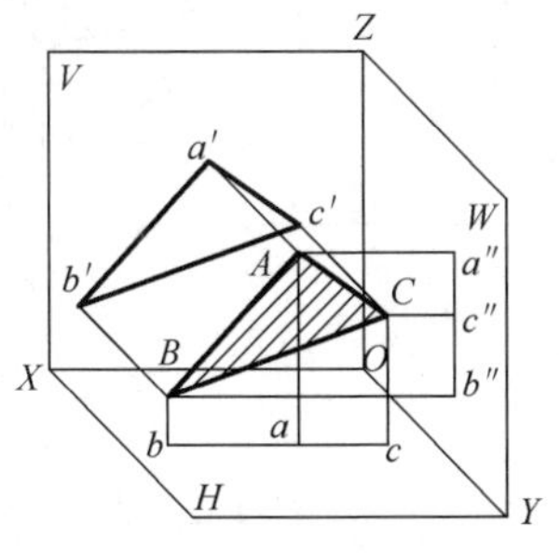	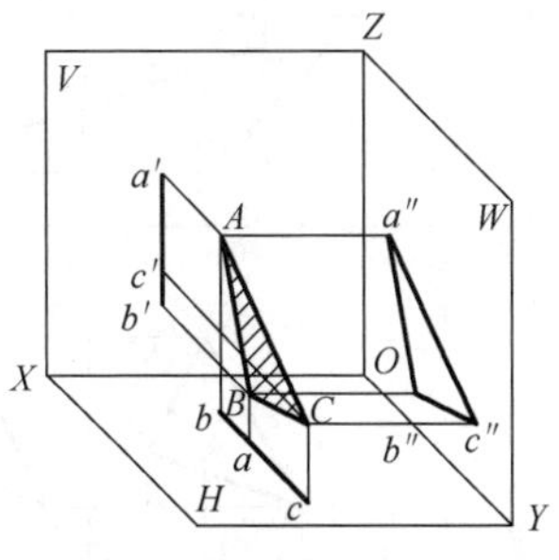
投影图	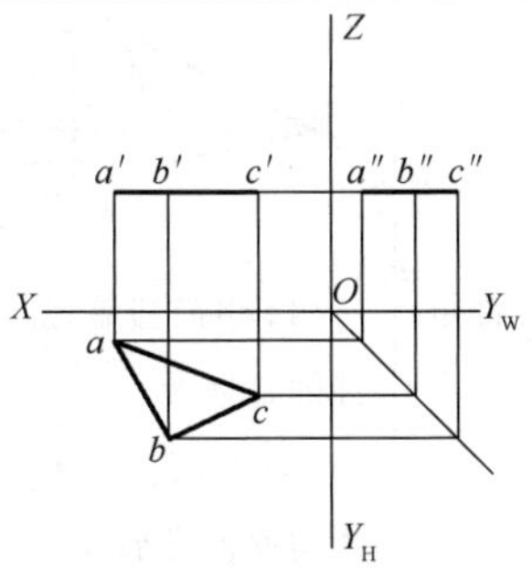	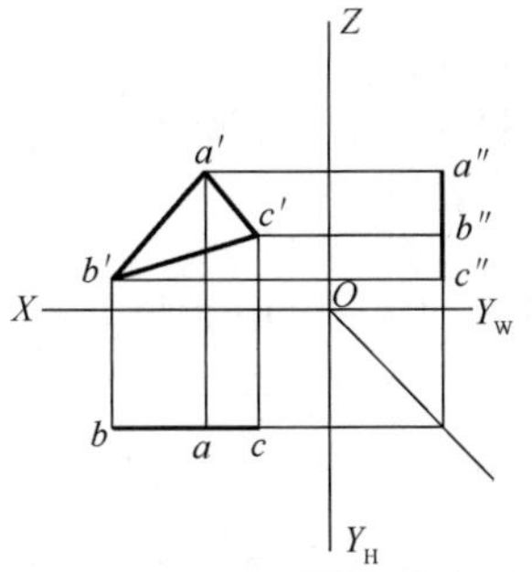	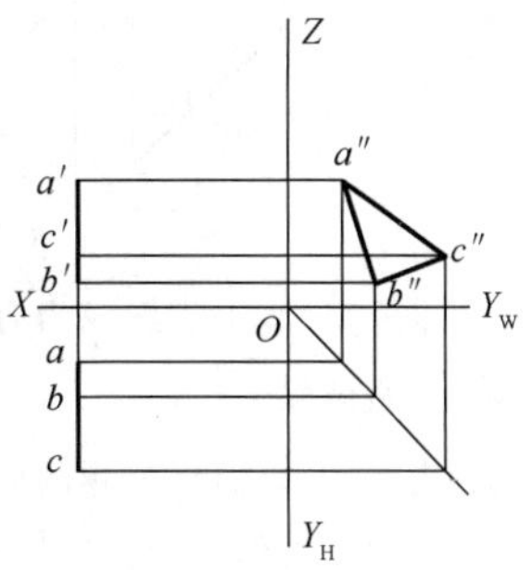

（续表）

名称	水平面（//H）	正平面（//V）	侧平面（//W）
投影特性	（1）水平投影反映实形 （2）正面投影为有积聚性的直线段，且平行于 OX 轴 （3）侧面投影为有积聚性的直线段，且平行于 OY_W 轴	（1）正面投影反映实形 （2）水平投影为有积聚性的直线段，且平行于 OX 轴 （3）侧面投影为有积聚性的直线段，且平行于 OZ 轴	（1）侧平投影反映实形 （2）水平投影为有积聚性的直线段，且平行于 OY_H 轴 （3）正面投影为有积聚性的直线段，且平行于 OZ 轴

投影面平行面的投影特性是：

①与哪一个投影面平行，在该投影面上的投影反映实形。

②另外两个投影积聚成直线段，且共同垂直于相对应的投影轴（平行于相对应的投影轴）。

2）垂直于一个投影面，与另外两个投影面倾斜的平面，称为投影面的垂直面。

与 V 面垂直的平面，称为正垂面；与 H 面垂直的平面，称为铅垂面；与 W 面垂直的平面，称为侧垂面。二种投影面垂直面的投影特性见表 1-4。

表 1-4　投影面垂直面的投影特性

名称	铅锤面（⊥H）	正垂面（⊥V）	侧垂面（⊥W）
轴测图	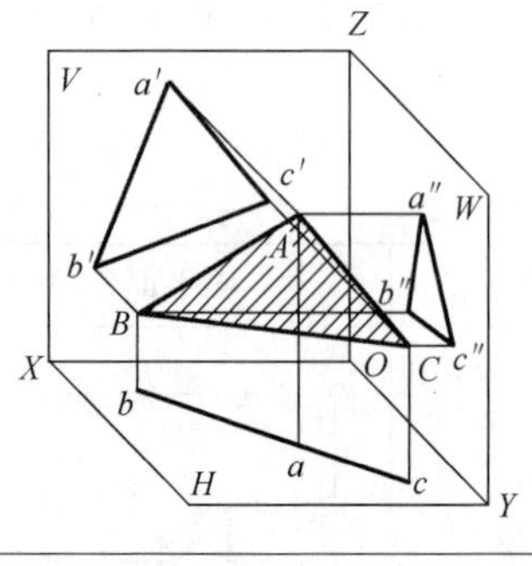	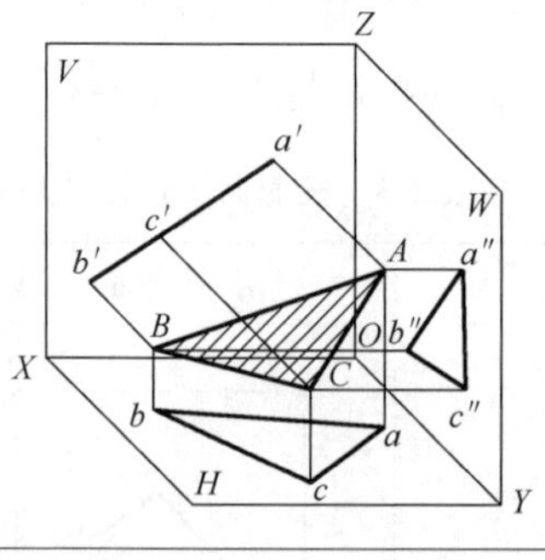	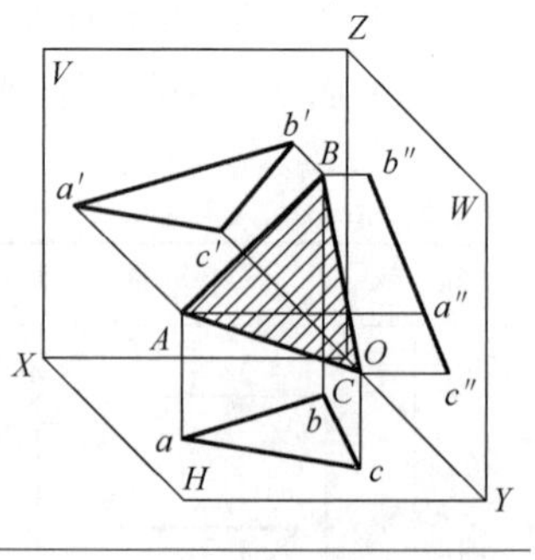
投影图	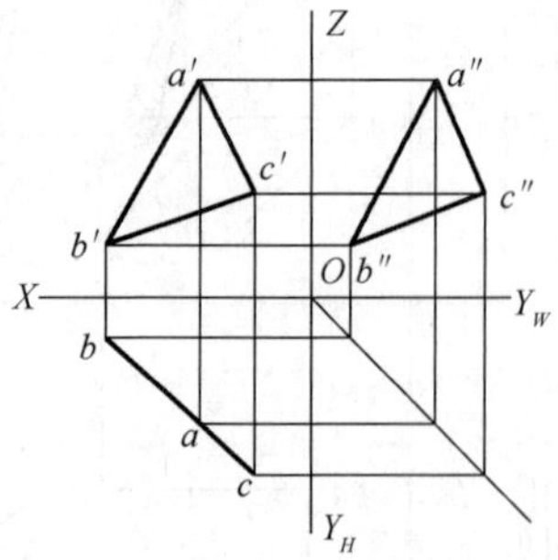	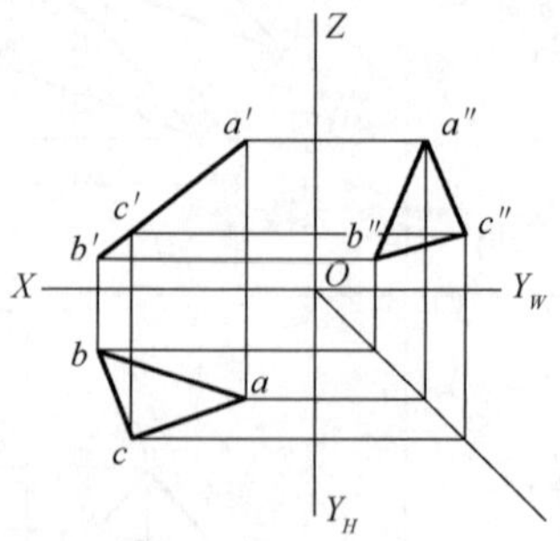	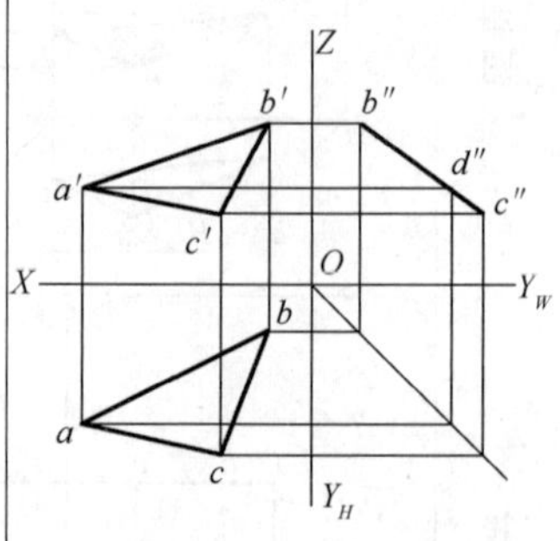
投影特性	（1）水平投影成为有积聚性的直线段 （2）正面投影和侧面投影均与原形类似	（1）正面投影成为有积聚性的直线段 （2）水平投影和侧面投影均与原形类似	（1）侧面投影成为有积聚性的直线段 （2）正面投影和水平投影均与原形类似

投影面垂直面的投影特性是：

①与哪一个投影面垂直，在该投影面上的投影积聚成一条直线，且反映对其他两个投影面的真实倾角。

②另外两个投影均成平面形，但比实际形状小。

三、立体投影

1. 平面立体的投影

由平面围合而成的立体，称为平面立体。根据平面立体的形状，可分为棱柱体和棱锥体，如图 1-14 所示。根据规定，在绘制立体的三面投影图中，有些表面的交线（棱线）处于不可见位置，在图中须用虚线画出。

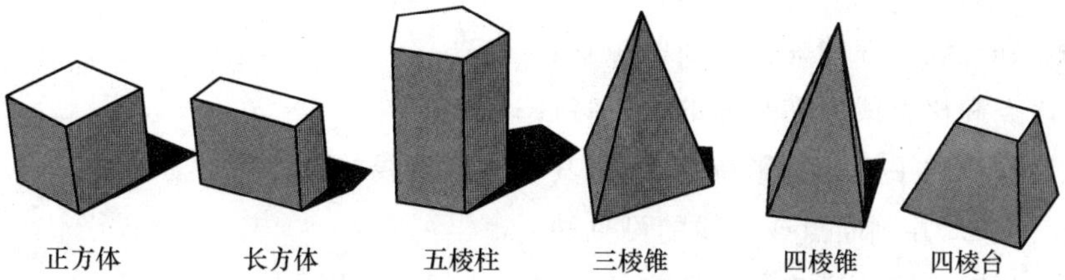

(a)棱柱体　　(b)棱锥体

图 1-14　平面立体

（1）棱柱体的组成

棱线互相平行的立体，称为棱柱体。如：三棱柱、四棱柱、六棱柱等。棱柱体是由棱面（棱柱体的表面）、棱线（棱面与棱面的交线）、棱柱体的上下底面共同组成。

（2）棱柱体的三面投影

如图 1-15 所示，三棱柱体的三角形上底面和下底面是水平面，左、右两个棱面是铅垂面，后面的棱面是正平面。

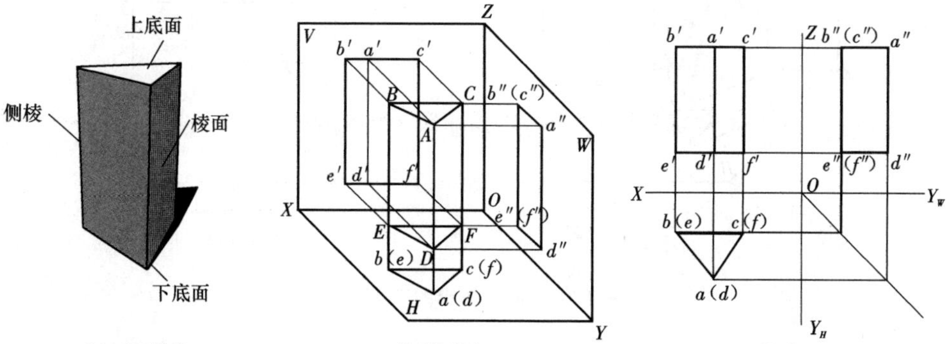

(a) 三棱柱体　　(b) 轴测图　　(c) 投影图

图 1-15　三棱柱的三面投影

水平投影是一个三角形，是上下底面的重合投影。与 H 面平行，反映实形。三角形的三条边，是垂直于 H 面的三个棱柱面的积聚投影。三个顶点是垂直于 H 面的三条棱线的积聚投影。

正面投影是左右两个棱面与后面棱面的重合投影。左右两个棱面是铅垂面。后面的棱面是正平面，反映实形。三条棱线互相平行，是铅垂线且反映实长。两条水平线是上下底面的积聚投影。

侧面投影是左右两个棱面的重合投影。左边一条铅垂线是后面棱面的积聚投影，右边的一条铅垂线是三棱柱最前一条棱线的投影(左右两个棱面的交线)。两条水平线是上下底面的积聚投影。

(3)棱柱体体表面上点和直线的投影

求体表面上点和直线的投影时，其基本作图步骤是：

1)判断点和直线所在的立体表面的位置；

2)判断该点和该直线所在平面的投影特性；

3)根据该点所在平面的投影特性，确定其求点或直线的方法；

4)完成其投影，并判断点或直线的可见性。

上述基本作图步骤适用于各类体表面求点和直线的投影。

(4)棱锥体

棱线交于一点的立体，称为棱锥体。如：三棱锥、四棱锥、六棱锥等。棱锥体是由锥面(棱锥体的表面)、棱线(锥面与锥面的交线)、棱锥体的底面共同组成。

如图 1-16 所示，前边左右两个锥面是一般位置平面，后面的锥面是侧平面。左右两条锥线是一般位置直线，前边的锥线是侧平线。三棱锥的底面是水平面。

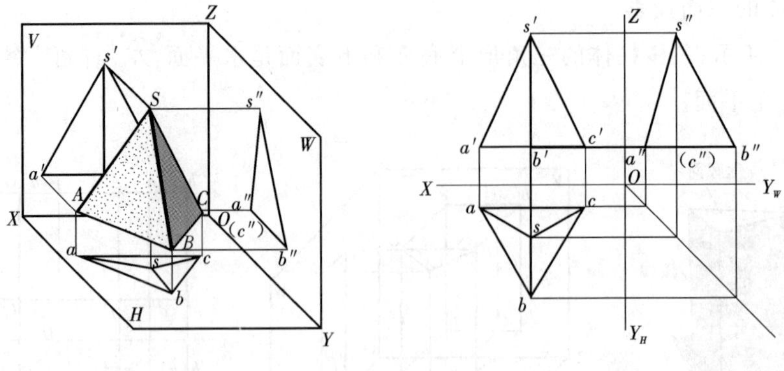

(a)轴测图　　(b)投影图

图 1-16　正三棱锥的三面投影

水平投影是整个锥面与底面的重合投影。底面平行于 H 面，水平投影反映实形。锥顶 S 的水平投影 s 与三角形的三个角点的连线是三条锥线的水平投影。连线构成的小三角形为三个锥面的水平投影。

正面投影是左右两个锥面与后面锥面的重合投影。两个小三角形线框是左右两个锥面的正面投影。大三角形线框是后面锥面的正面投影。水平线是三棱锥底面的积聚投影。

侧面投影是左右两个锥面的重合投影。左边的棱线是三棱锥后面棱面的积聚投影。右边的棱线是三棱锥最前面的棱线投影。水平线是三棱锥底面的积聚投影。

2. 曲面立体的投影

由平面和曲面或完全由曲面围合而成的立体,称为曲面立体。它们是由母线(直线或曲线)绕轴旋转形成的。根据曲面立体的形状,可分为圆柱体、圆锥体和球体,如图 1-17 所示。

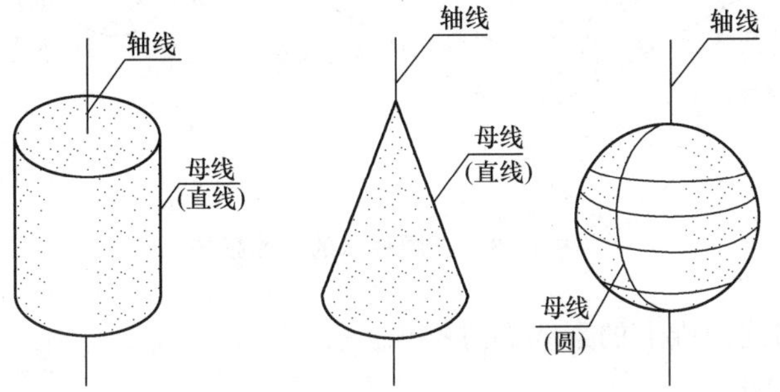

图 1-17　曲面立体的形成

(1)圆柱体

圆柱体是由圆柱面、上下底面共同围合而成曲面体。圆柱面是母线与轴线平行,绕轴旋转而成。处于回转运动中的直线或曲线称为母线。母线在曲面上转至某一位置时称为素线。因此,圆柱面上是由许多素线所围成的。

如图 1-18 所示,圆柱体的水平投影是一个圆,是上下底面圆的重合投影,反映实形。圆周是圆柱面的积聚投影,圆周上的任何一点,都对应某一位置素线的水平投影,也就是说,圆柱面上的素线是铅垂线,圆的半径等于上下底圆的半径。圆柱轴线是铅垂线,圆心就是轴线的积聚投影。

正面投影为一矩形,是前半个柱面与后半个柱面的重合投影。两条垂线是圆柱面上最左和最右两条轮廓素线的投影,其投影是圆柱体可见与不可见的分界线,即前半个柱面可见,后半个柱面为不可见。最前和最后的轮廓素线(不需画出其投影)与轴线重合,用点画线表示。矩形上下两条水平线是圆柱体上下底圆的正面投影,积聚成两条直线。

侧面投影为一矩形,是左半个柱面与右半个柱面的重合投影。两条垂线是圆柱面上最前和最后两条轮廓素线的投影,其投影是圆柱体可见与不可见的分界线,即左半个柱面可见,右半个柱面为不可见。最左和最右的轮廓素线(不需画出其投影)与轴线重合,用点画线表示。矩形上下两条水平线是圆柱体上下底圆的侧面投影,积聚成两条直线。

(2)圆锥体

圆锥体是由圆锥面和下底面圆共同围合而成的曲面体。圆锥面是母线 SA 围绕和它相交

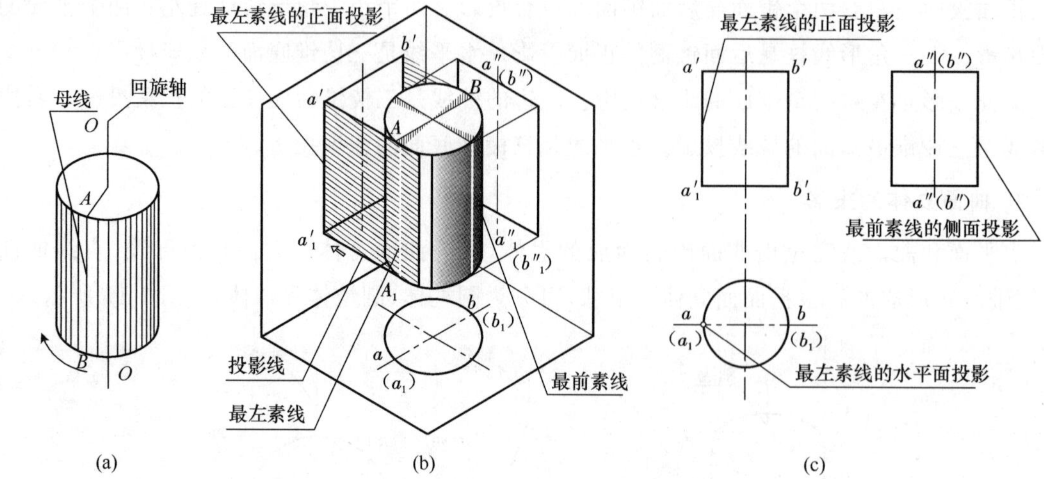

图 1-18　正圆柱体的三面投影

的轴线旋转而成。因此圆锥上的素线必过锥顶。

1)圆锥体的三面投影

如图 1-19 所示,圆锥体的水平投影是整个锥面和圆锥体下底面圆的重合投影。圆锥体下底面圆的水平投影反映实形。圆心为锥顶 S 的投影。

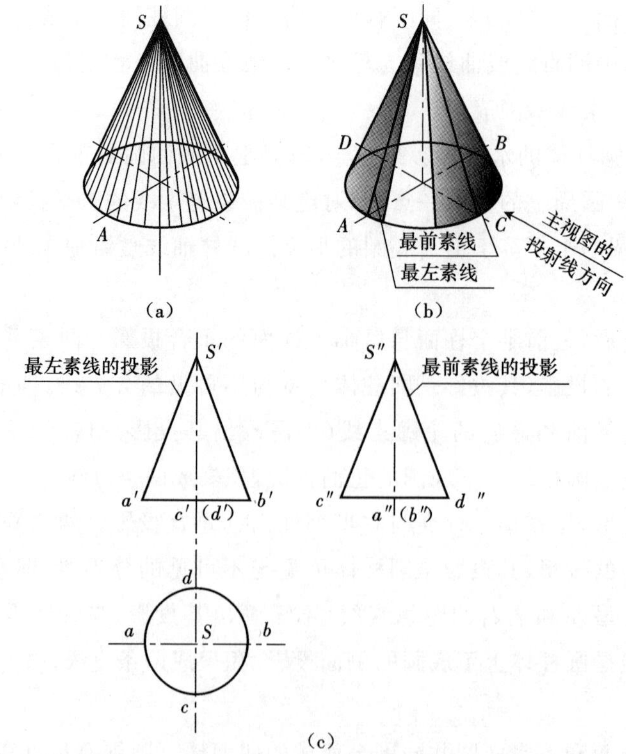

图 1-19　正圆锥体的三面投影

正面投影为一个三角形，是前半个锥面与后半个锥面的重合投影。水平线是下底面圆的积聚投影，与锥顶相交的两条直线是圆锥面最左和最右的两条素线的投影，反映实长。

侧面投影为一个三角形，是左半个锥面与右半个锥面的重合投影。水平线是下底面圆的积聚投影，与锥顶相交的两条直线是圆锥面最前和最后的两条素线的投影，反映实长。

2）圆锥体表面上点和直线的投影

圆锥体表面上求点和线的投影，一般采用素线法和纬圆法。

①素线法。利用圆锥体表面上的素线作为辅助线，求圆锥体表面上的点和线的方法，称为素线法。

②纬圆法。利用平行于圆锥底面圆的平面，剖切形体，得到一个圆。此圆平行于水平投影面，轴心即为该圆的圆心，反映实形，称为纬圆。曲面立体（圆锥、球体）上的点，若在纬圆上，只要求出该点所在纬圆的三面投影，即可求出该点的投影。

（3）球体

以圆周为母线，绕着它本身的一条直径为轴旋转一周所形成的曲面，称为球面。球面所围成的立体，成为球体。

如图 1-20 所示，球体的三面投影是球的三个与投影面平行的最大平面圆的投影。三个最大平面圆的直径相等并与球径相等。

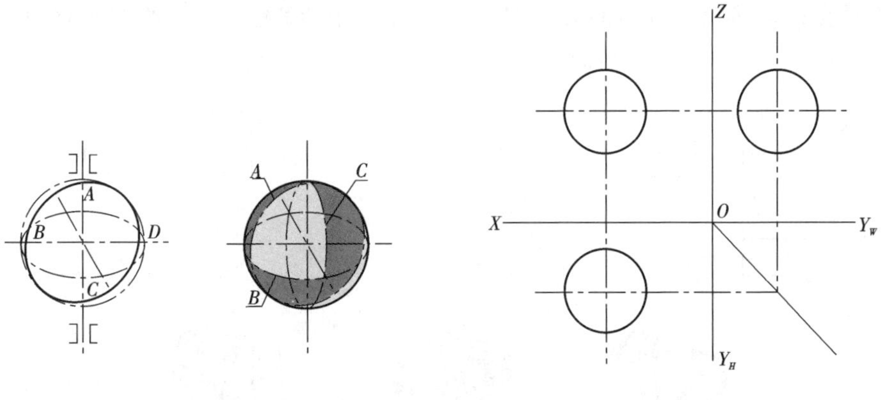

(a)直观图（一）　(b)直观图（二）　(c)投影图

图 1-20　球体的三面投影

绘制球体的三面投影时，应先在三个投影面上绘制十字中心线，中心线的绘制要符合形体投影规律：长对正，高平齐，宽相等。

水平投影是上半个球面与下半个球面的重合投影，是平行于 H 面的最大水平圆的投影，是球体可见与不可见的分界点。与其对应的正面投影是与 OX 轴平行的中心线，侧面投影是与 OY_W 轴平行的中心线。

正面投影是前半个球面与后半个球面的重合投影，是平行于 V 面的最大正面圆的投影，是球体可见与不可见的分界点。与其对应的水平投影是与 OX 轴平行的中心线，侧面投影是

与 OZ 轴平行的中心线。

侧面投影是左半个球面与右半个球面的重合投影，是平行于 W 面的最大侧面圆的投影，是球体可见与不可见的分界点。与其对应的正面投影是与 OZ 轴平行的中心线，水平投影是与 OY_H 轴平行的中心线。

3. 组合体的投影

识读组合体投影图，就是运用正投影的原理和特性，对投影图进行分析，说明组合体各部分的形状和组成关系，想像出组合体的空间形状。

识读组合体投影图的常用方法有两种，一种是形体分析法，一种是线面分析法。

(1)形体分析法

根据投影图中反映出的形体组合特征和各基本体的投影特性及相互位置的关系，想像出组合体的空间形状的分析方法，称为形体分析法。

应用形体分析法分析组合体投影图时，一般以 V 面投影(或水平投影)为中心，与其他各投影图联系起来，一起进行分析，不能根据一个投影图来判定形体，如图 1-21 所示。比较图 1-21(a)和(b)的 V 面投影与 H 面投影都相同，是两个矩形，但由于 W 面投影的不同，图 1-21(a)是 2 个高矮不同的四棱柱叠加而成，图 1-21(b)是 2 个四棱柱和一个三棱柱叠加而成，所以图 1-21(a)和图 1-21(b)分别表示是两个不同的形体。比较图 1-21(a)和图 1-21(c)的 V 面投影和 W 面投影相同，但由于 H 面不同，图 1-21(c)是 1 个四棱柱和 1 个半圆柱叠加而成，所以图 1-21(a)和图 1-21(c)的两个三面投影图分别表示是两个不同的形体。

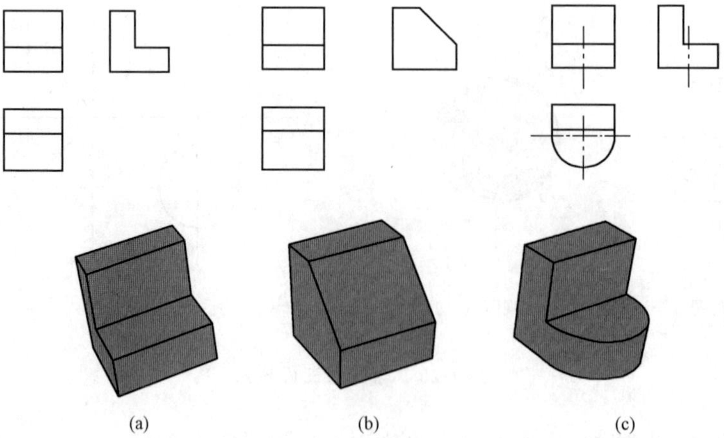

图 1-21　形体分析法

(2)线面分析法

根据组合体投影图中的线、面的投影特征，分析投影图中线框的空间意义，从而确定组合体的空间形状的分析方法，称为线面分析法。

应用线面分析法分析组合体投影图时，根据组合体中的各线、面的投影特性来分析组合体各部分的空间形状和相对位置，确定组合体的整体空间形状。投影图中的任何一条轮廓线都可以看成是直线本身的投影，平面的积聚投影，两平面的交线，曲面轮廓素线等。线框所围成的平面可以是平面本身的投影，也可以是两平面（或多平面）的重合投影，曲面的投影等。这就需要结合其他两个投影图进行分析、判别，确定组合体的空间形状，如图 1-22 所示。在投影图上都是同一条线，但由于组合形式的不同，因此所得到的答案也不相同。

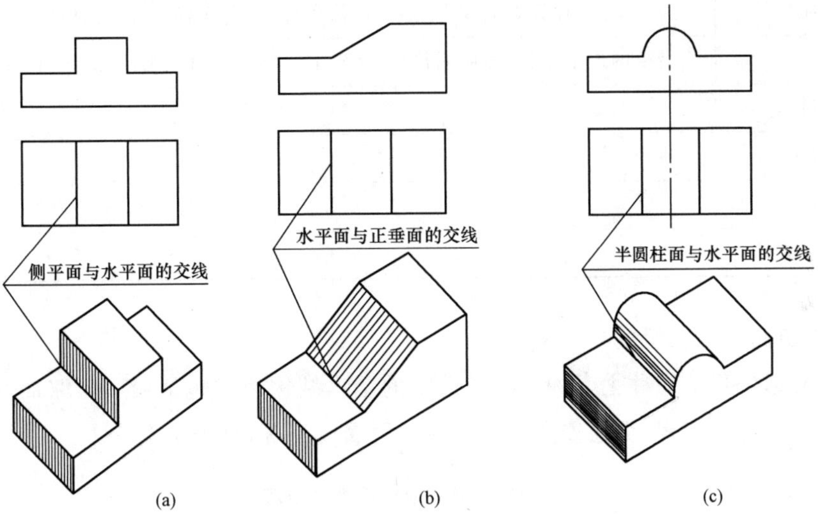

图 1-22 线面分析

第二节 道路工程概述

一、城市道路的组成与分类

1. 城市道路的组成

(1)城市道路的功能组成

在城市里，沿街两侧建筑红线之间的空间范围为城市道路用地，该用地由以下不同功能组成，见表 1-5。

表 1-5 城市道路的功能组成

项目		内容
车行道	机动车道	供机动车行驶，如汽车、无轨电车、摩托车等
	非机动车道	供非机动车行驶，如自行车、三轮车、畜力车等
	有轨电车道	供有轨电车行驶

（续表）

项目	内　容
人行道	供行人步行通过马路
绿化带	起卫生、防护与美化作用
排水系统	用于排除地面积水，如街沟或边沟、雨水口、窨井、雨水管等
辅助性交通设施	组织交通、保证交通安全，如交通信号灯、交通标志、交通岛、护栏等
地上设施	沿街的地上设施，如照明灯柱、架空电线杆、给水栓、邮筒、清洁箱、接线柜等
叉路口	—
交通广场	—
停车场	—
公共汽车站停靠站台	—

(2)城市道路的结构组成

道路是交通工程的一种主要构筑物。道路的基本结构组成包括：路基、路面、桥梁、涵洞、隧道、排水工程、防护工程、交通安全工程及沿线附属设施等，见表 1-6。

表 1-6　城市道路的结构组成

项目	内　容
路基	路基是支撑路面结构的基础，与路面共同承受行车荷载的作用，同时承受气候变化和各种自然灾害的侵蚀和影响。路基结构按照与所处地面相对位置的不同可以分为填方路基、挖方路基和半填半挖路基三种断面形式
路面	路面是铺筑在道路路基上与车轮直接接触的结构层，承受和传递车轮荷载，承受磨耗，经受自然气候和侵蚀的影响。对路面的基本要求是具有足够的强度、稳定性、平整度、抗滑性能等。路面结构一般由面层、基层、底基层与垫层组成
桥涵	桥涵是道路跨越水域、沟谷和其他障碍物时修建的构造物。其中单孔跨径小于5m 或多孔跨径之和小于 8m 称为涵洞，大于这一规定数值则称为桥梁
隧道	隧道是指建造在山岭、江河、海峡和城市地面下，供车辆通过的工程构造物。按所处位置可分为山岭隧道、水底隧道和城市隧道
排水工程	排水工程是为了排除地面水和地下水而设置的构造物。常见的排水设施包括边沟、排水沟、截水沟、急流槽、盲沟等，有效的排水系统是减少道路病害、保证道路正常运营的重要部分
防护工程	防护工程是为了加固路基边坡、确保路基稳定而修建的构造物。防护工程包含路基防护、坡面防护、支挡构造物三大类。常见的防护形式有砌石挡土墙、砌石护坡、草皮护坡等，防护工程对保证公路使用耐久性、提高投资效益均具有重要意义

（续表）

项目	内　容
交通安全工程及沿线设施	它是指道路沿线设置的交通安全、养护管理等设施。道路交通工程主要包括交通标线、护栏、监控系统、收费系统、通信系统以及配套的服务设施、房屋建筑等。它们是保证道路功能、保障安全行驶的配套设施

2. 城市道路的分类

(1)按道路的平面及横向布置分类

按道路的平面及横向布置分类，见表1-7。

表1-7　按道路的平面及横向布置分类表

道路类型	机动与非机动车辆行驶情况	适用范围
单幅路	混合行驶	机动车交通量不大，非机动车较少的次干路、支路，用地不足，拆迁困难的旧城市道路
双幅路	分流向，混合行驶	机动车交通量较大，非机动车较少，地形地物特殊，或有平行道路可供非机动车通行
三幅路	分道行驶非机动车分流向	机动车交通量大，非机动车多，红线宽度≥40m
四幅路	分流向，分道行驶	机动车速度高，交通量大，非机动车多的快速路红线宽度≥55m，主干路

(2)按道路地位及服务范围分类

按道路地位及服务范围分类，见表1-8。

表1-8　按道路地位及服务范围分类表

道路类别		宽度			设计行车速度/(km/h)	平曲线半径/m		最大纵坡/%	最短视距/m
		红线距离/m	车道数	每车道宽/m		最小	推荐		
市级道路	全市干道	30～65	4～8	3.5～3.75	60	125	500	3	75～100
	高速干道	40～80	4～8	3.5～4.0	100	400	1500	3	
	入城干道	35～80	4～10	3.5～3.75	80	250	1000	4	
区级道路	区域干道	25～40	2～6	3.0～3.5	40	40	200	4	50～75
	工业区道路	16～30	2～6	3.0～3.5	40	50	250	5	
	游览道路	20～30	2～4	3.0～3.5	40	40	200	6	
居住区道路	居住区重要道路	16～30	2～4	3.0	25	25	125	7	25～30
	庭院住宅区道路	12～14	1～2	3.0	20	25	125	7	

(3)按功能分类

根据道路在城市道路网中的地位和交通功能,《城市道路工程设计规范》(CJJ 37—2012)将城市道路划分成四种类型:城市快速路、城市主干路、城市次干路和城市支路,具体见表1-9。

表1-9 城市道路按功能分类表

分类名称	内容说明	横向布置	进出口交叉处要求
快速路	为城市较高车速的长距离交通而设置的重要道路	双向车道间常设中间隔离带	全控制或部分控制,与高速主干路交叉需设立交,与次干路可采用平交,人行横道应设天桥或地道
主干路	为城市道路网的骨架,连接城市各主要分区的交通干路	宜采用三幅路或四幅路,自行车多时宜用机动车与非机动车分流形式	两侧不宜设公共建筑物的进出口
次干路	为城市交通干路兼有服务功能,配合主干路组成道路网	宜采用三幅路或四幅路,自行车多时宜用机动车与非机动车分流形式	与主干路相交处以平交为主
支路	为次干路与广场路、区间路的连接线,解决局部地区交通,以服务为主	多采用混行式	与次干路平交

二、道路工程图的分类

道路工程图的分类见表1-10。

表1-10 道路工程图的分类

分类名称	内容
道路路线工程图	道路路线通常是指沿长度方向的道路中心线,由于受地形影响较大,是一条空间曲线。道路路线工程图是表示路线空间形状的图样。一般是用路线平面图、纵断面图和横断面图来表达的。 路线平面图是绘有道路中心线的地形图,相当于三视图中的俯视图。其作用是表达新建路线的地理方位、平面形状、沿线两侧一定范围内的地形地物情况和附属建筑物的平面位置等。 路线纵断面图是顺着道路中心线剖切得到的展开断面图,相当于三视图中的主视图。其作用是表达路线的竖向形状、地面起伏、地质及沿线建筑物的概况等。 路线横断面图是垂直于道路中心线剖切而得到的断面图,相当于三视图中的左视图。路线横断面图的主要作用是表达道路与地形、道路各个组成部分之间的横向布置关系。路线横断面图包括路基横断面图、城市道路横断面图和路面结构图。

（续表）

分类名称	内　　容
道路路线工程图	其中，路基横断面图是进行道路横断面放样、估算路基填挖方工程量的主要依据；城市道路横断面图反映了机动车道与非机动车道的横断面布置形式；而路面结构图则是表达路面结构组成情况的主要图样
道路交叉口工程图	道路交叉口是道路系统中的重要组成部分。道路交叉口根据交叉点的高度不同可以分为平面交叉口和立体交叉口两大类型。道路交叉口工程图是反映交叉口的交通状况、构造和排水设计的工程图样。因交叉口情况复杂，所以道路交叉口工程图一般除平、纵、横三个图样以外，还包括竖向设计图、交通组织图和鸟瞰图等。 交通工程图主要包括交通标线图和交通标志图。交通标线图是表达道路上为保证安全而制定的特定线型与图集的图样，是表达道路两侧标志设备的图样
路基、路面排水防护工程图	路基、路面排水防护工程图属细部构造详图。排水防护工程图的作用是反映路面排水系统和边坡设计情况。排水工程图一般包括全线排水系统布置设计图和单个排水设施构造图。如图 1-23 所示为某道路排水边沟设计图，它属于单个排水设施构造图
道路沿线设施及环境保护工程图	道路沿线设施及环境保护工程图是道路设计文件的一项内容，是指除了路线、路基、路面等主要工程以外的部分，如防护栏、隔离栅、里程碑、出入口等的图样，一般包括横向布置图和构造大样图

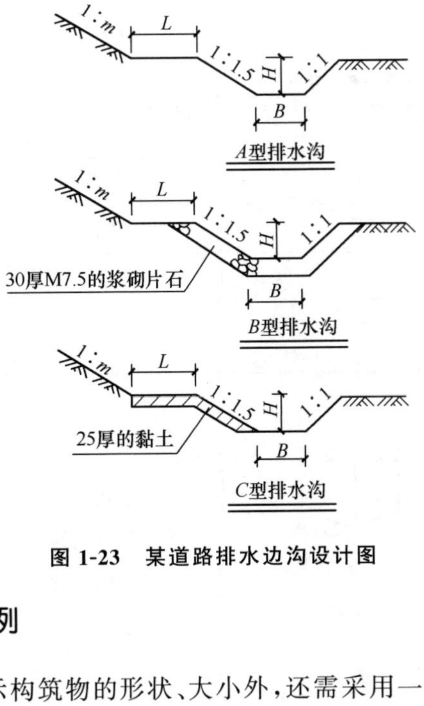

图 1-23　某道路排水边沟设计图

三、道路工程常用图例

在市政工程中，除了图示构筑物的形状、大小外，还需采用一些图例符号和必要的文字说明，共同把设计内容表示在图样上。根据《道路工程制图标准》(GB 50162—1992)，采用如下图例，见表 1-11。

表 1-11 道路工程常用图例表

平面			
涵洞		通道	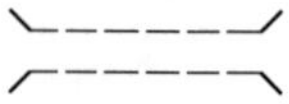
分离式立交 a. 主线上跨 b. 主线下穿	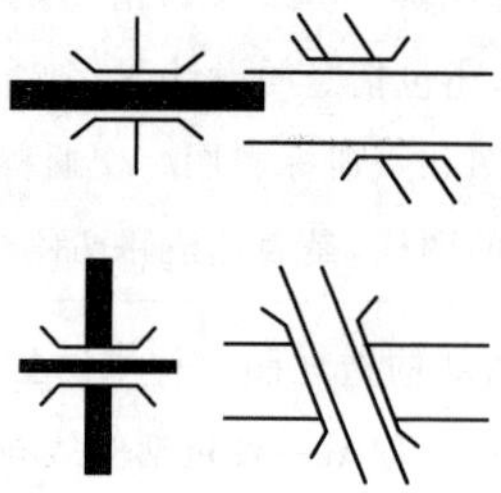	桥梁(大、中桥梁按实际长度绘)	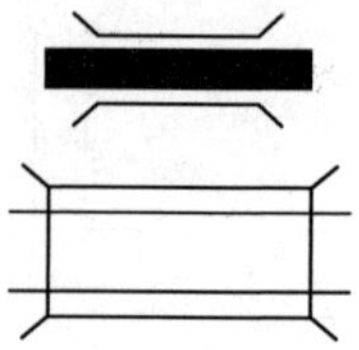
互通式立交 (按采用形式绘)	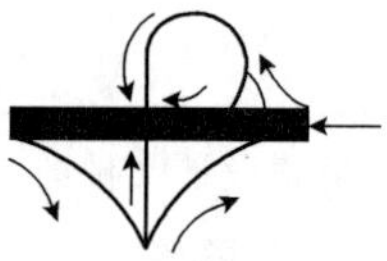	隧道	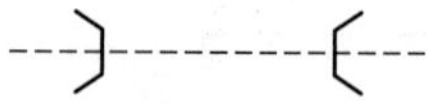
养护机构		管理机构	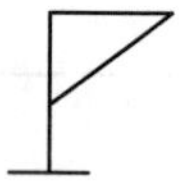
防护网		防护栏	
隔离墩			
纵面			
箱涵		管涵	
盖板涵		拱涵	
箱型通道		桥梁	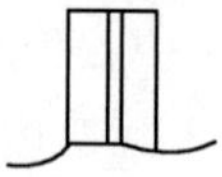
分离式立交 a. 主线上跨 b. 主线下穿	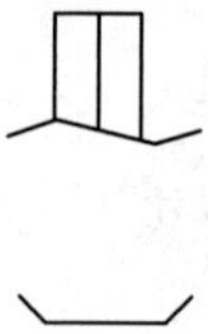	互通式立交 a. 主线上跨 b. 主线下跨	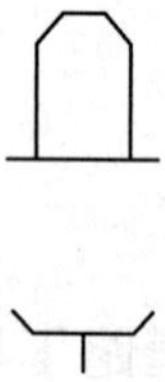

（续表）

材料			
细粒式沥青混凝土	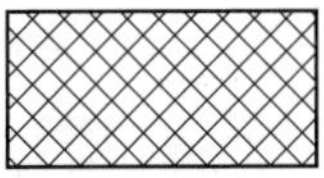	中粒式沥青混凝土	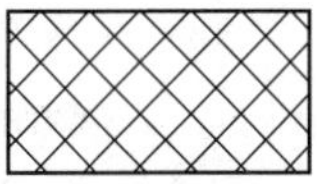
粗粒式沥青混凝土	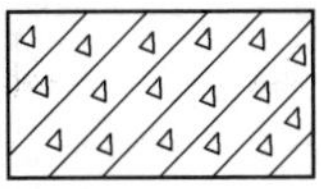	沥青碎石	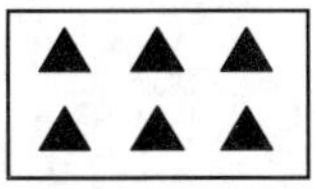
沥青灌入碎砾石	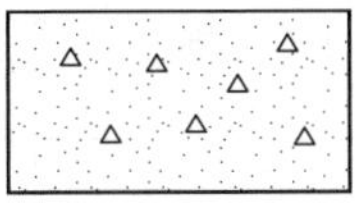	沥青表面处理	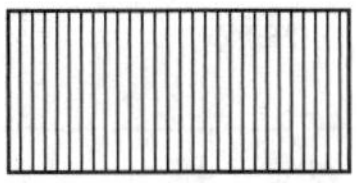
水泥混凝土	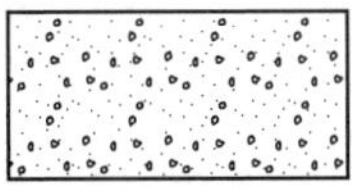	钢筋混凝土	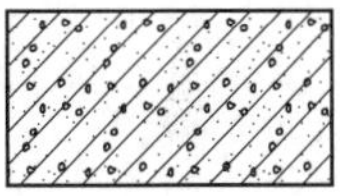
水泥稳定土	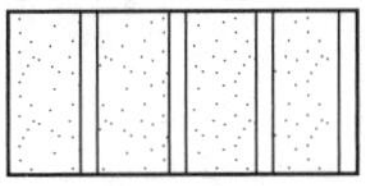	水泥稳定砂砾	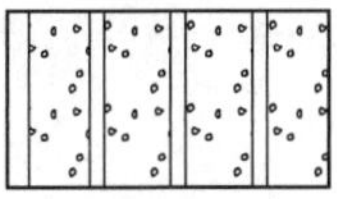
水泥稳定碎砾石	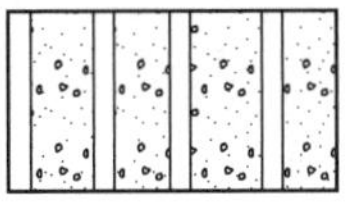	石灰土	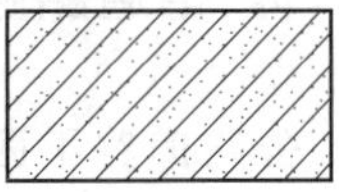
石灰粉煤灰	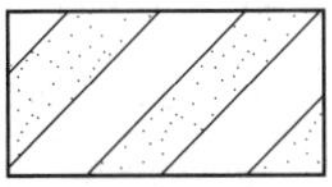	石灰粉煤灰土	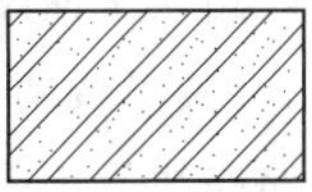
石灰粉煤灰砂烁	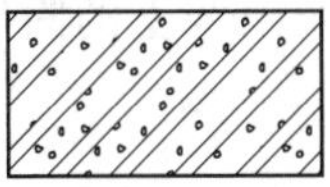	石灰粉煤灰碎砾石	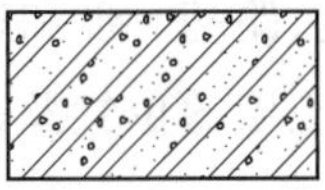
泥结碎砾石	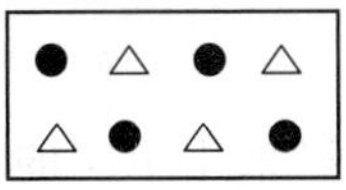	泥灰结碎砾石	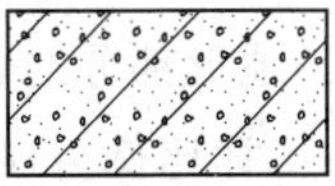
级配碎砾石	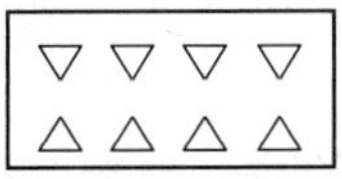	填隙碎石	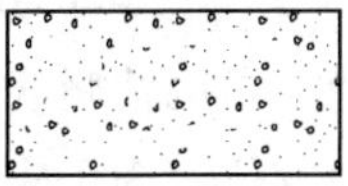
天然砂砾	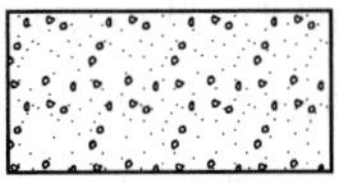	干砌片石	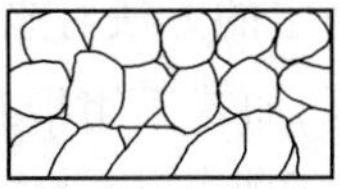
浆砌片石	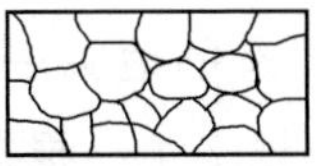	浆砌块石	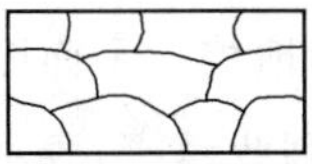

（续表）

材料			
木材　　横纵		金属	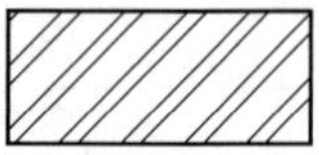
橡胶	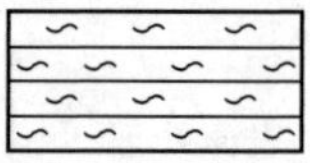	自然土壤	
夯实土壤			

第三节　道路工程平面图

一、公路道路路线平面图

1. 公路道路平面图概述

公路路线平面图是用高程投影法将路线的走向、平面线形(直线和左、右弯道)和行车道布置状况,以及沿线两侧一定范围内的地形、地物等,从上向下投影所绘制的水平投影图。

公路路线平面图是用来说明道路路线的平面位置、线形状况、沿线地形和地物、纵断标高和坡度、路基宽度和边坡坡度、路面结构、地质状况以及路线上的附属构造物,如桥涵、通道、隧道、挡土墙的位置及其与路线的关系,如图 1-24 所示。

2. 公路道路平面图的表达内容

(1)地形部分的表达内容

1)图样比例。根据地形地物情况的不同,地形图可采用不同的比例。通常在城镇区采用 1∶500 或 1∶1000,山岭区宜采用 1∶2000,丘陵和平原地区宜采用 1∶5000 或 1∶10000。比例选择应以能清晰表达图样为准。

2)方位。为了表明地形区域的方位及道路路线的走向,地形图样中需要箭头表示其方位。方位确定的方法有坐标网或指北针两种,如采用坐标网来定位,则应在图样中绘出坐标网并注明坐标;如若采用指北针,应在图样适当位置按标准画出指北针。

3)地物。如河流、房屋、道路、桥梁、电力线、植被等,都是按规定图例绘制的。

4)地貌。平面图中地面的高低起伏和各种不同形态的地貌用等高线来表示。同一地形内,等高线越密,表示地势越陡,等高线越稀,表示地势越平坦。根据该图的等高线分部情况,

图 1-24 公路道路平面图

可以看出该地区东北部地势较高、较陡，西南部地势较平缓、较低。

5)标注。水准点位置及编号应在图中注明，以便路线的高程控制。

(2)路线部分的表达内容

1)道路规划红线是道路的用地界限，常用双点画线表示。道路规划红线范围内为道路用地，一切不符合设计要求的建设物、构筑物、各种管线等需拆除。

2)城市道路中心线一般采用细点画线表示。因为城市区域地形图比例一般为 1∶500，所以城市道路的平面图也采用 1∶500 的比例。这样城市道路中机动车道、非机动车道、人行道、分隔带等均可按比例绘制在图样中。城市道路中的机动车道宽度为 15m，非机动车道宽度为 6m，分隔带宽度为 1.5m，人行道宽度为 5m，均以粗实线表示。

3)图线桩号。里程桩号反映了道路各段长度及总长，一般在道路中心线上。从起点到终点，沿前进方向注写里程桩号；也可向垂直道路中心线方向引一细直线。再在图样边上注写里程桩号。如 K120＋500，即距路线起点为 120500m。如里程桩号直接注写在道路中心线上，则"＋"号位置即为桩的位置。

4)道路中曲线的几何要素的表示及控制点位置的图示。如图 1-25 所示，以缓和曲线线型为例说明曲线要素标注问题。在平面图中是用路线转点编号来表示的，JD_1 表示为第一个路线转点。α 角为路线转向的折角，它是沿路线前进方向向左或向右偏转的角度。R 为圆曲线半径，T 为切线长，L 为曲线长，E 为外矢距。图中曲线控制点有 ZH 为曲线起点，HY 为“缓圆”交点，QZ 表示曲线中点，YH 为“圆缓”交点，HZ 为“缓直”的交点。

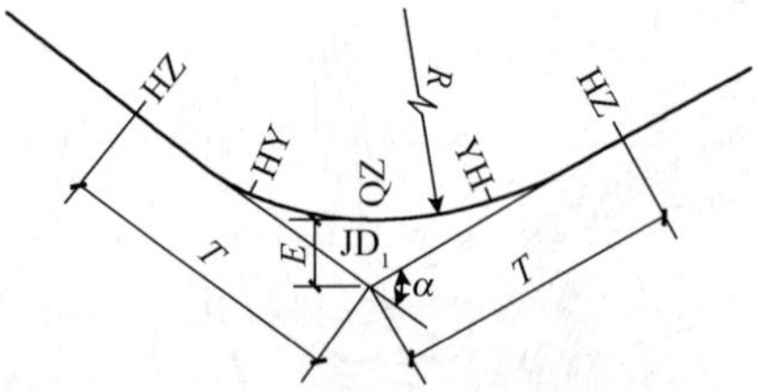

图 1-25　缓和曲线线形

3. 道路工程平面图常用图例和符号

道路工程平面图常用图例和符号，见表 1-12。

表 1-12　路线平面图中的常用图例和符号

名称	图例	名称	图例
浆砌块石	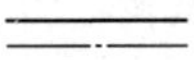	水准点	
导线点	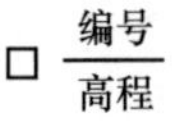	转角点	
铁路		公路	
大车道		桥梁及涵洞	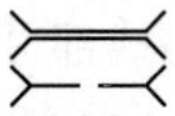
水沟		河流	
房屋	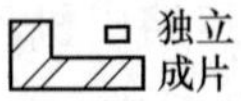	高压电线	
低压电线		通讯线	
水田	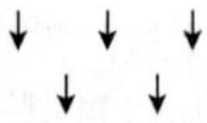	旱地	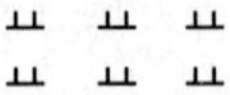
菜地	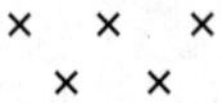	水库渔塘	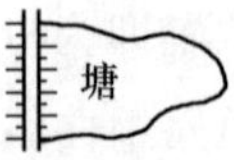

（续表）

名称	图例	名称	图例
坎	——	晒谷坪	
围墙	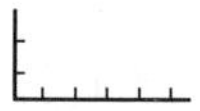	堤	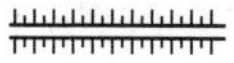
路堑	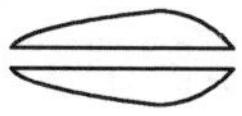	坟地	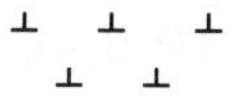
变压器	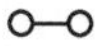	等高线中沟	
石质陡崖		转角点	JD
半径	R	切线长度	T
曲线长度	L	缓和曲线长度	L_s
外距	E	偏角	a
曲线起点	ZY	第一缓和曲线起点	ZH
第一缓和曲线终点	HY	第二缓和曲线起点	YH
第二缓和曲线终点	HZ	东	E
西	W	南	S
北	N	横坐标	X
纵坐标	Y		

4. 公路道路平面图的识读

(1)了解地形地物情况，根据平面图图例及等高线的特点，了解图样反映的地形地物状况、地面各控制点高程、构筑物的位置、道路周围建筑的情况及性质、已知水准点的位置及编号、坐标网参数或地形点方位等。

(2)阅读道路设计情况，依次阅读道路中心线、规划红线、机动车道、非机动车道、人行道、分隔带、交叉口及道路中曲线设置情况等。

(3)道路方位及走向，路线控制点坐标、里程桩号等。

(4)根据道路用地范围了解原有建筑物及构筑物的拆除范围以及拟拆除部分的性质、数量，所占农田性质及数量等。

(5)结合路线纵断面图掌握道路的填挖工程量。

(6)查出图中所标注水准点位置及编号，根据其编号到有关部门查出水准点的绝对高程，以备施工中控制道路高程。

二、城市道路路线平面图

1. 城市道路平面图概述

城市道路平面图与公路路线平面图相似，用来表示城市道路的方向、平面线形和车行道布置以及沿路两侧一定范围内的地形和地物情况。

2. 城市道路平面图的表达内容

(1)图样比例。由于城市道路平面图采用比较大的比例，所以在平面图上可以按比例画出道路的宽度。

(2)图线桩号。道路中心线用细点画线表示。路基连缘线用粗实线表示，在道路中心线上标有里程桩号。

(3)标注。在平面图中按比例绘制出机动车道、非机动车道的位置、宽度及各车道之间的分隔带、路缘带的位置。图中还应绘制人行道、人行横道线、交通岛等。

(4)方位。道路的走向可用坐标网或指北针来确定。图上则用“⦶”符号表示指北针，箭头所指为正北方向。

(5)布置形式。平面图上，一般两侧机动车道宽度为 8.25m，非机动车道宽度为 5m，人行道为 4.75m，中间分隔带宽度为 6m。机动车道与非机动车道之间的分隔带宽度为 0.5m，所以该路段可绘制“四块板”断面布置形式图。

在城市道路平面图中应该按平面图的比例画出并详细注明交叉口的各路去向、交叉角度、曲线元素以及路缘石转弯半径。

(6)地形。城市道路所在的地势一般比较平坦。地形除用等高线表示外，还需用大量的地形点表示高程。

(7)地物。城市道路平面图中地形面上的地物更多见的是房屋、原有道路、地下管道等。例如，某段道路是郊区扩建的城市道路，原有道路宽约为 5m，新建道路因此占用了沿路两侧一些工厂、民房、学校用地。在该地区的北部是大量的民宅(砖瓦房)，有一条沿南北方向的水沟，水沟的西侧有一地下水池和一片菜地。该地区的南部是一片草地，还有一条小溪(解放溪)，大致方向是由东北流向西南。沿路线前进方向的左侧有一条低压电力线路，右侧也有一条低压电力线路。

第四节　道路工程纵断面图

所谓城市道路路线纵断面是指通过沿城市道路中心线用假想的铅垂面进行剖切，展开后进行正投影所得到的图样称为道路纵断面图。由于城市道路中心线是由直线和曲线组合而成的，因此垂直剖切面也就由平面和曲面组成。

一、公路道路路线纵断面图

1. 公路道路路线纵断面图概述

城市道路路线纵断面图主要反映道路沿纵向的设计高程变化、地质情况、填挖情况、原地面标高、桩号等多项图示内容及其数据。因此，城市道路路线纵断面图中主要包括：高程标尺、图样和测设数据表三大部分，《道路工程制图标准》(GB 50162—1992)中规定，图样应在图幅上部，测设数据应布置在图幅下部，高程标尺应布置在测设数表上方左侧。

2. 公路道路路线纵断面图的表达内容

(1)图样部分的表达内容

1)图样比例。图样中水平方向表示路线长度，垂直方向表示高程。为了清晰地反映垂直方向的高差，规定垂直方向的比例按水平方向比例放大10倍，如山岭地区水平方向的比例采用1：2000，垂直方向的比例采用1：200；丘陵和平原地区水平方向的比例采用1:5000，垂直方向的比例采用1:500。

一条公路纵断面图有若干张，应在第一张图纸注明水平、垂直方向所用比例，一般在图纸右下角图标内或左侧竖向标尺处。

2)路面设计高程线。图上比较规则的直线与曲线组成的粗实线为路面设计高程线，它反映了道路路面中心的高程。图样中不规则的细折线表示沿道路设计中心线处的原地面线，是根据一系列中心桩的地面高程连接形成的，可与设计高程结合反映道路的填挖状态。

3)竖曲线。当设计路面纵向坡度变更处的两相邻坡度之差的绝对值超过一定数值时，为了有利于车辆行驶，应在坡度变更处设置圆形竖曲线。竖曲线分为凹形和凸形两种，分别用“┌┴┐”和“└┬┘”符号表示，并在其上标注竖曲线的半径 R、切线长 T 和外距 E。

4)路线中的构筑物。路线上的桥梁、涵洞、立交桥、通道等构筑物，在路线纵断面图的相应桩号位置以相关图例绘出，注明桩号及构筑物的名称和编号等。

5)标注。标注出道路交叉口位置及相交道路的名称、桩号。沿线设置的水准点，按其所在里程注在设计高程线的上方，并注明编号、高程及相对路线的位置。

(2)资料部分的表达内容

1)地质情况。道路路段土质变化情况，注明各段土质名称。

2)坡度与坡长。城市道路断面图中的斜线上方应注明坡度，斜线下方应注明坡长，使用单位为“m”。

3)设计高程。注明各里程桩的路面中心设计高程，单位为“m”。

4)原地面标高。根据测量结果填写各里程桩处路面中心的原地面高程，单位为“m”。

5)填挖情况。路线的设计线低于地面线时，需要挖土。路线的设计线路高于地面线时，需要填土。即反映设计标高与原地面标高的高差。

6)里程桩号。按比例标注里程桩号，一般设 km 桩号、100m 桩号(或 50m 桩号)、构筑物位置桩号及路线控制点桩号等。

7)平面直线与曲线。道路中心线示意图,平曲线的起止点用直角折线表示,且注明曲线几何要素。可综合纵断面情况反映出路线空间线型变化。

3. 公路道路路线纵断面图的识读

(1)根据图样的横、竖比例读懂道路沿线的高程变化,并对照资料表了解确切高程。

(2)竖曲线的起止点均对应里程桩号,图样中竖曲线的符号长、短与竖曲线的长、短对应,且读懂图样中注明的各项曲线几何要素,如切线长、曲线半径、外矢距、转角等。

(3)道路路线中的构筑物图例、编号、所在位置的桩号是道路纵断面示意构筑物的基本方法,了解这些,可查出相应构筑物的图样。

(4)找出沿线设置的已知水准点,并根据编号、位置查出已知高程,以备施工使用。

(5)根据里程桩号、路面设计高程和原地面高程,读懂道路路线的填挖情况。

(6)根据资料表中坡度、坡长、平曲线示意图及相关数据,读懂路线线型的空间变化。

二、城市道路路线纵断面图

1. 城市道路路线纵断面图概述

城市道路纵断面图也是沿道路中心线展开的断面图。其作用与公路路线纵断面图相同,内容也是包括图样和资料表两部分,一般图样画在图纸的上部,资料表布置在图纸的下部。

2. 城市道路路线纵断面图的表达内容

(1)图样部分。城市道路纵断面图的图样部分与公路路线纵断面图完全相同。

(2)资料部分(与公路路线纵断面图基本相同)。城市道路除作出道路中心线的纵断面图之外,如设置了街沟,则应分别表示出道路两侧街沟的坡度和距离。

第五节　道路工程横断面图

一、公路道路路线横断面图

1. 公路道路路线横断面图概述

公路道路主要是市区通往近郊工业区、风景区、文教区、铁路站场、机场和卫星城镇等的道路。道路以货运交通为主,行人与非机动车很少。其断面特点是:明沟排水,车行道为 2～4 条,路面边缘不设边石,路基基本处于低填方或不填不挖状态,无专门人行道,路面两侧设一定宽度的路肩,用以保护和支撑路面铺砌层或临时停车或步行交通用。

公路道路横断面图是沿道路中心线垂直方向的断面图,如图 1-26 所示。

2. 公路道路路线横断面的基本形式

(1)路堤是指填方路基,指整个路基全为填土区,如图 1-27 所示。填土高度等于设计高程

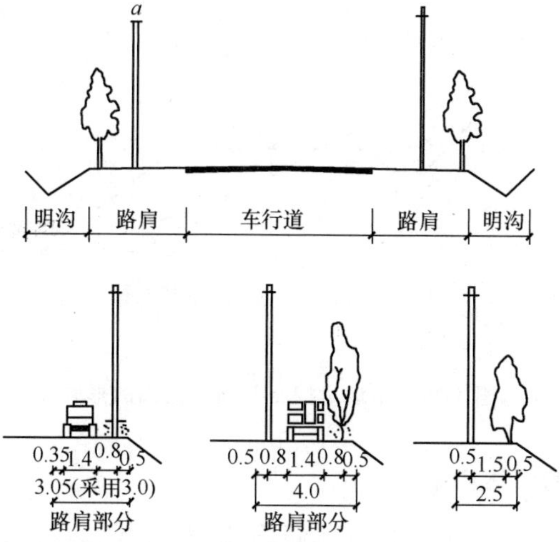

图 1-26　近郊道路示意图(单位:m)

减去路面高程。填方边坡一般为 1∶1.5。在图下注有该断面的里程桩号、中心线处的填方高度 H_T(m)以及该断面的填方面积 A_T(m^2)。

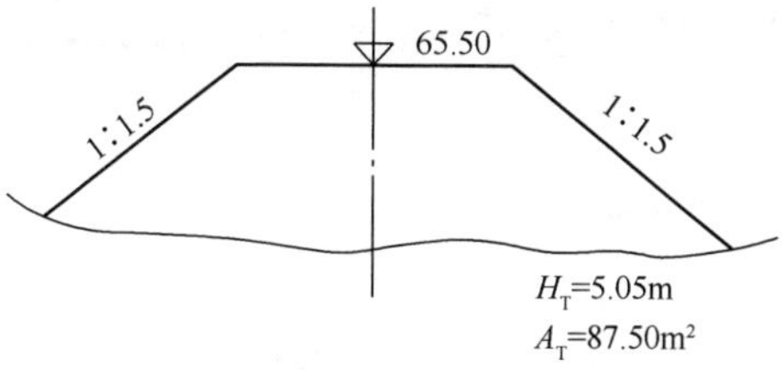

图 1-27　路堤

(2)路堑是指挖方路基,路基底部两侧的槽形为边沟。如图 1-28 所示,整个路基全为挖土区称为路堑。挖土深度等于地面高程减去设计高程,挖方边坡一般为 1∶1。图下注有该断面的里程桩号、中心线处挖方高度 H_W(m)以及该断面的挖方面积 A_W(m^2)。

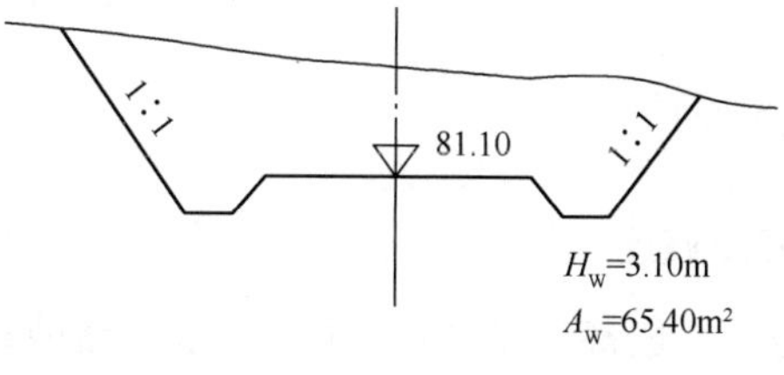

图 1-28　路堑

(3)半填半挖路基。路基断面一部分为填土区,一部分为挖土区,是前两种路基的综合,如图 1-29 所示。在图下注有该断面的里程桩号、中心线处的填(或挖)高度、该断面的填方面

积 A_T 和挖方面积 A_W。

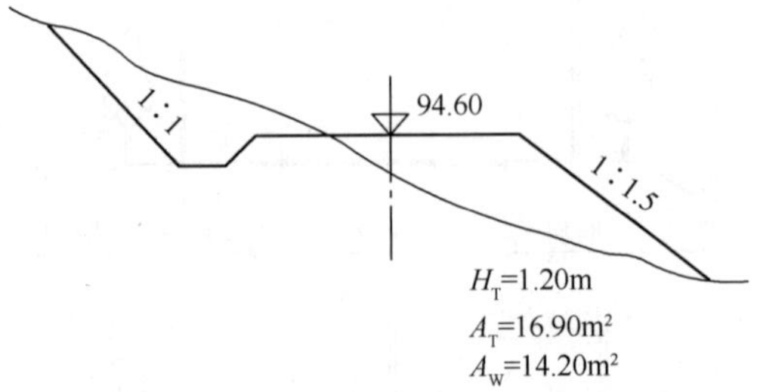

图 1-29　半填半挖路基横断面图的形式

3. 公路道路横断面的表达内容

(1)图线。在横断面图中,用粗实线表示路面线、路肩线、边坡线等,用细实线表示原有地面线,用细点画线表示路中心线,如图 1-30 所示。

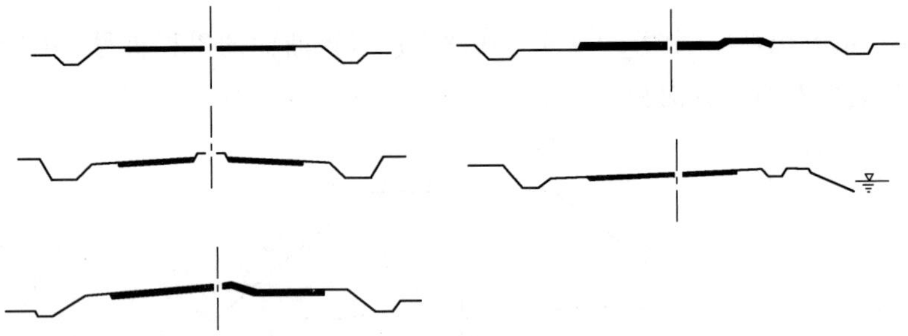

图 1-30　道路路基横断面图示

(2)比例。横断面图的比例一般采用 1∶50、1∶100 或 1∶200,为了方便识读,水平方向和高度方向的比例一般相同。

(3)图形布置。沿道路路线一般每隔 20m 画一横断面图,图形的布置应沿着桩号从下到上、从左到右。

(4)标注。横断面图图形下面应标注桩号、断面面积和地面中心线到路基中心线的高差。

二、城市道路路线横断面图

1. 城市道路路线横断面图概述

由于城市道路所处的地形一般都比较平坦,并且城市道路的设计是在城市规划与交通规划基础之上实施的,交通性质和组成部分比公路复杂得多,因此体现在横断面图上,城市道路比公路复杂得多。

2. 城市道路路线横断面的基本形式

(1)单幅路。车行道上不设分车带,以路面画线标志组织交通,或虽不作画线标志,但机动车在中间行驶，非机动车在两侧靠右行驶的称为单幅路，如图 1-31 所示。单幅路适用于机动车交通量不大，非机动车交通量小的城市次干路、大城市支路以及用地不足，拆迁困难的旧城市道路。当前，单幅路已经不具备机非错峰的混行优点，因为出于交通安全的考虑，即使混行也应用路面划线来区分机动车道和非机动车道。

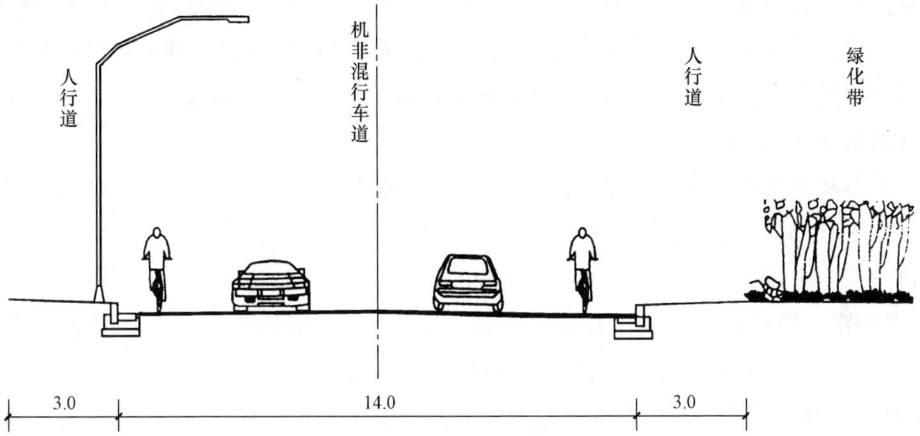

图 1-31 单幅路横断面形式

(2)双幅路。用中间分隔带分隔对向机动车车流，将车行道一分为二的，称为双幅路，如图 1-32 所示。适用于单向两条机动车车道以上，非机动车较少的道路。有平行道路可供非机动车通行的快速路和郊区风景区道路以及横向高差大或地形特殊的路段，亦可采用双幅路。

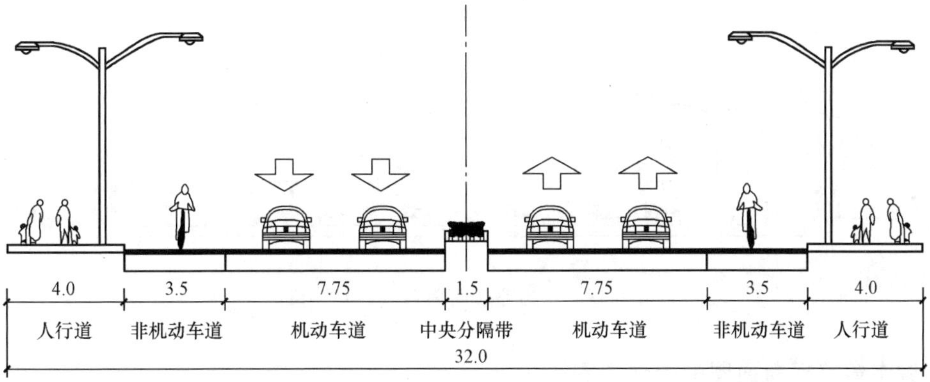

图 1-32 机非混行双幅路横断面形式(单位:m)

城市双幅路不仅广泛使用在高速公路、一级公路、快速路等汽车专用道路上，而且已经广泛使用在新建城市的主、次干路上，其优点体现在以下几个方面：

1)可通过双幅路的中间绿化带预留机动车道，利于远期流量变化时拓宽车道的需要。可以在中央分隔带上设置行人保护区，保障过街行人的安全。

2)可通过在人行道上设置非机动车道，使得机动车和非机动车通过高差进行分隔，避免在交叉口处混行，影响机动车通行效率。

3)有中央分隔带使绿化比较集中的生长，同时也利于设置各种道路景观设施。

(3)三幅路。用两条分车带分隔机动车和非机动车流，将车行道分为三部分的，称为三幅路。适用于机动车交通量不大，非机动车多，红线宽度大于或等于40m的主干道。

三幅路虽然在路段上分隔了机动车和非机动车，但把大量的非机动车设在主干路上，会使平面交叉口或立体交叉口的交通组织变得很复杂，改造工程费用高，占地面积大。新规划的城市道路网应尽量在道路系统上实行快、慢交通分流，既可提高车速，保证交通安全，还能节约非机动车道的用地面积。

使机动车和非机动车交通安全。当机动车和非机动车交通量都很大的道路相交时，双方没有互通的要求，只需建造分离式立体交叉口，将非机动车道在机动车道下穿过。对于主干路应以交通功能为主，也需采用机动车与非机动车分行方式的三幅路横断面。

(4)四幅路。用三条分车带使机动车对向分流、机非分隔的道路称为四幅路，如图1-33所示。适用于机动车量大，速度高的快速路，其两侧为辅路。也可用于单向两条机动车车道以上，非机动车多的主干路。四幅路还可用于中、小城市的景观大道，以宽阔的中央分隔带和机非绿化带衬托。

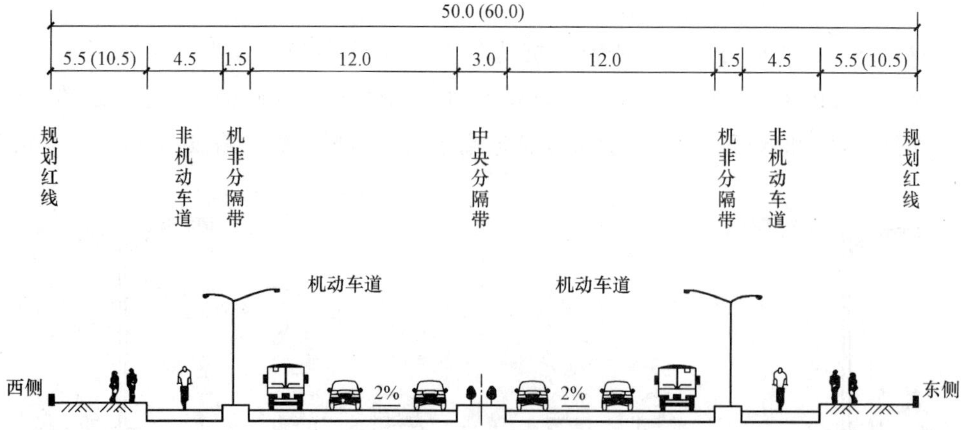

图1-33　四幅路横断面形式(单位:m)

3. 城市道路横断面图的表达内容

(1)图线。一般情况下，路基横断面图的地面线一律用细实线表示，设计线一律用粗实线表示。

(2)图形布置。按照桩号，从下到上、从左到右排列。

(3)标注。道路的超高、加宽在图中示出。桩号应标注在图样下方，填高(h_T)、挖深(h_W)、填方面积(A_T)和挖方面积(A_W)应标注在图样右下方，并用中粗点画线示出征地界线。

4. 城市道路横断面图的识读

(1)城市道路横断面的设计结果是采用标准横断面设计图表示。图样中要表示出机动车道、非机动车道、人行道、绿化带及分隔带等几大部分。

(2)城市的道路,地上有电力、电信等设施,地下有给水管、排水管、污水管、煤气管、地下电缆等公用设施的位置、宽度、横坡度等,称为标准横断面图,如图 1-34 所示。

(3)城市道路横断面图的比例,视道路等级要求而定,一般采用 1∶100、1∶200 的比例。

(4)用细点画线段表示道路中心线,车行道、人行道用粗实线表示,并注明构造分层情况,标明排水横坡度,图示出红线位置。

(5)用图例示意出绿地、房屋、河流、树木、灯杆等;用中实线图示出分隔带设置情况;注明各部分的尺寸,尺寸单位为 cm;与道路相关的地下设施用图例示出,并注以文字及必要的说明。

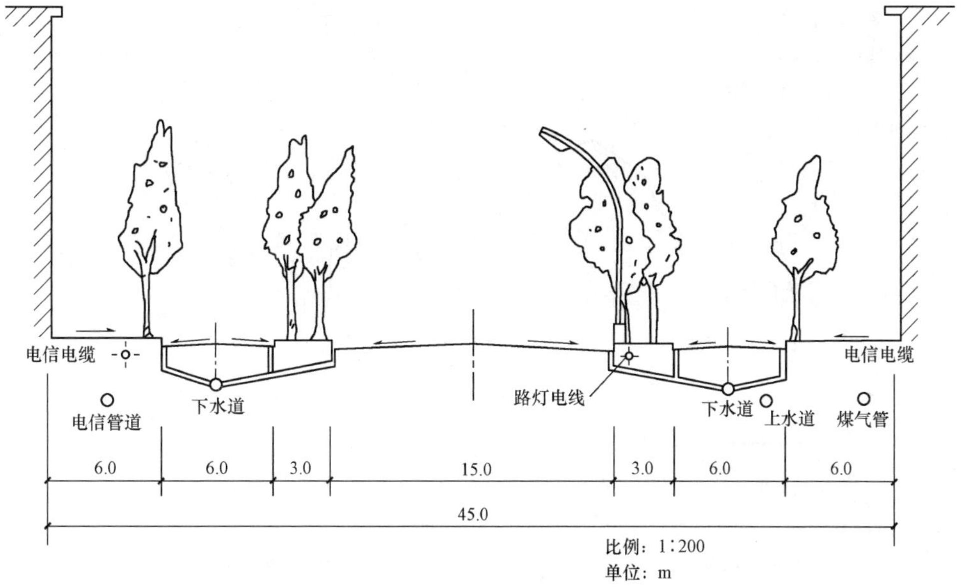

图 1-34 城市道路横断面图面

第六节 道路工程路基与路面施工图

一、道路路基施工图

1. 道路路基施工图概述

道路路基是路面下以土石材料修筑,与路面共同承受行车荷载和自然力作用的条形结构物。路基的基本形式有路堤、路堑和半填半挖路基、护肩路基、砌石路基、挡土路基、护脚路基、矮墙路基、沿河路基和利用挖渠土填筑路基等类型，如图 1-35 所示。路基的基本内容包括路基本体(由地面线、路基顶面和边坡围起的土石方实体)、路基防护和加固工程。

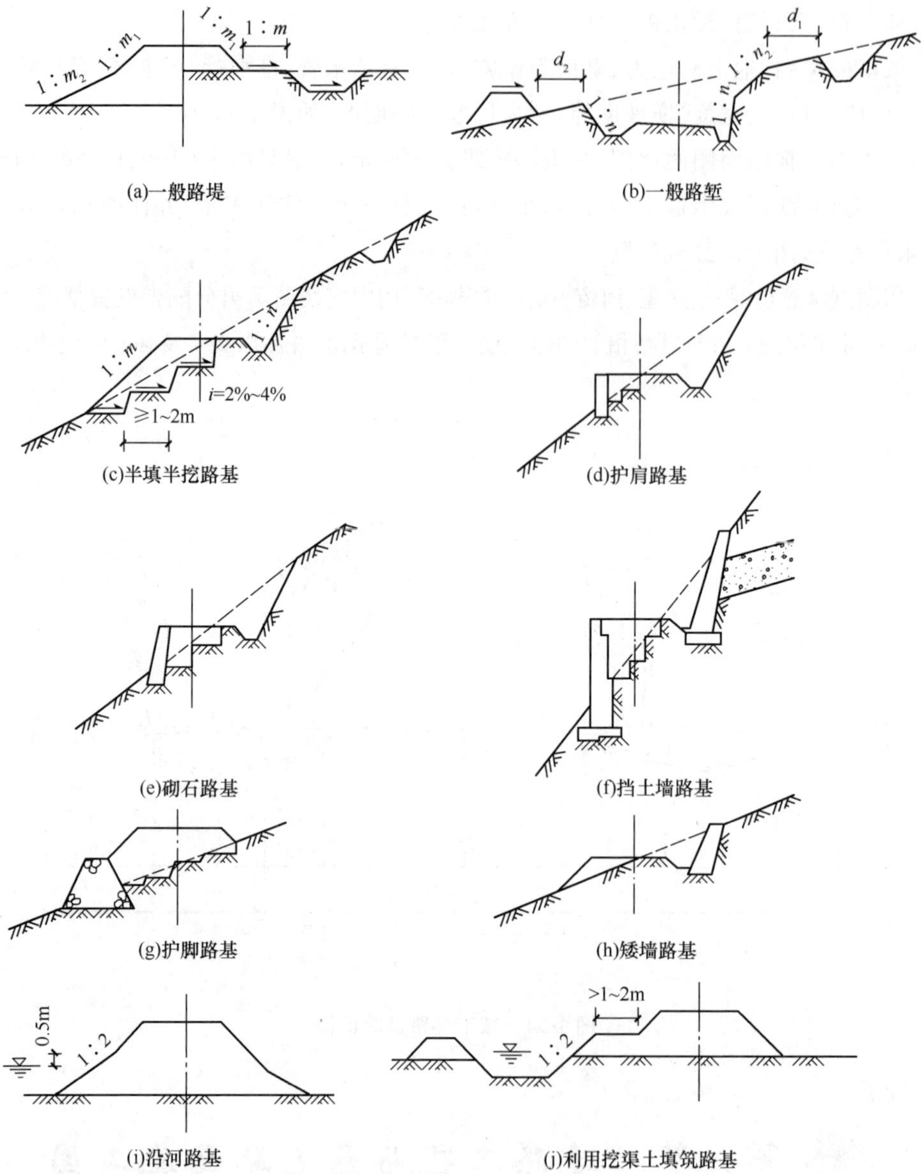

图 1-35　道路路基断面图

2. 道路路基施工图的识读

(1)道路路基横断面图

路基横断面图的作用是表达各里程桩处道路标准横断面与地形的关系，路基的形式、边坡坡度、路基顶面标高、排水设施的布置情况和防护加固工程的设计。

路基横断面的绘制方法是在对应桩号的地面线上，按标准横断面所确定的路基形式和尺寸、纵断面图上所确定的设计高程，将路基顶面线和边坡线绘制出来，俗称戴帽。

道路路基的结构一般不在路基横断面上表达，而在标准横断面或路基结构图上来表达，或者采用文字说明，图 1-36 为 1～4 级公路整体式断面图。

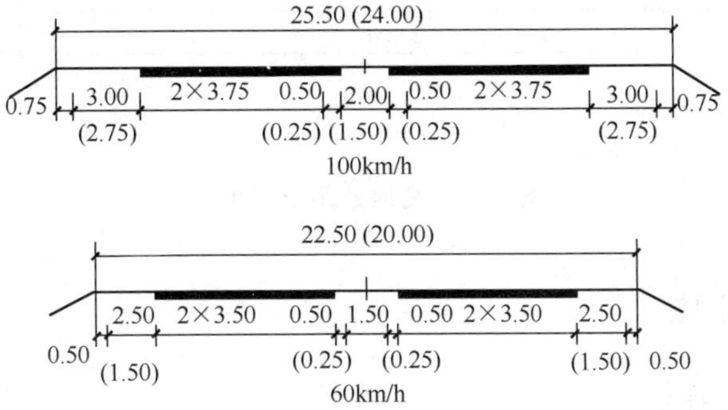

(a) 一级公路整体式断面

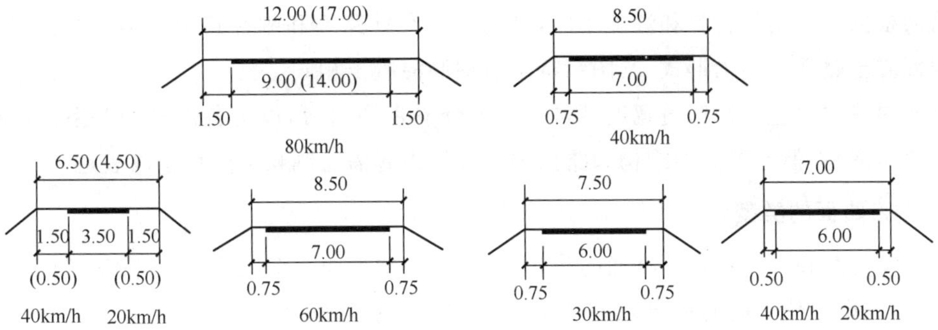

(b) 二、三、四级公路整体式断面

图 1-36　1～4 级公路整体式断面图(单位：m)

(2)高速公路路基横断面图

随着交通量及车速的提高，高速公路的修建已经越来越多，发展也越来越快。高速公路的特点是：车速高，通行能力大，有四条以上车道并设中央分隔带，采用立体交叉，全部或局部控制出入，有完备的现代化交通管理设施等，它是高标准的现代化公路。

高速公路横断面是由中央分隔带、行车道、硬路肩和土路肩组成。

高速公路设置中央分隔带以分离对向的高速行车车流，并用以设置防护栅、隔离墙、标志和植树。路绿带起视线诱导作用，有利于安全行车。中央分隔带常用的形式有三种，用植树、防眩板、防眩网来防止眩光。

高速公路横断面宽度应依据公路性质、车速要求、交通量而定，如图 1-37 所示。

(3)特殊路基设计图

设计道路在通过不利水文地质区域时，为了保证道路坚固稳定，往往要针对具体情况对路基进行超出常规的处理和验算，设计结果用特殊路基设计图来表达。

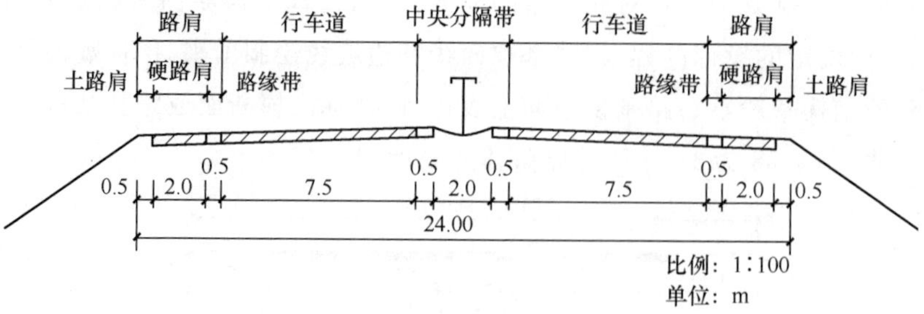

图 1-37　高速公路断面图

二、道路路面施工图

1. 道路路面施工图概述

路面，就是在路基顶面以上行车道范围内，用各种不同材料分层铺筑而成的一种层状结构物。路面根据其使用的材料和性能不同，可划分为柔性路面和刚性路面两类。刚性路面主要是水泥混凝土路面的结构形式，其图示特点与钢筋混凝土相同。

路面构造主要包括行车道宽度、路拱、中央分隔带和路肩，以上各部分的关系已在标准横断面上表达清楚，但是路面的结构和路拱的形式等内容需绘制相关图样予以表达。

2. 道路路面的类型

因行车荷载和自然因素对路面的影响，随深度的增加而逐渐减弱。因此，把路面分成若干层次，按照各个层位功能的不同，划分为面层、基层、垫层和联结层。

(1)面层。面层是路面结构层最上面的一个层次，它直接同车轮和大气接触，受行车荷载等各种力的作用以及自然因素变化的影响最大，因此，面层材料应具备较高的力学强度和稳定性，且应当耐磨、不透水，表层还应有良好的抗滑性、防渗性。当面层为双层时，上面一层称面层上层，下面一层称面层下层，中、低级路面面层上所设的磨耗层和保护层亦包括在面层之内。

(2)基层。基层是路面结构层中的承重部分，主要承受车轮荷载的竖向力，并把由面层传下来的应力扩散到垫层或土基，因此，它应具有足够的强度和稳定性，同时应具有良好的扩散应力性能。基层遭受大气因素的影响虽然比面层小，但是仍然有可能经受地下水和通过面层渗入雨水的浸湿，所以基层结构应具有足够的水稳定性。基层表面虽不直接供车辆行驶，但仍然要求有较好的平整度，这是保证面层平整性的基本条件。

修筑基层的材料主要有各种结合料(如石灰、水泥或沥青等)、稳定土或稳定碎(砾)石、水泥混凝土、天然砂砾、各种碎石或砾石、片石、块石或圆石，各种工业废料(如煤渣、粉煤灰、矿渣、石灰渣等)和土、砂、石所组成的混合料等。

(3)垫层。垫层是介于基层和土基之间的层次，起排水、隔水、防冻或防污等多方面作用，但其主要作用为调节和改善土基的水温状况，以保证面层和基层具有必要的强度、稳定性和抗冻胀能力，扩散由基层传来的荷载应力，以减小土层所产生的变形。因此，通常在路基水温状况不良或有冻胀的土基上，都应在基层之下加设垫层。

修筑垫层的材料，强度要求不一定高，但水稳定性和隔温性能要好。常用的垫层材料分为两类，一类是由松散粒料如砂、砾石、炉渣等组成的透水性垫层；另一类是用水泥或石灰稳定土等修筑的稳定类垫层。

(4)联结层。联结层是在面层和基层之间设置的一个层次。它的主要作用是加强面层与基层的共同作用或减少基层的反射裂缝。

3. 道路路面施工图的识读

(1)道路路面结构图

典型的道路路面结构形式为：磨耗层、上面层、下面层、联结层、上基层、下基层和垫层按由上向下的顺序排列，如图 1-38 所示。路面结构图的任务就是表达各结构层的材料和设计厚度。

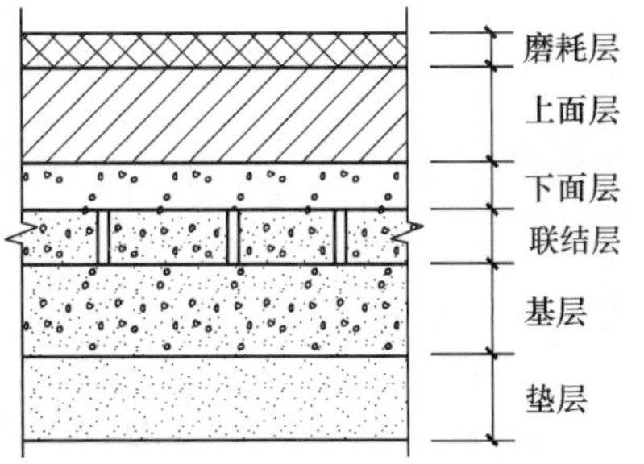

图 1-38　典型的道路路面结构图

由于沥青类路面是多层结构层组成的，在同车道的结构层沿宽度一般无变化。因此选择车道边缘处，即侧石位置一定宽度范围作为路面结构图图示的范围，这样既可图示出路面结构情况又可将侧石位置的细部构造及尺寸反映清楚，也可只反映路面结构分层情况，如图 1-39 所示。

路面结构图图样中，每层结构应用图例表示清楚，如灰土、沥青混凝土、侧石等。分层注明每层结构的厚度、性质、标准等，并将必要的尺寸注全。当不同车道结构不同时可分别绘制路面结构图，应注明图名、比例及文字说明等。

(2)道路路拱大样图

路拱采用什么曲线形式，应在图中予以说明，如抛物线线型的路拱，则应以大样的形式标出其纵、横坐标以及每段的横坡度和平均横坡度，以供施工放样使用，如图 1-40 所示。

(3)机动车道路面结构图

常见的机动车道路面结构大样图，如图 1-41 所示。

(4)人行道路面结构图

常见的人行道路面结构大样图，如图 1-42 所示。

(5)水泥路面接缝构造图

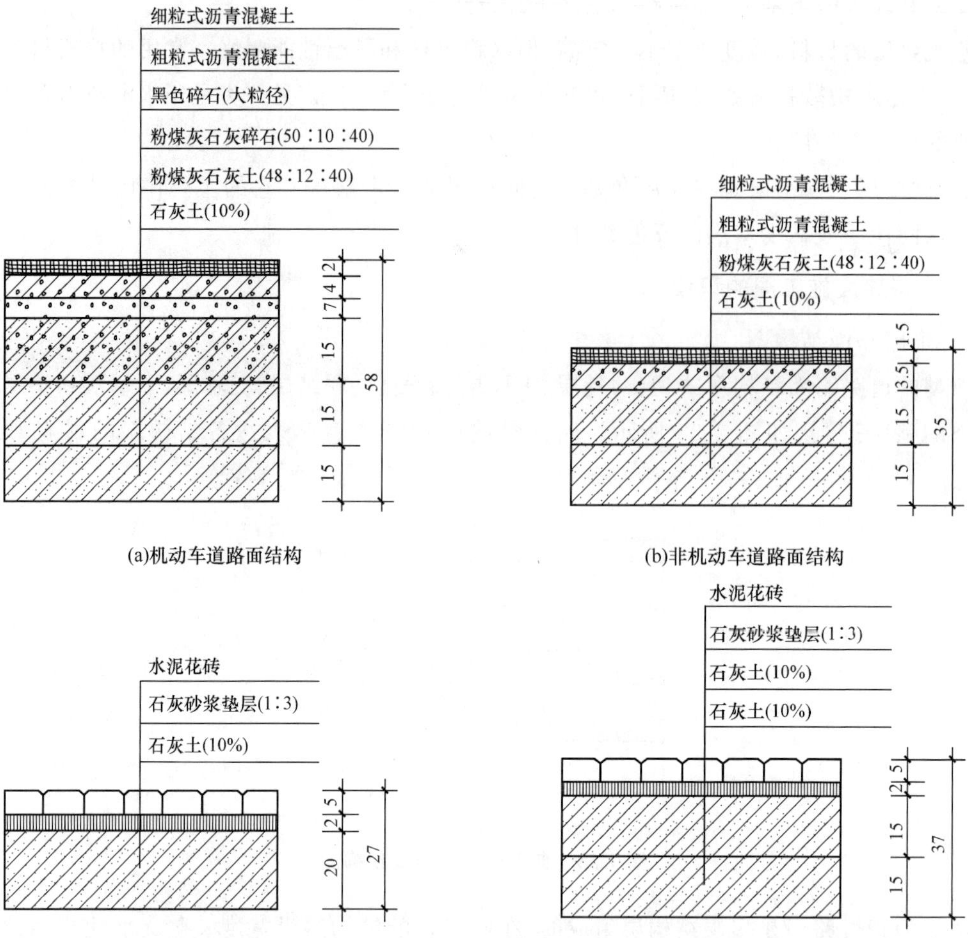

(a)机动车道路面结构　(b)非机动车道路面结构

(c)人行道路面结构（阳面）　(d)人行道路面结构（阴面）

图 1-39　某城市道路路面结构图

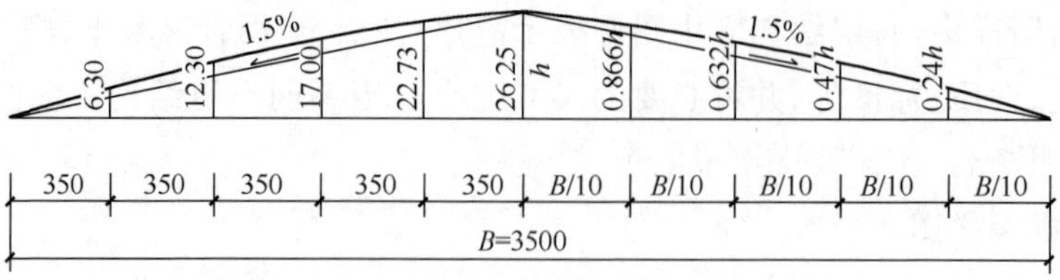

图 1-40　道路路拱大样图

水泥混凝土路面，包括素混凝土、钢筋混凝土、连续配筋混凝土、预应力混凝土、装配式混凝土、钢纤维混凝土和混凝土小块铺砌等面层板和基层组成的路面。目前采用最广泛的是就地浇筑的素混凝土路面，所谓素混凝土路面，是指除接缝区和局部范围外，不配置钢筋的混凝土路面。它的优点是：强度高、稳定性好、耐久性好、养护费用少、经济效益高、有利于夜间行

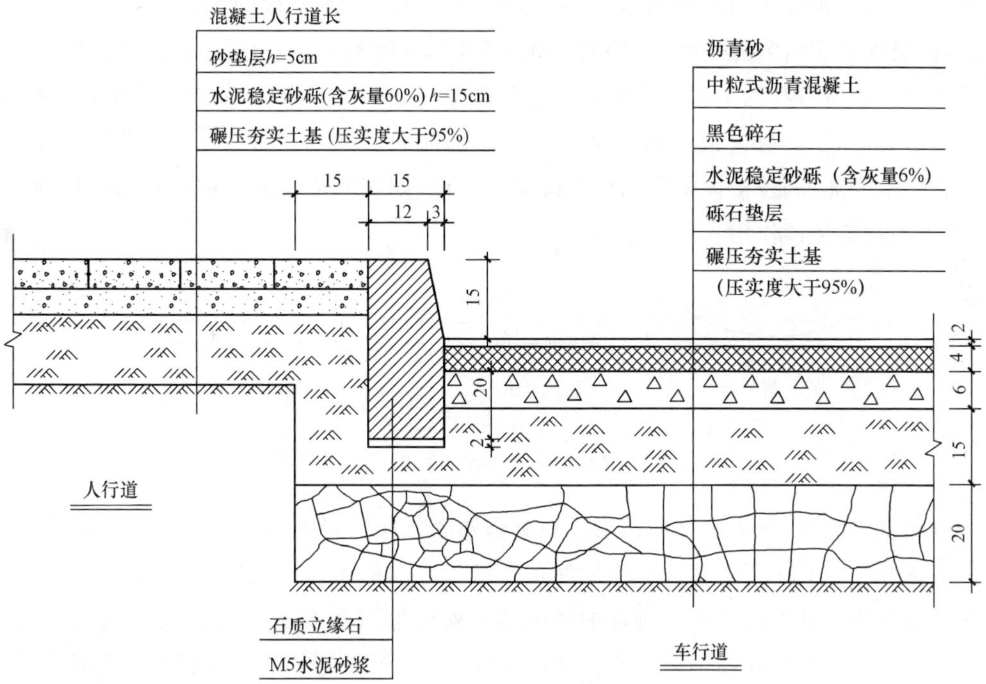

图 1-41　机动车道路面结构大样示意图

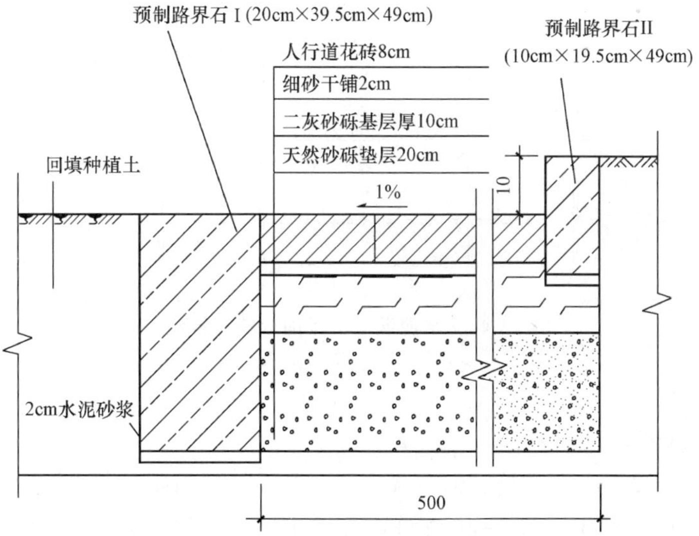

图 1-42　人行道路面结构大样示意图

车。但是，对水泥和水的用量大，路面有接缝，养护时间长，修复较困难。

接缝的构造与布置：混凝土面层是由一定厚度的混凝土板所组成，它具有热胀冷缩的性质。由于一年四季气温的变化，混凝土板会产生不同程度的膨胀和收缩。而在一昼夜中，白天气温升高，混凝土板顶面温度较底面为高，这种温度坡差会造成板的中部隆起。夜间气温降低，板顶的温度较底面为低，会使板的周边和角隅翘起，如图 1-43(a)所示。这些变形会受到板与基础之间的摩阻力和黏结力以及板的自重和车轮荷载等的约束，致使板内产生过大的应力，造成板面断裂[图 1-43(b)]或拱胀等破坏。由于翘曲而引起的裂缝发生后，被分割的两块板体尚不致完全分离，倘若板体温度均匀下降引起收缩，则将使两块板体被拉开，如图 1-43(c)所示，从而失去荷载传递作用。

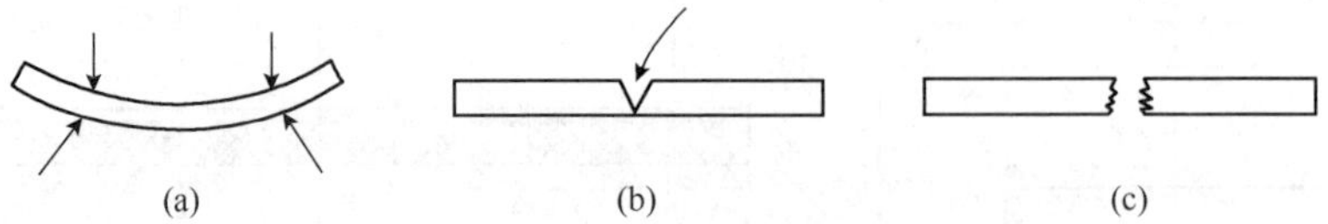

图 1-43　混凝土板由温差引起的变化示意图

为避免这些缺陷，混凝土路面不得不在纵横两个方向建造许多接缝，把整个路面分割成为许多板块，如图 1-44 所示。横向接缝是垂直于行车方向的接缝，共有三种：收缩缝、膨胀缝和施工缝。收缩缝保证板因温度和湿度的降低而收缩时沿该薄弱端面缩裂，从而避免产生不规则的裂缝。膨胀缝保证板在温度升高时能部分伸张，从而避免产生路面板在热天的拱胀和折裂破坏，同时膨胀缝也能起到收缩缝的作用。另外，混凝土路面每天完工以及因雨天或其他原因不能继续施工时，应尽量做到膨胀缝处。如不可能，也应做至收缩缝处，并做成施工缝的构造形式。

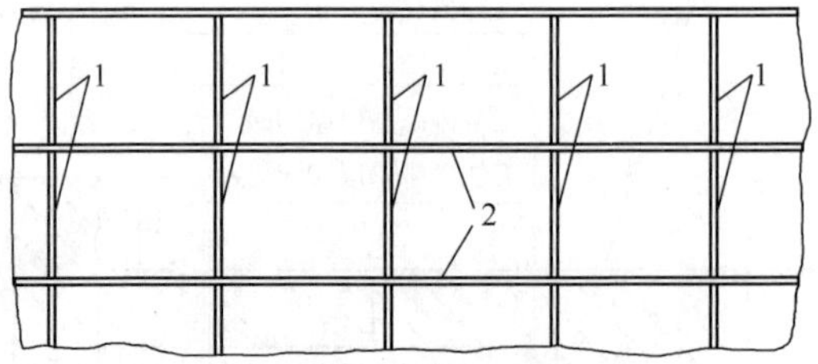

图 1-44　水泥混凝土板的分块与接缝

1—横缝；2—纵缝

1)膨胀缝的构造图

①缝隙宽约 18～25mm。如施工时气温较高，或膨胀缝间距较短，应采用低限；反之用高限。缝隙上部约为厚板的 1/4 或 5mm 深度内浇灌填缝料，下部则设置富有弹性的嵌缝板，它可由油浸或沥青制的软木板制成。

②对于交通繁忙的道路，为保证混凝土板之间能有效地传递荷载，防止形成错台，可在胀缝处板厚中央设置传力杆。传力杆一般长 0.4～0.6m，直径 20～25mm 的光圆钢筋，每隔 0.3～0.5m 设一根。杆的半段固定在混凝土内，另半段涂以沥青，套上长约 8～10cm 的铁皮或塑料筒，筒底与杆端之间留出宽约 3～4cm 的空隙，并用木屑与弹性材料填充，以利板的自

由伸缩,如图 1-45(a)所示。在同一条胀缝上的传力杆,设有套筒的活动端最好在缝的两边交错布置。

③由于设置传力杆需要钢材,故有时不设传力杆,而在板下用 C10 混凝土或其他刚性较大的材料,铺成断面为矩形或梯形的垫枕,如图 1-45(b)所示。当用炉渣石灰土等半刚性材料作基层时,可将基层加厚形成垫枕,使结构简单,造价低廉。为防止水经过胀缝渗入基层和土层,还可以在板与垫枕或基层之间铺一层或两层油毛毡或 2cm 厚沥青砂。

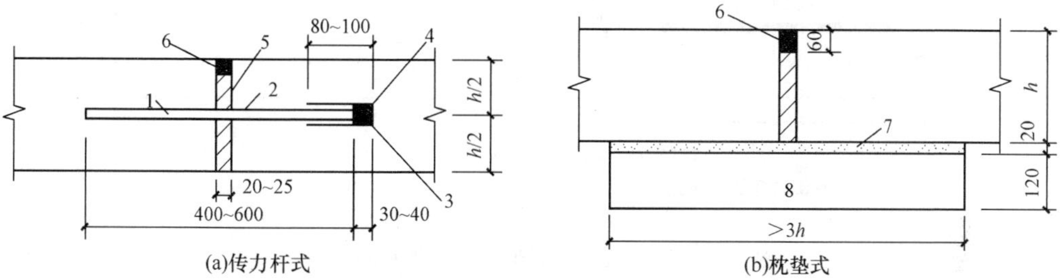

图 1-45　膨胀缝的构造形式(单位:mm)

1—传力杆固定端;2—传力杆活动端;3—金属套筒;4—弹性材料;

5—软木板;6—沥青填缝料;7—沥青砂;8—C8～C10 水泥混凝土预制枕垫

2)收缩缝的构造图

①收缩缝一般采用假缝形式,如图 1-46(a)所示,即只在板的上部设缝隙,当板收缩时将沿此最薄弱断面有规则地自行断裂。收缩缝缝隙宽约 5～10mm,深度约为板厚的 1/3～1/4,一般为 4～6cm,近年来国外有减小假缝宽度与深度的趋势。假缝缝隙内亦需浇灌填缝料,以防地面雨水下渗及石砂杂物进入缝内。但是实践证明,当基层表面采用了全面防水措施之后,收缩缝缝隙宽度小于 3mm 时可不必浇灌填缝料。

②由于收缩缝缝隙下面板断裂面凹凸不平,能起一定的传荷作用,一般不必设置传力杆,但对交通繁忙或地基水文条件不良路段,也应在板厚中央设置传力杆。这种传力杆长度约为 0.3～0.4m,直径 14～16mm,每隔 0.30～0.75m 设一根,如图 1-46(b)所示,一般全部锚固在混凝土内,以使缩缝下部凹凸面的传荷作用有所保证;但为便于板的翘曲,有时也将传力杆半段涂以沥青,称为滑动传力杆,而这种缝成为翘曲缝。应当补充指出,当在膨胀缝或收缩缝上设置传力杆时,传力杆与路面边缘的距离,应较传力杆间距小些。

3)施工缝的构造图

施工缝采用平头缝或企口缝的构造形式。平头缝上部应设置深为板厚 1/3～1/4、宽为 8～12mm的沟槽,内浇灌填缝料。为利于板间传递荷载,在板厚的中央也应设置传力杆,如图 1-46(c)所示。传力杆长约 0.40m,直径 20mm,半段锚固在混凝土中,另半段涂沥青,亦称滑动传力杆。如不设传力杆,则要专门的拉毛模板,把混凝土接头处做成凹凸不平的表面,以利于传递荷载。另一种形式是企口缝,如图 1-46(d)所示。

4)纵缝的构造图

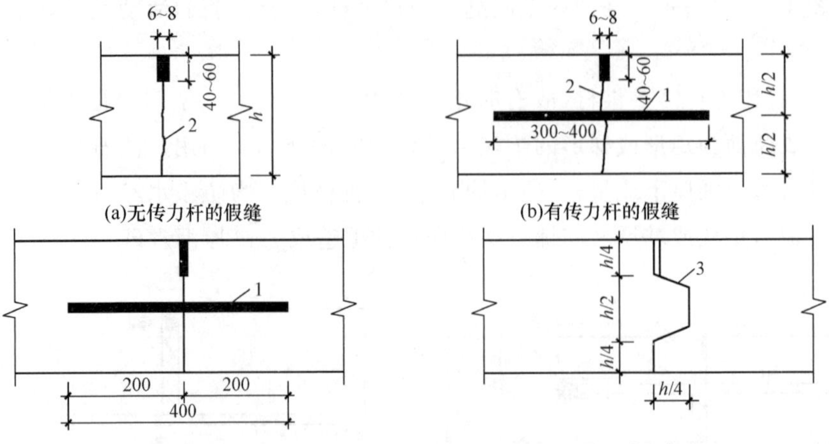

(a)无传力杆的假缝　(b)有传力杆的假缝　(c)有传力杆的工作缝　(d)企口式工作缝

图 1-46　收缩缝的构造形式示意图(单位:mm)

1—传力杆;2—自行断裂缝;3—涂沥青

①纵缝是指平行于混凝土行车方向的那些接缝。纵缝一般按 3～4.5m 设置,这对行车和施工都较方便。当双车道路面按全幅宽度施工时,纵缝可做成假缝形式。对这种假缝,国外规定在板厚中央应设置拉杆,拉杆直径可小于传力杆,间距为 1.0m 左右,锚固在混凝土内,以保证两侧板不致被拉开而失掉缝下部的颗粒嵌锁作用,如图 1-47(a)所示。

②当按一个车道施工时,可做成平头纵缝,如图 1-47(b)所示,它是当半幅板做成后,对板侧壁涂以沥青,并在其上部安装厚约 0.01m、高约 0.04m 的压缝板,随即浇筑另半幅混凝土,待硬结后拔出压缝板,浇灌填缝料。

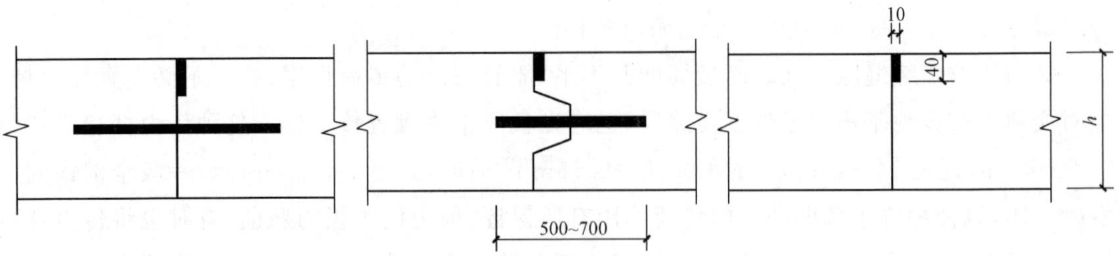

(a)假缝带拉杆　(b)平头缝　(c)企口缝加拉杆

图 1-47　纵缩缝的构造形式示意图(单位:mm)

③为利于板间传递荷载,也可采用企口式纵缝,如图 1-47(c)所示,缝壁应涂沥青,缝的上部也应留有宽 6～8mm 的缝隙,内浇灌填缝料。为防止板沿两侧拱横坡爬动拉开和形成错台,以及防止横缝错开,有时在平头式及企口式纵缝上设置拉杆,拉杆长 0.5～0.7m,直径 18～20mm,间距 1.0～1.5m。

④对多车道路面,应每隔 3～4 车道设一条纵向膨胀缝,其构造与横向膨胀缝相同。当路

旁有路缘石时，缘石与路面板之间也应设膨胀缝，但不必设置传力杆或垫枕。

第七节　防护工程图

一、防护工程图概述

1. 防护工程概述

防护工程是指为提高道路的使用质量而对路基作的一些保护工程。为保证路基的强度和稳定性，对黏性土、粉性土、细砂土及易风化的岩石路基边坡进行防护，起到稳定路基，美化路容的作用。

2. 道路防护的分类

道路防护一般分为边坡防护和路基防护，路基防护工程是防治路基病害、保证路基稳定、改善环境景观、保护生态平衡的重要设施，见表 1-13。

表 1-13　道路防护的分类

类型	内　　容
边坡坡面防护	坡面防护主要是保护路基边坡表面免受雨水冲刷，减缓温差及温度变化的影响，防止和延缓软弱岩土表面的风化、碎裂、剥蚀演变进程，从而保护路基边坡的整体稳定性。此外，坡面防护工程在一定程度上还可美化路容，协调自然环境。 1)植物防护，如种草、铺草皮、植树。 2)工程防护，如干砌片石护坡、浆砌片石护坡、浆砌预制块护坡、喷护、挂网喷护、护面墙等。 3)骨架植物防护
沿河河堤河岸冲刷防护	1)直接防护，如植物、砌石、石笼、挡土墙等。 2)间接防护，如丁坝、顺坝等导流构造物以及改变河道、营造护林带

二、防护工程图的识读

1. 路基挡土墙防护工程图

挡土墙由墙身、基础、排水设施和沉降伸缩缝组成，是一种能够抵抗侧向土压力，防止墙后土体坍塌的建筑物，起到稳定路堤和路堑边坡，减少土石方工程量，防止水流冲刷路基等作用，同时也常用于治理滑坡崩坍等路基病害。

(1)挡土墙按设置位置分为路堤墙、路肩墙、路堑挡土墙、山坡挡土墙等，如图 1-48 所示。

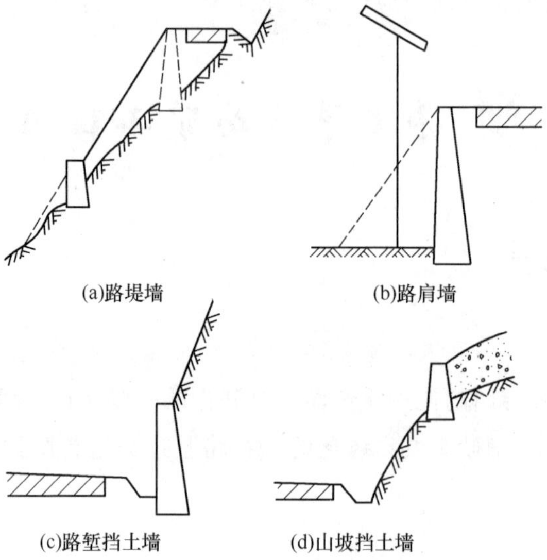

图 1-48　挡土墙图

1)路堤墙:设置在高填土路堤或陡坡路堤的下方,可以防止路堤边坡或基底滑动,同时可以收缩路堤坡脚,减少填方数量,减少拆迁和占地面积。

2)路肩墙:设置在路肩部位,墙顶是路肩的组成部分,其用途与路堤墙相同,还可以保护邻近路线既有的重要建筑物。沿河路堤,在傍水的一侧设置挡土墙,可以防止水流对路基的冲刷和侵蚀,减少拆迁和占地面积,是保证路堤稳定的有效措施。

3)路堑挡土墙:设置在路堑坡底部,主要用于支撑开挖后不能自行稳定的边坡,同时可降低挖方边坡的高度,减少挖方的数量,避免山体失稳坍塌。

(2)挡土墙的类型有悬臂式挡土墙、扶壁式挡土墙、锚杆式挡土墙、锚定板式挡土墙等,如图 1-49 所示。

1)悬臂式挡土墙是指由立壁、趾板、踵板三个钢筋混凝土悬臂构件组成的挡土墙。面坡常用 1∶0.02～1∶0.05,背坡可直立。顶宽大于 0.15m,路肩墙大于 0.2m,踵板应等厚,趾板端部厚度可减薄,但不小于 0.30m。扶壁式挡土墙的立壁,常为等厚,间距常取墙高的 1/3～1/2,厚度为间距的 1/8～1/6,但不小于 0.30m。悬臂式挡土墙构造简单,施工方便,能适应较松软的地基,墙高一般为 6～9m。当墙高较大时,立壁下部的弯矩较大,钢筋与混凝土的用量剧增,影响这种结构形式的经济效果,此时采用扶壁式挡土墙。

2)扶壁式挡土墙是指沿悬臂式挡土墙的立壁,每隔一定距离加一道扶壁,将立壁与踵板连接起来的挡土墙。它的主要特点是构造简单、施工方便,墙身断面较小,自身质量轻,可以较好地发挥材料的强度性能,能适应承载力较低的地基。但是需耗用一定数量的钢材和水泥,特别是墙高较大时,钢材用量急剧增加,影响其经济性能。

3)锚杆式挡土墙是指由钢筋混凝土板和锚杆组成,依靠锚固在岩土层内的锚杆的水平拉

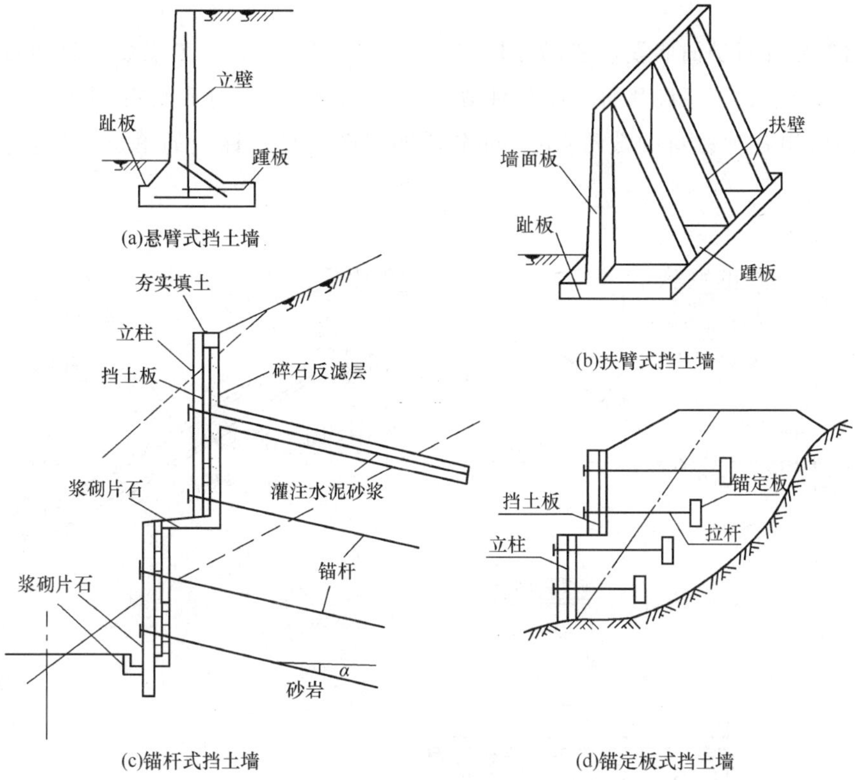

图 1-49　挡土墙的类型

力以承受土体侧压力的挡土墙。为便于立柱和挡板安装，大多采用竖直墙面。立柱间距2.5～3.5m，每根立柱视其高布置 2 或 3 根锚杆，锚杆的位置应尽量使立柱受弯分布均匀。锚杆的有效锚固长度在岩层中一般不小于 4m，在稳定土层内，应有 9～10m。锚孔内灌以膨胀水泥砂浆；锚孔口与墙面间一段锚杆采用沥青包扎防锈。挡墙分级设置时，每级高度不大于 6m，两级之间留有 1～2m 的平台，以利施工操作和安全。

4)锚定板式挡土墙是指由墙面、拉杆、锚定板以及充填墙面与锚定板之间的填土所共同组成的一个整体。在这个整体结构的内部，存在着作用于墙面上的土压力、拉杆的拉力和锚定板的抗拔力等相互作用的内力，这些内力必须互相平衡，才能保证结构内部的稳定。同时，在锚定板挡土墙的周围边界上，还存在着从边界外部传来的土压力、活载以及结构自重所产生的作用力和摩擦力，这些外力也必须互相平衡，以保证锚定板挡土墙的整体稳定性，防止发生滑动或蠕动。

2. 浆砌片石护面墙工程图

浆砌片石护面墙适用于土质和易风化剥落的岩石边坡，坡度不陡于 1∶0.5。实体护面墙分为等截面和变截面两种形式。等截面墙厚度为 50cm；变截面墙的顶面厚 40cm，底面厚视墙高而定。等截面墙高不宜超过 6m；变截面护面墙，单级高度不宜超过 10m，超过时宜设平台，分级砌筑。

某道路浆砌片石护面墙设计图，如图 1-50 所示。它包括图样、工程数量表和附注三部分内容。图样部分表达了浆砌片石护坡和衬砌拱护坡结构形式、尺寸和材料；工程数量表表达了每延米护砌所用各种材料的数量；附注部分说明了图中尺寸标注的单位、使用范围和技术要求。

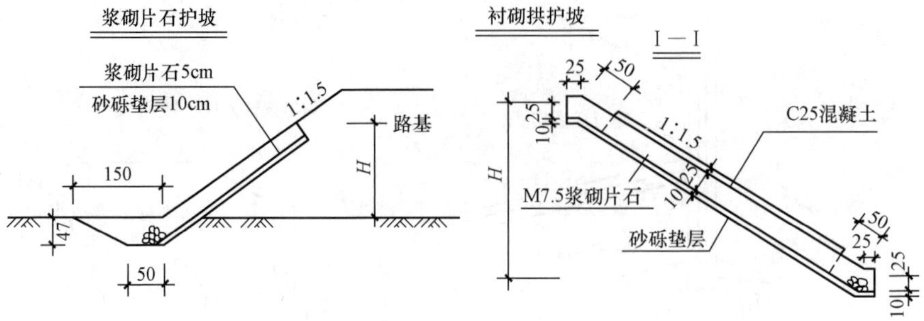

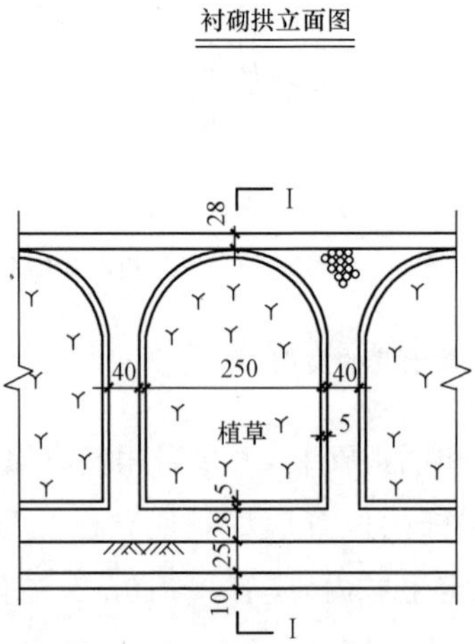

注：
1.本图尺寸以cm计。
2.本图用于互通立交区的路基防护工程。
3.当路基填土高度 $H \geqslant 3\text{m}$ 时采用衬砌拱护坡，当 $H < 3\text{m}$ 时植草。

工程数量表

项目 类别	M7.5 浆砌片石	砂砾垫层	C25 混凝土	植草	挖基土方
	m^3/m	m^3/m	m^3/m	m^3/m	m^3/m
浆砌片石护坡	$0.47+0.45H$	$0.18H+0.04$			$0.51+0.63$
衬砌拱护坡	$0.06H+0.41$	$0.024H+0.16$	$0.018H+0.01$	$1.5(H-2)+1.95$	$0.102H+0.584$

图 1-50 某道路浆砌片石护面墙设计图

第八节　道路工程交叉口施工图

一、道路平面交叉口施工图

1. 平面交叉口的分类

(1)十字形交叉。如图1-51(a)所示,十字形交叉的相交道路是夹角在90°或90°±15°范围内的四路交叉。这种路口形式简单,交通组织方便,街角建筑易处理,适用范围广,是常见的最基本的交叉口形式。

(2)"X"形交叉。如图1-51(b)所示,"X"形交叉是相交道路交角小于75°或大于105°的四路交叉。当相交的锐角较小时,将形成狭长的交叉口,对交通不利,特别对左转弯车辆,锐角街口的建筑也难处理。因此,当两条道路相交,如不能采用十字形交叉口时,应尽量使相交的锐角大些。

(3)"T"形交叉。如图1-51(c)所示,"T"形交叉的相交道路是夹角在90°或90°±15°范围内的三路交叉。这种形式交叉口与十字形交叉口相同,视线良好、行车安全,也是常见的交叉口形式,例如北京市的"T"形交叉口约占30%,十字形占70%。

(4)"Y"形交叉。如图1-51(d)所示,"Y"形交叉是相交道路交角小于75°或大于105°的三路交叉。处于钝角的车行道缘石转弯半径应大于锐角对应的缘石转弯半径,以使线型协调,行车通畅。"Y"形与"X"形交叉均为斜交路口,其交叉口夹角不宜过小,角度小于45°时,视线受到限制,行车不安全,交叉口需要的面积增大,因此,一般的斜交角度适宜大于60°。

(5)错位交叉。如图1-51(e)所示,两条道路从相反方向终止于一条贯通道路而形成两个距离很近的"T"形交叉所组成的交叉即为错位交叉。规划阶段应尽量避免为追求街景而形成的近距离错位交叉。由于其距离短,交织长度不足,而使进出错位交叉口的车辆不能顺利行驶,从而阻碍贯通道路上的直行交通。由两个"Y"形连续组成的斜交错位交叉的交通组织将比"T"形的错位交叉更为复杂。因此规划与设计时,应尽量避免双"Y"形错位交叉。

(6)多路交叉。如图1-51(f)所示,多路交叉是由五条以上道路相交成的道路路口,又称为复合型交叉路口。道路网规划中,应避免形成多路交叉,以免交通组织的复杂化。已形成的多路交叉,可以设置中心岛改为环形交叉,或封路改道,或调整交通,将某些道路的双向交通改为单向交通。

2. 平面交叉口冲突点

在平面交叉口处不同方向的行车往往相互干扰、行车路线往往在某些点处相交、分叉或汇集,专业上将这些点分别称为冲突点、分流点和交织点。如图1-52所示,为五路交叉口各向车流的冲突情况,图中箭线表示车流,黑点表示冲突点。

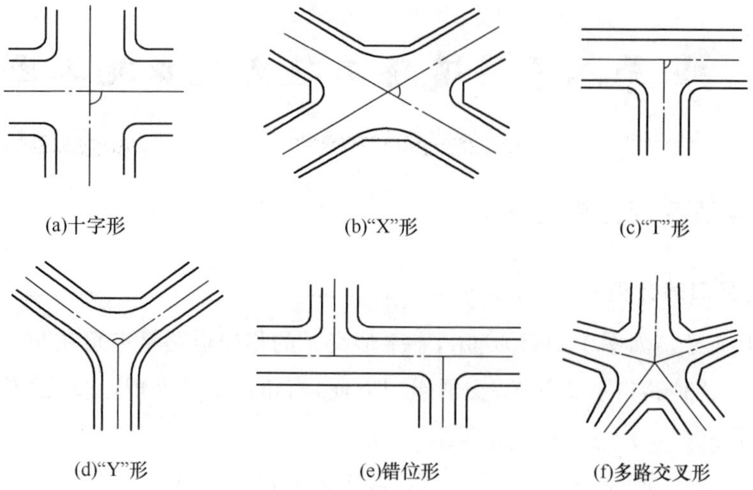

图 1-51　平面交叉口的形式

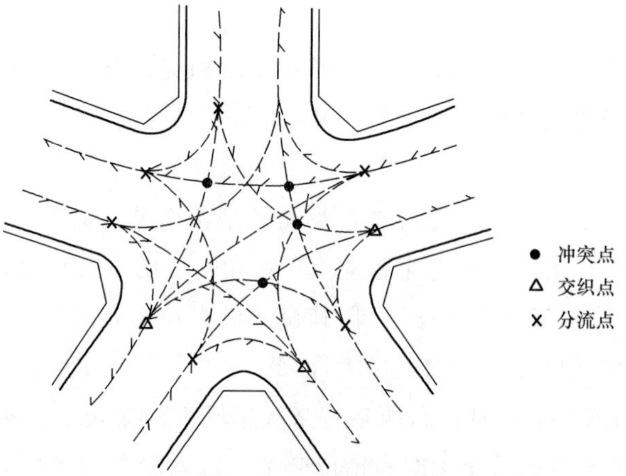

图 1-52　平面交叉口处的冲突点

3. 交叉口交通组织

交通组织就是把各向各类行车和行人在时间和空间上进行合理安排，从而尽可能地消除"冲突点"，使得道路的通行能力和安全运行达到最佳状态。平面交叉口的交通组织形式有：环形、渠化和自动化交通组织等，如图 1-53 所示。

4. 平面交叉口的表达内容

(1)平面图

1)道路中心线用点画线表示。为了表示道路的长度，在道路中心线上标有里程。

2)道路在交叉口处连接关系比较复杂时，为了清晰表达相交道路的平面位置关系和交通组织设施等，道路交叉口平面图的绘图比例较路线平面图大得多，以便车、人行道的分布和宽

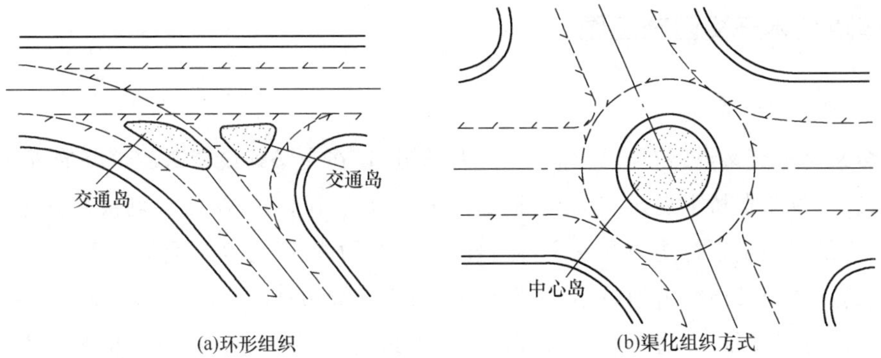

图 1-53　平面道路交通组织图

度等可按比例画出。

(2)纵断面图

交叉口纵断面图是沿相交两条道路的中线分别作出,其作用与内容均与道路路线纵断面基本相同。

(3)竖向施工图

1)刚性路面。水泥混凝土路面的设计高程数值应注在板角处,并加注括号。在同一张图纸中可以省略设计高程相同的整数部分,但应在图中说明。

2)网格法。用网格法表示的平交路口,其高程数值宜标注在网格交点的右上方,并加括号。若各测点高程的整数部分相同时可省略整数位,小数点前可不加"0"定位,整数部分在图中注明。

3)坡度法。对于比较简单的交叉口可仅标注控制点的高程、排水方向及其坡度。排水方向可采用单边箭头表示。

4)等高线。用等高线表示的平交路口,等高线宜用细实线表示,并每隔四条用中粗实线绘制一条计曲线。

5. 平面交叉口施工图的识读

平面交叉口施工图是道路施工放线的主要依据和标准,因此,在施工前每位施工技术人员必须将施工图所表达的内容全部弄清楚。施工图一般包括交叉口平面设计图和交叉口立面设计图。

(1)交叉口平面设计图的识读要求:必须认真了解设计范围和施工范围,并且掌握好相交道路的坡度和坡向,同时还需了解道路中心线、车行道、人行道、缘石半径、进水、排水等位置。

(2)交叉口立面设计图的识读要求:首先必须了解路面的性质与所采用的材料,然后掌握旧路现况等高线、设计等高线和了解方格网的具体尺寸,最后了解胀缝的位置和胀缝所采用的材料。

二、道路立体交叉口施工图

1. 立体交叉口概述

立体交叉是指交叉道路在不同标高相交时的道口，在交叉处设置跨越道路的桥梁，一条路在桥上通过，一条路在桥下通过，各相交道路上的车流互不干扰，保证车辆快速安全地通过交叉口，这样不仅提高了通行能力和安全舒适性，而且节约能源，提高了交叉口现代化管理水平。但是，大型的立体交叉往往占地较多，投资较大，对立交周边环境也有一定影响，故在市区建设大型立交应进行交通量、交通类型、工程造价、地形地貌、用地规模、环境协调等多方面的综合考虑。并根据所在城市路网中的位置，对市中心城区和城市快速系统中的立交区别对待，进行立交选型分析。

2. 立体交叉口的分类

(1)按交通组织特性分类

1)有交织型

相对无交织而言，各交通流向即便具有专用匝道，也会因某些外部条件的限制造成道路转向车流先进后出从而产生交织。

2)无交织型

所有交通流向除了具有专用匝道之处，不会因为进出相交道路相互之间产生交织运行，即进入车辆与驶出车辆不发生交织，也不因合流后再通过交织分流。

3)有平交型

有平交型是针对部分互通及简单互通立交而言的，在受投资规模限制、转向交通流向不能全部一一设置专用匝道的情况下，将一些次要交通流向集中于平面交叉口，以交通管理组织交通，将有限的资金集中解决主要交通矛盾。

(2)按网络系统分类

1)枢纽型

枢纽型立交是中、长距离，大交通量高等级道路之间的立体交叉，如图 1-54 所示。适用于高速公路之间、城市快速路之间、高速公路和城市快速路相互之间及与重要汽车专用道之间。

2)疏导型

疏导型立交仅限地区次要道路上的交叉口，交叉口交通量已足使相交道路交通不畅，行车安全受到影响，平面交叉口出现阻塞现象时，从提高交叉口通行能力出发，对交叉口临界交通流向进行立体化疏导，以改善交叉口交通状态，提高服务水平。

3)服务型

服务型立交又称为一般互通立交，是高等级道路与低等级或次级道路之间的立体交叉，如图 1-55 所示。适用于高速公路与其沿线城市出入干道或次要汽车专用道之间，城市快速路或重要汽车专用道与其沿线城市主干路或次级道路之间，以及为地区服务的城市主干路与城市主干路之间等。

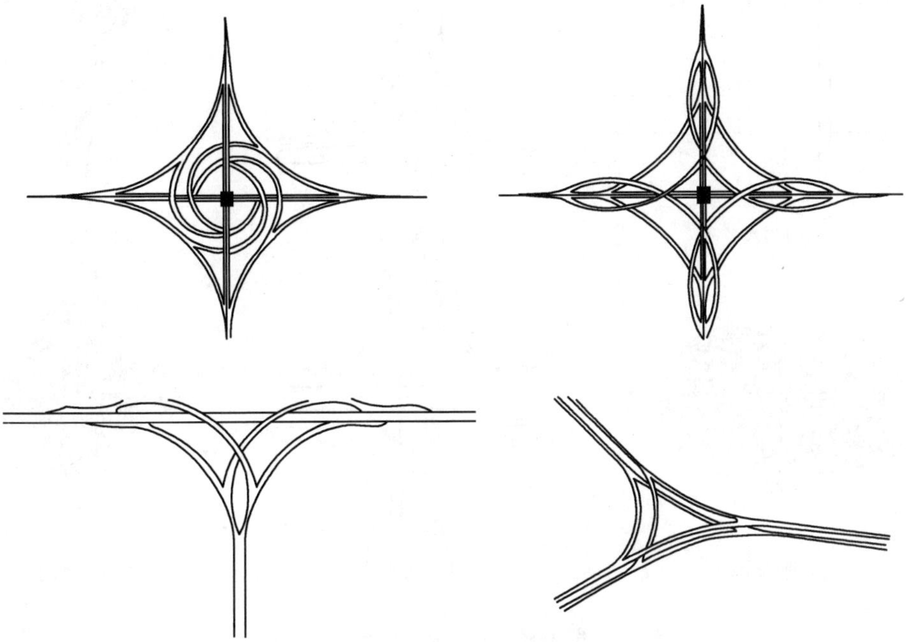

图 1-54 市区枢纽型互通式立交常见形式

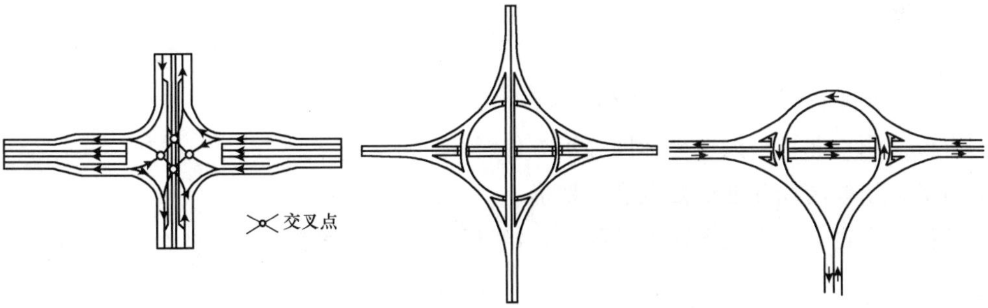

图 1-55 市区服务型互通式立交常见形式

(3)按是否可以互通交通分类

根据相交道路上是否可以互通交通，可将立体交叉分为分离式、定向互通和全互通，如图 1-56(a)、图 1-56(b)和图 1-56(c)所示。

(4)按几何形状分类

如果根据立体交叉在水平面上的几何形状来分，可分为喇叭形、苜蓿叶式等，而且各种形式又可以有多种变形，如图 1-56(d)、图 1-56(e)和图 1-56(f)所示。

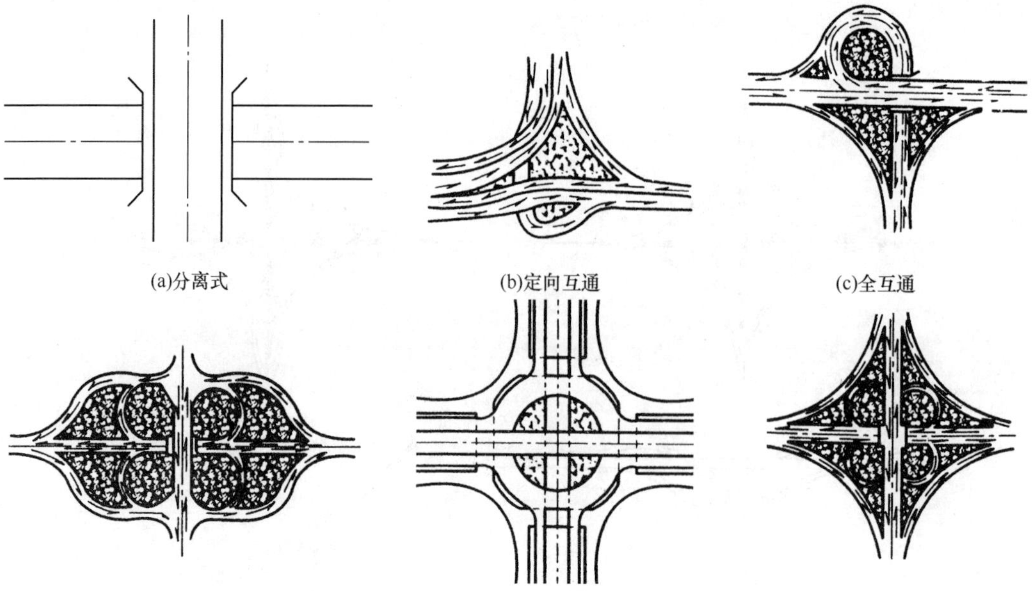

(a)分离式　(b)定向互通　(c)全互通

(d)喇叭形互通　(e)2层苜蓿叶式互通　(f)3层苜蓿叶式互通

图 1-56　立体交叉的分类

3. 立体交叉口的表达内容

(1)平面图

1)比例。立体交叉工程建设规模宏大,但为了读图方便,工程上一般将立体交叉主体尽可能布置在一张图幅内,故绘图比例较小。

2)方位。用指北针与大地坐标网表示方位。

3)地形。用等高线和地形测点表示地形。

4)结构物。在立体交叉平面设计图上,沿线桥梁、涵洞、通道等结构物均按类编号,以引出线标注。

(2)纵断面图

立体交叉纵断面图的图示方法与平面交叉纵断面图的图示方法基本相同,只是为了使道路横向与纵向的对应关系表达得更清晰,在图样部分和测设数据表中增加了横断面形式这一内容,这种图示方法更适应于立体交叉横断面表达复杂的需要。

(3)连接部位设计图

连接部位设计图包括连接位置图、连接部位大样图、分隔带断面图和标高数据图,见表1-14。

表 1-14　道路立体交叉口连接部位设计图

类型	内　　容
分隔带横断面图	分隔带横断面图是将连接部位大样图尚未表达清楚的道路分隔带的构造用更大的比例尺绘出
连接位置图	连接位置图是在立体交叉平面示意图上,标出两条连接道路的连接位置
连接部位大样图	连接部位大样图是用局部放大的图示方法,把立体交叉平面图上无法表达清楚的道路连接部位单独绘制成图
连接部位标高数据图	连接部位标高数据图是在立体交叉平面图上标示出主要控制点的设计标高

第九节　高架道路工程施工图

一、高架道路施工图概述

1. 高架道路在路网中的主要功能

(1)充分利用城市空间,增加路网的容量。

(2)强化主干线的交通功能,提高通行能力。

(3)改善交通条件,增强运输效益。

2. 高架道路的组成

城市高架道路是城市快速路的一种主要形式,是城市立体交通网络的重要组成部分,也是城市交通现代化发展的必然产物。

高架道路系统包括高架道路、上下匝道及其两端衔接点和相邻的地面道路网络。高架道路是一种把快速干道建在连续桥跨结构上,充分发挥城市有限的空间容量,形成的连续运行且封闭的机动车专用道路体系。这种道路体系与一般地面道路分开,其上没有平面交叉口,不受红绿灯信号限制,不受其他行驶车辆干扰,并且没有冲突车流。

高架道路由基本路段、交织区和匝道连接点三种不同类型的路段组成。高架道路基本路段是指不受驶入、驶出匝道的合流、分流及交织流影响的路段。交织区是指一条或多条车流沿着高架道路一定长度、穿过彼此行车路线的路段,交织路段一般由合流区和紧接着的分流区组成。匝道连接点是指驶入及驶出匝道与高架道路的连接点。

3. 高架道路的设置

(1)城市交通环境的需要。高架道路是不得已而为之的路,在无其他方法可行的情况下,才建设高架道路。在下述情况时可考虑建设高架道路:

1)城市中的快速交通路网体系须用快速环路或快速放射线道路来使交通流快速疏散;

2)城市市中心区域道路面积少、人口密度大、建筑密度高。由于人口和建筑过于集中,造成市中心区域交通拥挤,并且可利用的主、次干路较少;

3)城市道路交通过于拥挤,已经严重影响到市民的出行、经济的发展和城市的形象。

(2)高架道路的选择。从直观现象来看,在车满为患的道路上建设高架道路,可以最大限度地缓解该条道路的交通阻塞问题。但从城市的整个路网系统的角度出发,并不是每一条车满为患的道路都适合建造高架道路。建造高架的道路应该满足以下条件:

1)道路为城市的快速路或交通主要干道,道路需具有完整的交通性;

2)道路需有较宽的路幅,路幅一般需大于50m;

3)道路两侧的土地开发以办公活动、公共活动和工业等为主,环境容忍程度较为宽容,不会对市民的生活、休息和学习的环境有较大的影响;

4)所选道路需组成一个布局均匀的网络,可以最大效率地利用高架道路系统。

二、高架道路施工图的识读

1. 平面图

道路平面定线应在规划红线的基础上,结合道路线型技术标准,综合考虑沿线道路因有建筑物的控制,以减少征地拆迁为原则,合理确定道路平面线型。高架道路应尽量保证环保要求,新建高架边线距离居住建筑楼边线的最小距离为12m,特别是坐北朝南面向高架道路的居住建筑物。对于道路平面小偏角应满足规定的平曲线长度要求,对于道路缓和曲线最小长度取值应满足超高渐变率的要求。

2. 横断面图

高架道路新建的红线控制为100m,改建的控制为70m,近期实施的控制为45～70m。高架道路结构有整体式和分体式两种布置形式,道路路缘带的宽度取0.5m,双向6车道的路面宽度一般为25.5m。

3. 纵断面图

(1)高架道路纵断面设计高程主要考虑的因素:高架桥下交通净空要求;交叉口相交道路的路面高程和铁路净空的要求;纵断面最小坡长及竖曲线半径等技术标准;地面道路尽可能利用现有道路路面基层的条件;道路两侧现有建筑和街坊的地坪标高;道路最小排水纵坡要求或采取相应的排水措施;与工程两端及已建立交的道路设计标高和设计纵坡接顺;高架道路的墩与梁的跨比关系应符合景观要求,构成高架道路均衡的造型,一般30m跨径桥配7.5m净高,36m跨径桥配9m净高。

(2)高架道路纵断面线型:高架道路纵断面线型设计在地面道路纵断面设计基础上进行,纵向标高再加上道路净空要求、桥梁结构建筑高度、铺装及横坡影响、预留沉降高度后确定,同时考虑景观因素尽可能高些;立交处尚需考虑立交的层次、横向跨线桥的净空要求。同时,还必须考虑高架道路的实际景观效果经验,高架最低净高采用6.5m,可比要求的道路净高抬高。

第十节 城市道路及景观绿化工程

一、道路的绿化

道路绿化应在保证交通安全的条件下进行设计，无论选择种植位置、种植形式、种植规模均应遵守这项原则。

1. 根据横断面的形式分类

根据横断面的形式分类，道路绿化的布置形式可分为一板两带式、二板三带式、三板四带式、四板五带式、非对称形式、路堤式、路堑式和路肩式几种，见表 1-15。

表 1-15 道路绿化根据横断面的形式分类

名称	内 容
一板两带式	即一条车行道，一条绿带。适用于路幅较窄、车流量不大的次干道和居住区道路，是最常见的一种形式，如图 1-57 所示
二板三带式	即车行道中间以一条绿带隔开分成单向行驶的两条车行道，道路两侧各一行行道树绿带。适用于机动车多、夜间交通量大而非机动车少的道路，如图 1-58 所示
三板四带式	即利用两条分隔带把车行道分成 3 条，中间为机动车道，两侧为非机动车道，连同车道两侧的行道树绿带共有四条绿带。适用于路幅较宽，机动车、非机动车流量大的主要交通干道，如图 1-59 所示
四板五带式	利用三条分隔带将车道分为四条，共有五条绿带，适用于大城市的交通干道，如图 1-60 所示
非对称形式	由于城市所处地理位置、环境条件、城市景观要求不同，道路横断面设计产生许多特殊形式，如图 1-61 所示
路堤式或路堑式	道路为路堑或路堤时可沿挖方和填方边坡布置绿带，如图 1-62 所示
路肩式	为避免树木根系破坏路基，路面宽度在 9m 以下时，树木不宜种在路肩上，应种植在边沟以外，距外缘 0.5m 为宜。路面宽度在 9m 以上时，可在路肩上植树，距边沟内缘不小于 0.5m，如图 1-63 所示

2. 根据绿带的种植形式分类

根据绿带的种植形式分类，道路绿化的布置形式可分为列植式、叠植式、多层式、花园式和自然式几种，见表 1-16。

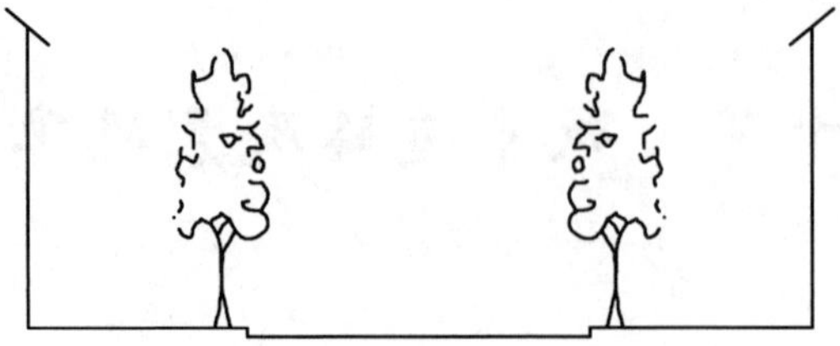

图 1-57　一板两带式绿带布置图

图 1-58　二板三带式绿带布置图

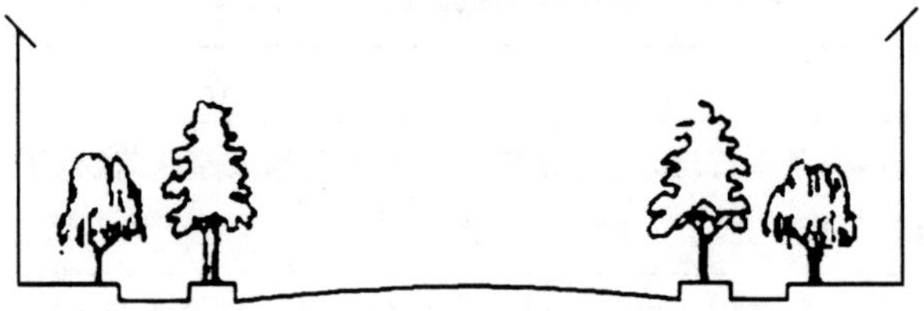

图 1-59　三板四带式绿带布置图

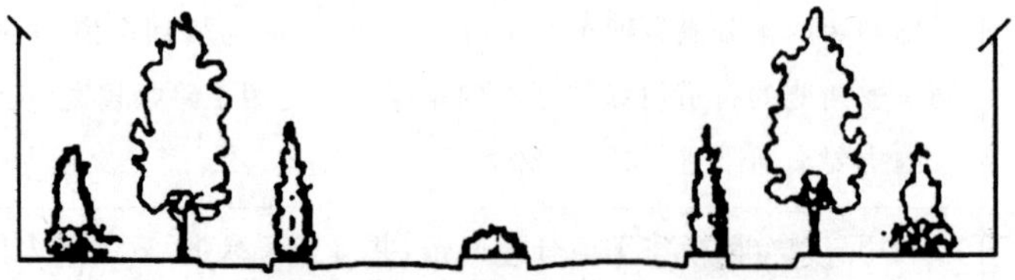

图 1-60　四板五带式绿带布置图

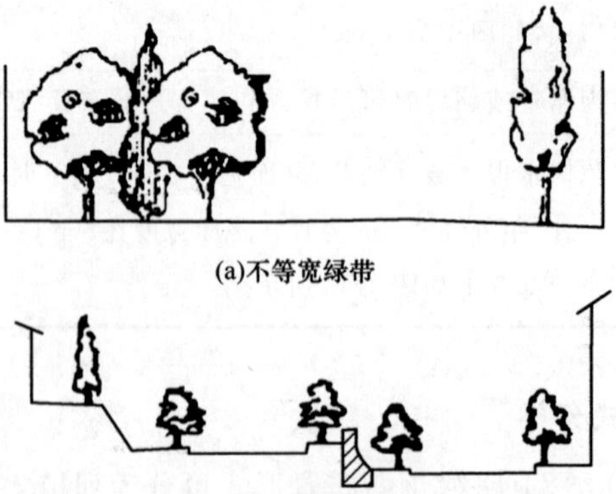

(a)不等宽绿带

(b)不等高绿带

图 1-61　非对称形式绿带布置图

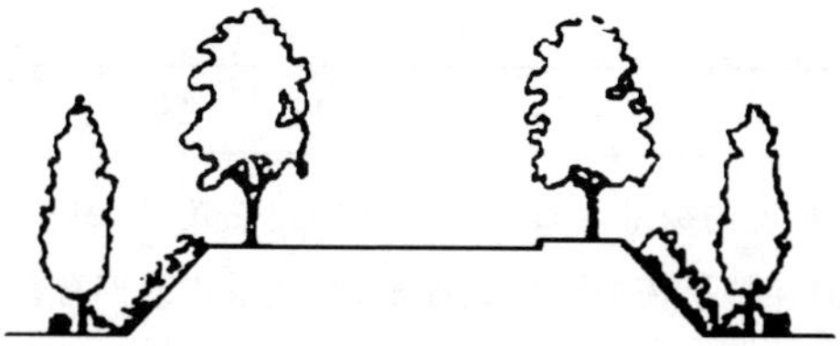

(a)路堤式

(b)路堑式

图 1-62 路堤式或路堑式绿带布置图

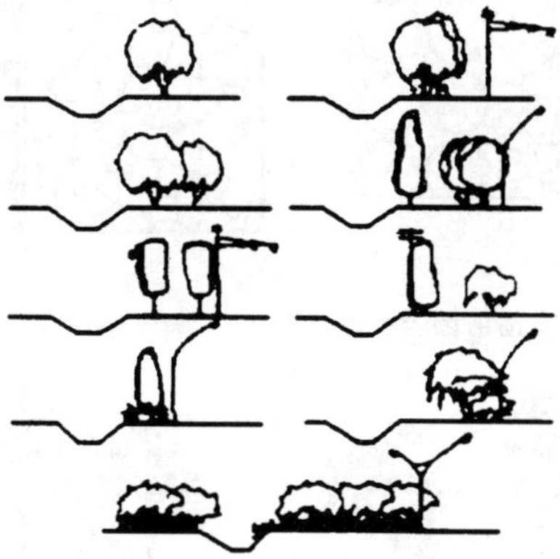

图 1-63 路肩式绿带布置图

表 1-16 道路绿化根据绿带的种植形式分类

名称	内 容
列植式	同一种类或品种的乔木或灌木按一定的间隔排列成一行种植，是在比较窄的绿带上使用的最简单、最常见的形式。在较宽的绿带中可用双行或者多行列植，如图1-64 所示
叠植式	两列或多列树木在平面上呈昌字形排列，树冠在立面上重叠，平面上错落，遮荫浓密，用地较少，如图 1-65 所示
多层式	将常绿树、乔木、灌木等几种树木用同样间距、同样大小，形成高低不同的多层次规则式种植，如图 1-66 所示
花园式	绿化与休憩、游玩活动设施结合布置，多用于供人们短暂休息、散步的林荫路、街旁游园等，如图 1-67 所示

（续表）

名称	内　　容
自然式	在一定宽度的绿带内布置有节奏的自然树丛，具有高低、大小、疏密和各种形体的变化，但保持平衡的自然式种植；如北京市北四环路两侧分车绿带宽 6.7m，路侧绿带宽 9m 均采用自然式种植，有油松、合欢、栾树、木槿、紫薇等，每隔 50～80m 有节奏地种植，如图 1-68 所示

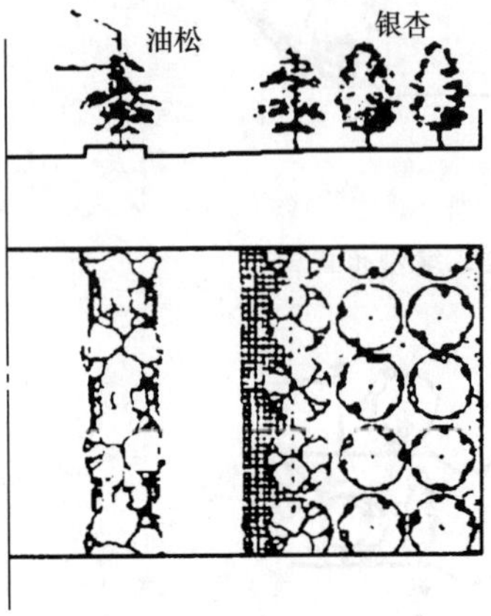

图 1-64　列植式种植图示

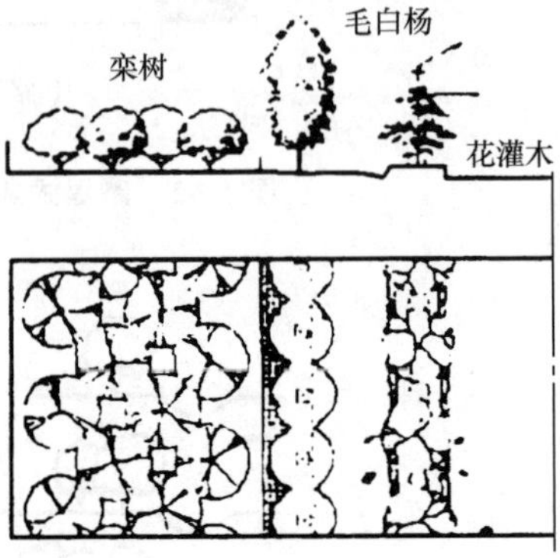

图 1-65　叠植式种植图示

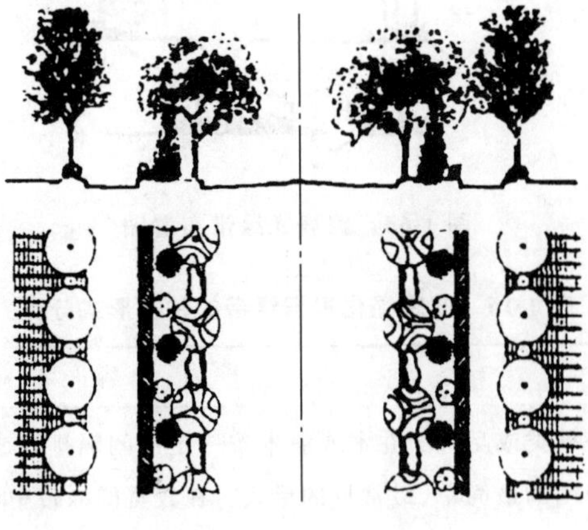

图 1-66　多层式种植图示

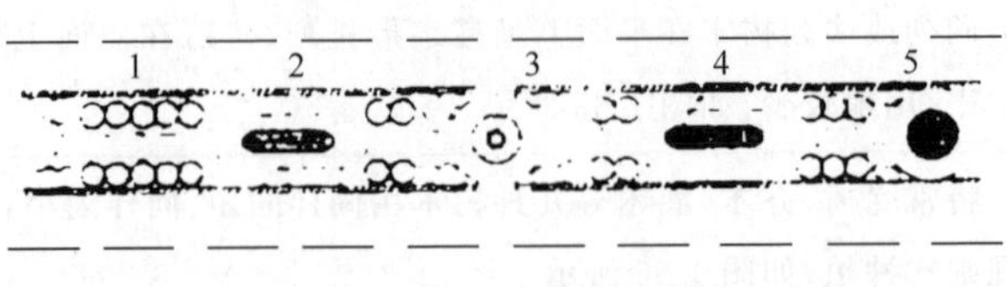

图 1-67　花园式种植图示

1—乔木；2—草坪；3—雕塑；4—花坛；5—花灌木

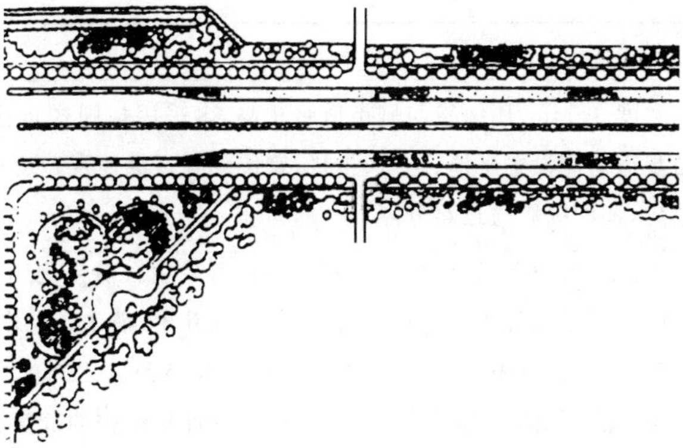

图 1-68　自然式种植图示

二、城市外环路绿化

外环路的路面植物设计介于城市街道绿化和公路绿化之间，是行车速度较快的街道绿化。特别是模纹造型变化的区段间隔要大，一般以 80～100m 为宜。要简洁、大方、通透。尤其是分车带绿化要用低矮植物，以草坪为主，花木点缀为辅，尽量体现该城市的园林绿化特点和水平。

城市外环路绿化主要采用以下林带：

(1)生态防护林带。它是以生态防护功能为主要功能的林带。

(2)风景观赏型林带。它是以景观游览和欣赏为主要功能的林带。

(3)观光休闲型林带。

三、城市园林景观路的绿化

城市园林景观路的绿化按设置方式的分类，见表 1-17。

表 1-17　城市园林景观路的绿化

分类	内　　容
设置在道路中央纵轴线上	优点是道路两侧的居民有均等的机会进入林荫道，使用方便，如图 1-69 所示。并能有效地分隔道路上的对向车辆。但进入林荫道必须横穿车行道，既影响车辆行驶，又不安全。此类形式多在机动车流量不大的道路上采用，出人口不宜过多
设置在道路一侧	减少了行人在车行道的穿插，在交通比较繁忙的道路上多采用这种形式，如图 1-70所示。宜选择在便于居民和行人使用的一侧、有利于植物生长的一侧，及充分利用自然环境如山、林、水体等有景可借的一侧
分设在道路两侧，与人行道相连	可以使附近居民和行人不用穿越车行道就可到达林荫路内，比较方便、安全，如图 1-71 所示。对于道路两侧建筑物也有一定的防护作用。在交通流量大的道路上，采用这种形式，可有效地防止和减少机动车所产生的废气、噪声、烟尘和震动等公害的污染

（续表）

分类	内　　容
林荫路宽度在 8m 以上设一条游步道，设在中间或一侧	宽度 3～4m，用绿带与城市道路相隔，多采用规则式布置，如图 1-72 所示。中间游步道两侧设置坐椅、花坛、报栏、宣传牌等。绿地视宽度种植单行乔木、灌木丛和草皮，或用绿篱与道路分隔
林荫路路宽度在 20m 以上	设两条或两条以上游步道，布置形式可采用自然或规则式布置，如图 1-73 所示。中间的一条绿带布置花坛、水池、绿篱，或乔木、灌木。游步道分别设在中间绿带的两侧，沿步道设坐椅、果皮箱等。车行道与林荫路之间的绿带，主要功能是隔离车行道，保持林荫路内部安静卫生。因此可种植浓密的绿篱、乔木，形成绿墙，或种植两行高低不同的乔木与道路分隔。立面布置成外高内低的形式。若林荫路设在道路一侧，则沿道路车行道一侧绿化种植以防护为主。靠建筑一侧种植矮篱、树丛、灌木丛等，以不遮挡建筑物为宜
林荫路宽度在 40m 以上	可布置成带状公园，布置形式为自然式或规则式，如图 1-74 所示。除两条以上的游步道外，开辟小型儿童活动场地、小广场、花坛和简单的游憩设施。植物配置应考虑与城市环境的关系及园外行人、乘车人对公园外貌的观赏效果

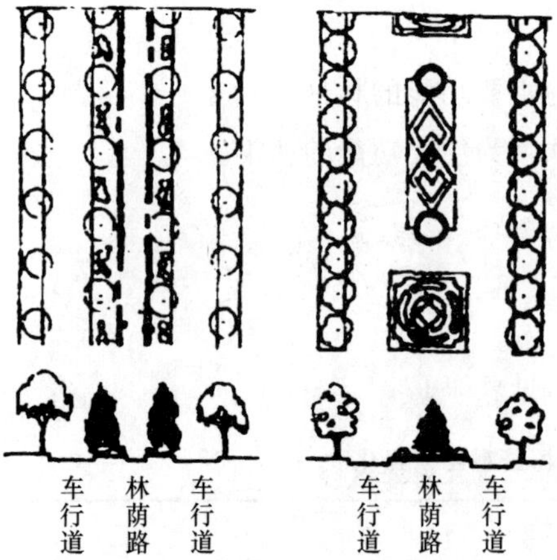

图 1-69　设置在道路中央纵轴线

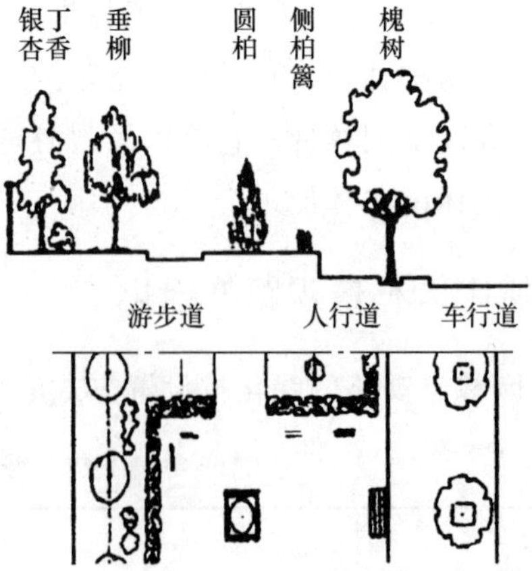

图 1-70　设置在道路一侧

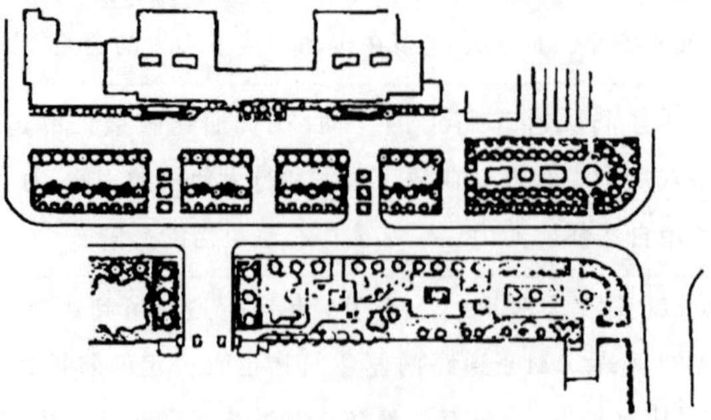

图 1-71　设置在道路两侧

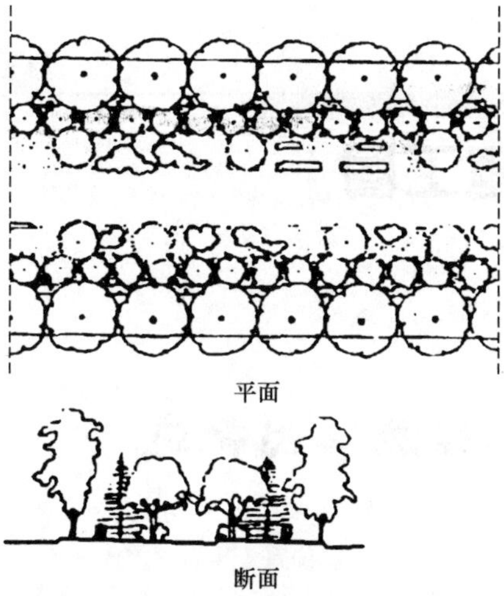

图 1-72　单步道式

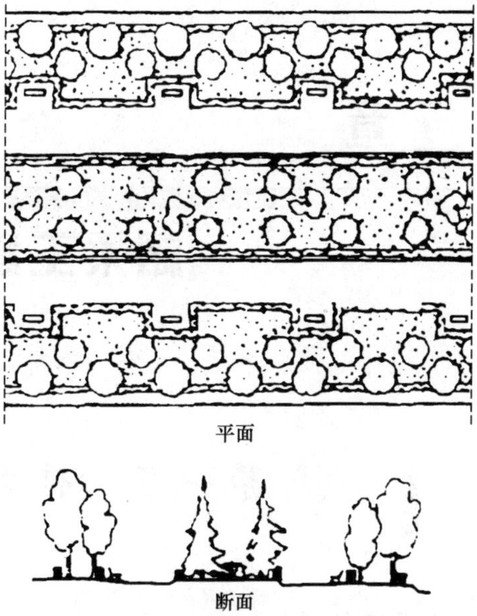

图 1-73　双步道式

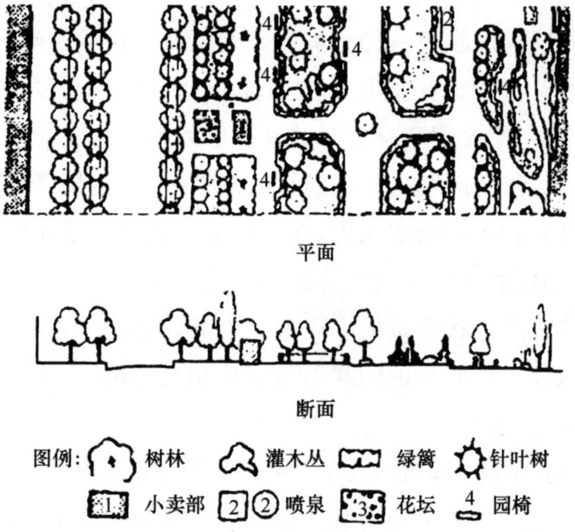

图 1-74　游园式

第二章

桥梁工程施工图

第一节　桥梁工程施工图概述

一、桥梁的分类

1. 桥梁的分类

桥梁有各种不同的分类方式，每一种分类方式均反映出桥梁在某一方面的特征。

(1)按桥梁用途分类。按桥梁用途划分有铁路桥、公路桥、公铁两用桥及自行车桥、农桥等。铁路桥活载大，桥宽小，结实耐用且易于修复。公路桥活载相对较轻，桥宽大。

(2)按桥跨材料分类。按桥跨结构所用的材料来划分，有钢桥、钢筋混凝土桥、预应力混凝土桥、结合桥等。钢桥具有较大的跨越能力，在跨度上一直处于领先地位。钢与混凝土形成的结合桥主要指钢梁与钢筋混凝土桥面板组合成的梁式桥。

(3)按桥梁平面形状分类。按桥梁的平面形状划分，有直桥、斜桥、弯桥。绝大部分桥梁为直桥(正交桥)，斜桥指水流方向同桥的轴线不呈直角相交的桥。

(4)按桥梁结构体系分类。

1)梁式桥。梁式桥包括梁桥和板桥两种，主要承重构件是梁(板)，梁部结构只受弯、剪，不承受轴向力，主要以其抗弯能力来承受荷载。桥梁的整体结构在竖向荷载作用下无水平反力，只承受弯矩，墩台也仅承受竖向压力。梁桥结构简单，施工方便，对地基承载能力的要求不高，跨越能力有限，常用跨径在 25m 以下，如图 2-1 所示。

梁式桥体系分实腹式和空腹式，前者梁的截面形式多为 T 形、工字形和箱形等，后者指主要由拉杆、压杆、拉压杆以及连接件组成的桁架式桥跨结构，如图 2-2 所示。

悬臂梁和连续梁桥通过增加中间支承减少跨中弯矩，更合理地分配内力，加大跨越能力，如图 2-3 所示。

2)拱桥。拱桥的建造，经济合理，有很大跨越能力，外形美观大方。拱桥的主要承重结构是拱圈或拱肋，拱圈的截面形式可以是实体矩形、肋形、箱形、桁架等，如图 2-4 所示。

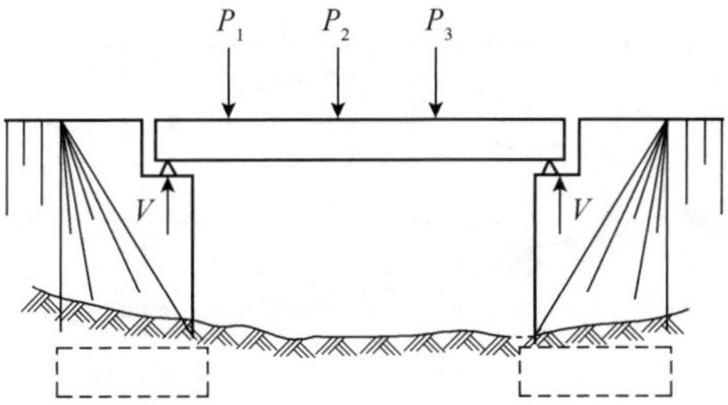

图 2-1　梁式桥简图

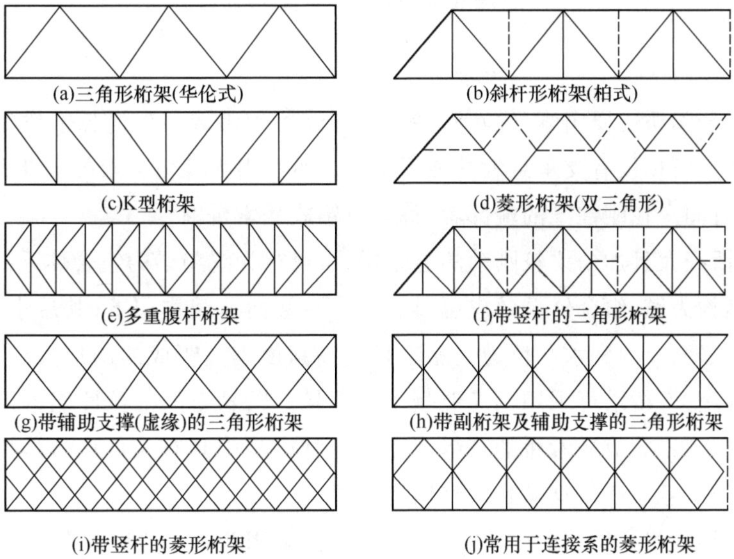

图 2-2　梁式桥桁架形式

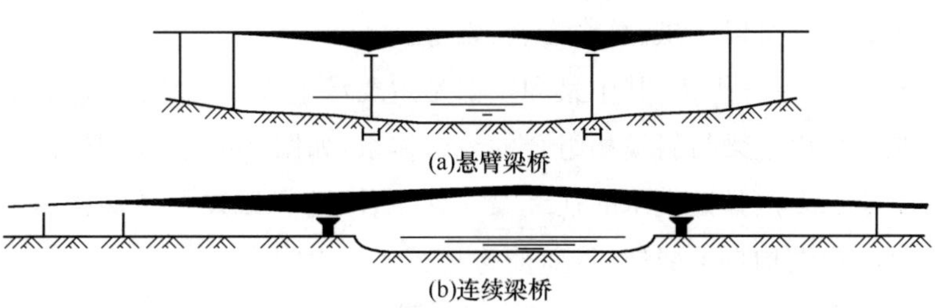

图 2-3　悬臂梁桥和连续梁桥

拱式结构在竖向荷载作用下主要承受轴向压力，桥墩或桥台将承受很大的水平推力，这种水平推力能显著抵消荷载在拱圈或拱肋内引起的弯矩。因此，与同样跨径的梁相比，拱的弯矩和变形要小得多。拱桥对地基承载力要求较高，拱桥宜建于地基良好地段。按照静力学分析，拱又分成单铰拱、双铰拱、三铰拱和无铰拱，但因铰的构造较为复杂，一般避免采用，常用无铰

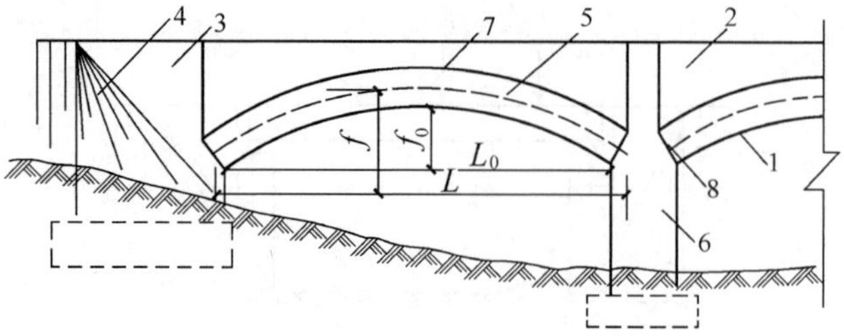

图 2-4　拱桥的组成部分示意图

1—拱圈；2—拱上结构；3—桥台；4—锥坡；

5—搭轴线；6—桥墩；7—拱顶；8—拱脚

拱体系。

3)悬索桥。悬索桥主要由索(缆)、塔、锚碇、加劲梁等组成。现代悬索桥的悬索一般均支承在两个塔柱上。塔顶设有支承悬索的鞍形支座。承受很大拉力悬索的端部通过锚碇固定在地基中,个别也有固定在刚性梁的端部者,称为自锚式悬索桥。

对跨度小、活载大且加劲梁较刚劲的悬索桥,可以视为缆与梁的组合体系。但大跨度悬索桥的主要承重结构为缆,组合体系效应可以忽略。在竖向荷载作用下,其悬索受拉,锚碇处会产生较大向上的竖向反力和水平反力。悬索是由高强度钢丝制成的圆形大缆,加劲梁则多采用钢桁架或扁平箱梁,桥塔可采用钢筋混凝土或钢架。因悬索的抗拉性能得以充分发挥且大缆尺寸基本上不受限制,故悬索桥的跨越能力在各种桥型中具有无可比拟的优势。但是由于悬索结构刚度不足,悬索桥较难满足铁路用桥的要求。

4)组合体系桥。根据结构的受力特点,承重结构采用两种基本结构体系或一种基本体系与某些构件(塔、柱、斜索等)组合在一起的桥梁称为组合体系桥。组合体系种类很多,但一般都是利用梁、拱、吊三者的不同组合,上吊下撑以形成新的结构。在两种结构系统中,梁经常是其中一种,与梁组合的则可以是拱、缆或塔、斜索等。

梁和拱组合而成的系杆拱桥,其中梁和拱都是主要承重构件,如图 2-5 所示。梁和拉索组成的斜拉桥,它是一种由主梁与斜缆相组合的组合体系,如图 2-6 所示。悬挂在塔柱上的斜缆将主梁吊住,使主梁像多点弹性支承的连续梁一样工作,这样既发挥了高强材料的作用,又显著减少了主梁截面,使结构自重减轻,从而能跨越更大的空间。

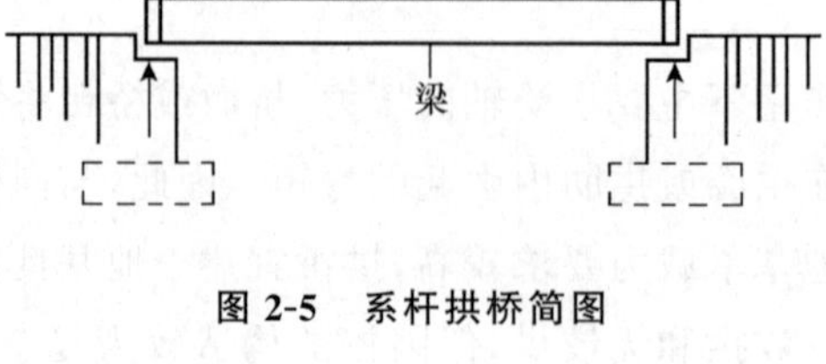

图 2-5　系杆拱桥简图

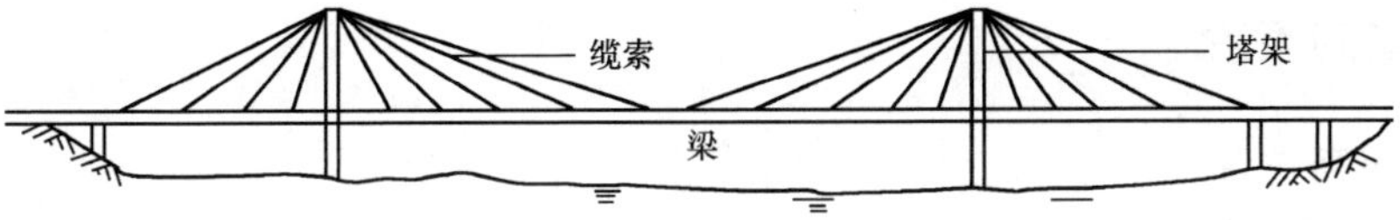

图 2-6 斜拉桥简图

2. 桥梁的组合体系

代表性的组合体系桥有以下几种：

(1)刚架(构)桥。刚架桥的梁与墩柱是刚性联结，桥的墩柱具有较大抗弯刚度，可分担梁部跨中正弯矩，可以达到降低梁高、增大桥下净空的目的。在竖向荷载作用下，主梁与立柱的联结处会产生负弯矩；主梁、立柱承受弯矩，也承受轴力和剪力；柱底约束处既有竖直反力，也有水平反力。刚架桥的形式多半是立柱直立、单跨或多跨的门形框架，柱底可以是铰结约束或固定约束。钢筋混凝土和预应力混凝土刚架桥较为常见，适用于中小跨度的、建筑高度要求较严的城市或公路跨线桥。

随着预应力技术和对称悬臂施工方法的发展，具有刚架形式和特点的桥梁可用于跨径更大的情况。

斜腿刚构桥的墩柱斜置并与梁部刚性联结，其受力特点介于梁和拱之间。在竖向荷载作用下，斜腿以承压为主，两斜腿之间的梁部也受到较大的轴向力。斜腿底部可采用铰结或固结形式，并受到较大的水平推力。对跨越深沟峡谷、两侧地形不宜建造直立式桥墩的情况可以考虑选用斜腿刚构桥。

在连续梁桥的基础上，把主跨内的较柔性的桥墩与梁部固结起来，就形成所谓的连续刚构桥。其特点是：桥墩较细，以受轴向力为主，表现出柔性墩的特性，这使得梁部受力仍然体现出连续梁的受力特点。这种桥式保持了连续梁的受力优点，节省了大型支座的费用，减少了墩及基础的工程量，改善了结构在水平荷载下的受力性能，有利于简化施工工序，适用于需要布置大跨、高墩的桥位。

(2)梁、拱组合体系。梁、拱组合体系同时具备梁的受弯和拱的承压特点，可以是刚性拱及柔性拉杆，也可以是柔性拱及刚性梁。此类结构利用梁部受拉来承受和抵消拱在竖直荷载下产生的水平推力，桥跨结构既具有拱的外形和承压特点，又不存在很大的水平推力，可在普通地基条件下修建，但梁、拱组合体系的施工较为复杂。

(3)斜拉桥。斜拉桥是由梁、塔和斜索组成的组合体系，结构形式多样，造型优美壮观。在竖向荷载作用下，梁以受弯为主，塔以受压为主，斜索则承受拉力。梁体被斜索多点扣住，表现出弹性支承连续梁的特点。这样，梁体荷载弯矩减小，梁体高度可以降低，从而减轻了结构自重并节省了材料。另外，塔和斜索的材料性能也能得到较充分地发挥。因此，斜拉桥的跨越能力仅次于悬索桥，是近几十年来发展很快的一种桥式。但由于刚度受限制，斜拉桥在铁路桥梁的应用极为有限。

二、桥梁的布置

1. 桥梁平面布置

桥梁的平面布置与线路和河道相交情况有关，还受到桥址处地形地物的制约。通常的布置方式有正交、斜交、单向曲线和反面曲线等几种。正交桥最为常见，桥梁构造也相对简单，多数桥梁的平面线型均采用正交。

2. 桥梁立面布置

(1)桥梁立面布置包括确定桥梁总长、桥梁孔径布置、桥面标高与桥下净空、桥上及桥头的纵坡设置等。

(2)对跨越公路或铁路的桥梁，其桥下净空应能满足所跨越线路的通行要求，但对公路的大中桥，其桥上纵坡不宜大于4%，桥头引道纵坡不宜大于5%；位于市镇混合交通繁忙处的桥梁，桥上纵坡和桥头引道纵坡均不得大于3%。

3. 桥梁断面布置

(1)桥梁断面布置包括桥面净空、桥面宽度、行车道宽度、机动车道布置和人行道、自行车道布置等。

(2)桥面净空应符合建筑界限的要求，桥上的建筑物及设备不得超过或侵入规定尺寸轮廓线。

(3)各参数具体取值参见《公路桥涵设计通用规范》(JTG D60—2015)。桥面宽度取决于桥上交通和运输需要。一般情况，桥梁行车道宽度与桥梁所在的公路行车道宽度相同，而桥面宽度的确定还需根据实际情况考虑路缘带宽度、中央分隔带宽度、硬路肩宽度、非机动车道宽度等。铁路桥梁的桥面宽度主要依据建筑限界的要求和线数决定。

三、桥梁施工图的组成

桥梁施工图图示方法采用多面正投影原理和方法，并结合桥梁特点进行表达。完成一座桥梁的建造需要很多图样，一般有桥位平面图、桥位地质断面图、桥梁总体布置图、构件图等几种。

1. 桥位平面图

主要用来表明桥梁所在的平面位置，以及与路线的连接、与桥位处一定范围内的地形地物的相互关系等，以便作为设计桥梁、施工定位的依据。

桥位平面图表达的范围较大，一般采用较小的比例。地物用简化的规定图例表示，其中水准点符号等图例的画法均应朝向正北方向，而图中文字方向则可按路线要求及总图标方向来确定。桥位平面图表示了路线平面形状、地形和地物，还表明了钻孔、里程和水准点的位置。

2. 桥位地质断面图

根据水文调查和地质钻探所得到的地质水文资料，绘制出的桥位处河床地质断面图，表示桥梁所在位置的地质水文情况，包括河床断面线、最高水位线、常水位线和最低水位线，作为设计桥梁、桥台、桥墩和计算土石方工程数量的依据。小型桥梁可不绘制桥位地质断面图，但应用文字写出地质情况说明。

3. 桥梁总体布置图

(1)立面图。桥梁一般是左右对称的，所以立面图常采用半立面图和半纵剖面图组合而成，反映了桥梁的孔数、跨径和各部分的标高。从图中可看出该桥梁中间一孔跨径为20m，两边孔跨径各为10m。在比例较小时，立面图的人行道和栏杆可不画出。

从图中可知下部结构的两端为重力式U型桥台，中间为钻孔桩双柱式桥墩。上部结构为简支梁桥，中间一孔的主梁有五片横隔板连接。立面图左半部分表达了左侧桥台、1号桥墩、梁等主要构件的外形，梁底至桥面之间画了三条线，表示梁高和桥中心处的桥面厚度。右半部分为剖面图，剖切位置为沿桥梁中心线剖切，右侧桥台、2号桥墩、梁、桥面等均被剖切，因比例较小，桥面厚度、T型梁及横隔板的材料图例均涂黑处理。

总体布置图还反映河床的形状及水文情况，根据标高尺寸可以知道混凝土钻孔桩的埋置深度及梁底的标高尺寸等。由于混凝土桩埋置深度较大，为了节省图幅，采用折断画法。

(2)平面图。平面图采用半平面图和分层剖切的画法来表达。

画图时，通常把桥台背后的回填土掀去，两边的锥形护坡也省略不画，使得桥台平面图更为清晰。为了施工时挖基坑的需要，在平面图上只注出桥台基础的平面尺寸。

(3)横剖面图。为了使剖面图清楚起见，每次剖切仅画出所需要的内容。有时为更清楚地表达剖面图，可采用比立面图和平面图大的比例画出。

(4)构件图。在总体布置图采用的比例较小，桥梁的各种构件无法详细完整地表达出来，因此单独凭总体布置图是不能进行制作和施工的，为此，还必须根据总体布置图采用较大的比例分别把各构件的形状、大小及其钢筋的布置完整地表达出来，才能作为施工依据，这种图称为构件结构图，简称构件图。仅画出构件形状，不表示出钢筋布置的图称为构件构造图。构件图的常用比例为1∶10～1∶50。当构件的某一局部在构件图中不能清晰完整地表达时，则应采用更大的比例画出局部放大图。采用较大比例的构件图，也称为详图或大样图，其图标详尽清楚，尺寸标注齐全。

四、桥梁施工图读图的识读

桥梁是由许多构件组成的。读图时，首先要用形体分析法将整个桥梁图由大化小，由繁化简。再运用投影规律，将各投影图互相对照联系起来看，先由整体到局部，再由局部到整体，直至读懂整个桥梁图。

桥梁施工图读图应参照以下的步骤进行。

(1)先看总体图图样右下角的标题栏，了解桥梁名称、类型、结构、比例、尺寸单位、施工措施、承受荷载级别等。

(2)看总体图,弄清各视图之间的关系,如有剖面、断面图,则要找出剖切线的位置和观察方向。看图时,应先看立面图(包括纵剖面图),了解桥型、孔数、跨径大小、墩台数目、总长、总高,了解河床断面及地质情况,再对照平面图、侧面图和横剖面图等,了解桥的宽度、人行道的尺寸和主梁的断面形式等,同时要阅读图样中的技术说明。这样,对桥梁的全貌便有了一个初步的了解。

(3)分别阅读构件图和大样图,搞清楚构件的构造及其钢筋的布置情况。

(4)了解桥梁各部分所使用的建筑材料,并阅读工程数量表、钢筋明细表及说明等。

(5)看懂桥梁图后,再详细看尺寸,进行复核,检查读图中有无错误或遗漏。

第二节 桥梁工程基坑与基础施工图

一、桥梁基坑施工图

1. 常用基坑支护施工图识读

(1)地下连续墙护壁。是在黏性土、砂土以及冲填土等软土层中的基础,是地下工程应用较多的一项技术。它是一道连续的钢筋混凝土墙壁,作为截水、防渗、承重、挡土结构,多用于建筑物的深基础,地下深池、坑、竖井侧墙、邻近建筑物基础的支护及水工结构或临时围堰工程等,特别适合作挡土、防渗结构。如图 2-7～图 2-13 所示。

地下连续墙按成墙方式可分为桩排式、壁板式和组合式;按挖槽方式可大致分为抓斗式、冲击式和回转式;按墙的用途可分为临时挡土墙、用作主体结构一部分兼作临时挡土墙的地下连续墙、用作多边形基础兼作墙体的地下连续墙。

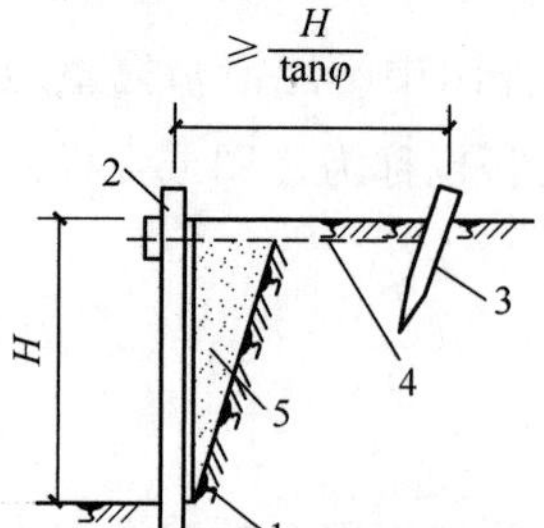

图 2-7 锚固支撑

1—挡土板;2—柱桩;3—锚桩;4—拉杆;5—回填土;

H—基坑深度;φ—土的内摩擦角

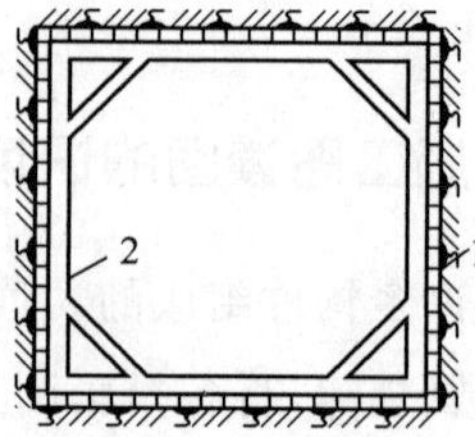

图 2-8 框架支撑

1—直挡土板;2—框架支撑

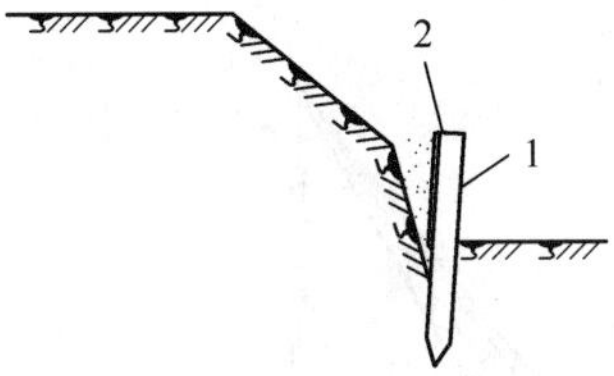

图 2-9　短桩横隔板支撑

1—短木桩;2—横板

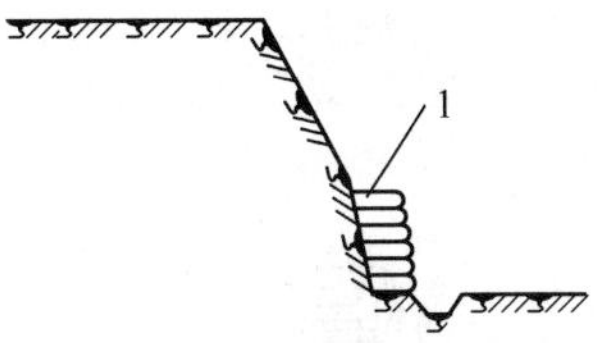

图 2-10　临时挡土墙护坡支撑

1—装土草袋

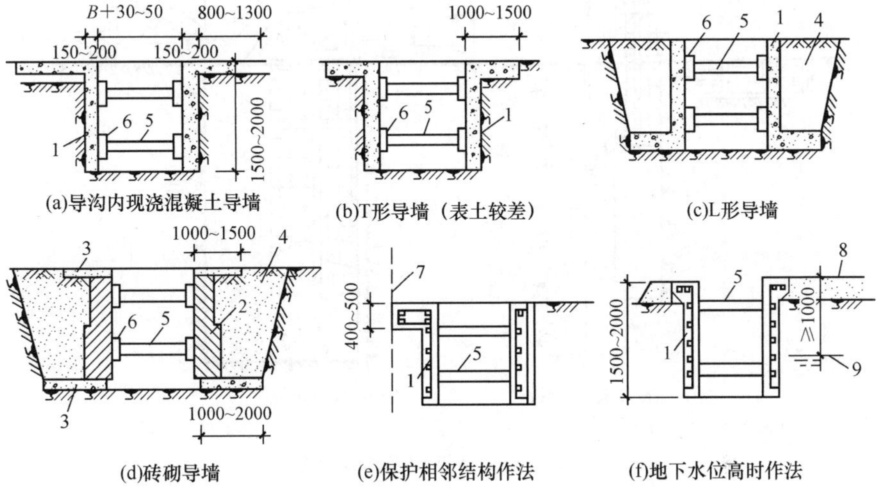

图 2-11　导墙形式

1—混凝土导墙;2—砂浆砌砖、厚 370～490mm;3—钢筋混凝土板;4—回填土夯实;

5—横撑;6—垫板及木楔;7—相邻建筑物;8—堆土;9—地下水位

注:1)尺寸单位:mm;2)B 为连续钻机宽;3)图中尺寸供参考。

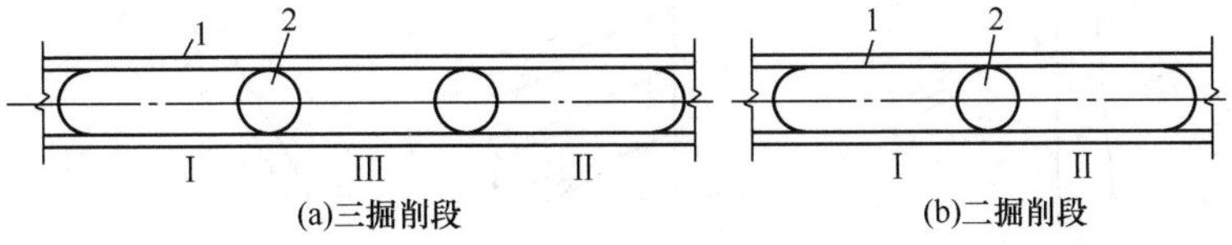

图 2-12　掘削顺序

1—导墙;2—接头处

Ⅰ、Ⅱ表示掘削顺序

(2)土层锚杆支护。土层锚杆施工技术,在国内外广泛应用于地下结构的临时支护和作永久性建筑工程的承拉构件。该支护方法是在地面或深开挖的地下挡土墙或地下连续墙或基坑立壁未开挖的土层中钻孔,达到一定设计深度后,再扩大孔的端部,形成球状或其他形状,并在孔内放入钢筋、钢管或钢丝束、钢绞线或其他抗拉材料,灌入水泥浆或化学浆液,使与土层结合成为抗拉力强的锚杆,以维持工程构筑物所支护地层的稳定性。土层锚杆加固常见形式如图 2-14 所示。

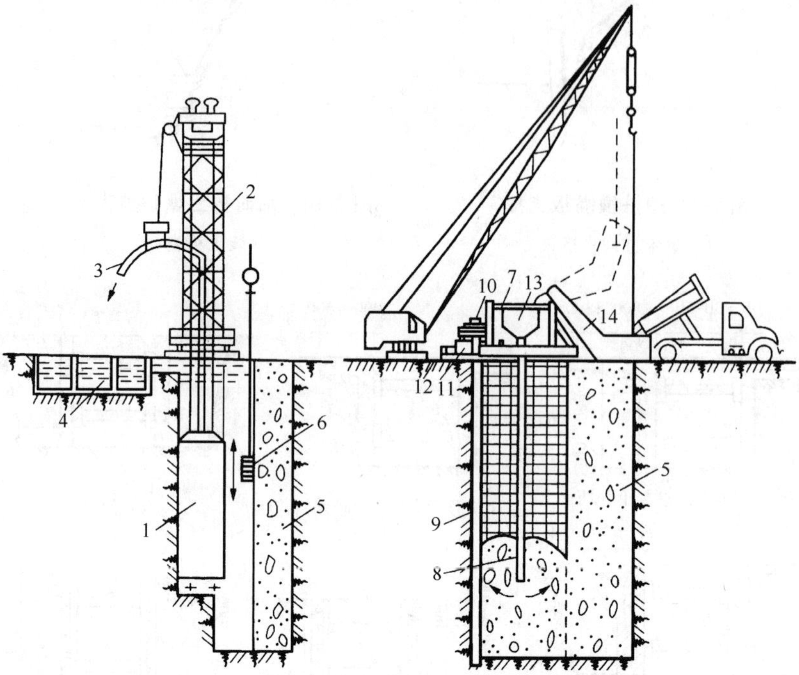

图 2-13　地下连续墙施工示意

1—多头钻机；2—机架；3—排泥管；4—砖砌泥浆池；5—已浇筑连续墙；
6—接合面清泥用钢丝刷；7—混凝土浇筑架；8—混凝土导管；9—接头钢管；
10—接头管顶升架；11—100t 液压千斤顶；12—高压油泵；13—下料斗；14—翻斗

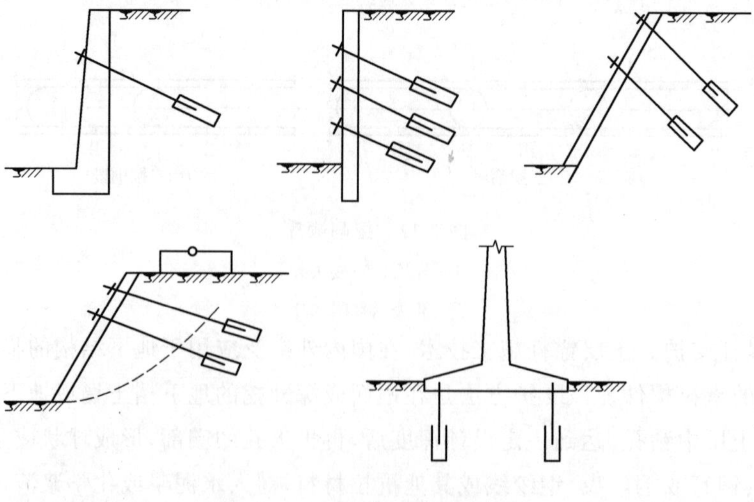

图 2-14　土层锚杆加固常见形式

土层锚杆的形式有压浆式、套管加压式、扩孔灌浆加压式、扩孔灌浆不加压式和打入式等，使用较多的是压浆式和套管加压式；扩孔式锚杆主要是利用扩孔部分的侧压力来抵抗拉拔力，而加压式锚杆主要利用锚杆周面的摩擦阻力来抵抗拉拔力；根据使用性质、用途又分临时性土层锚杆和永久性土层锚杆两类。土层锚杆由锚头、拉杆和锚固体三部分组成，其主要构造如图 2-15 和图 2-16 所示。

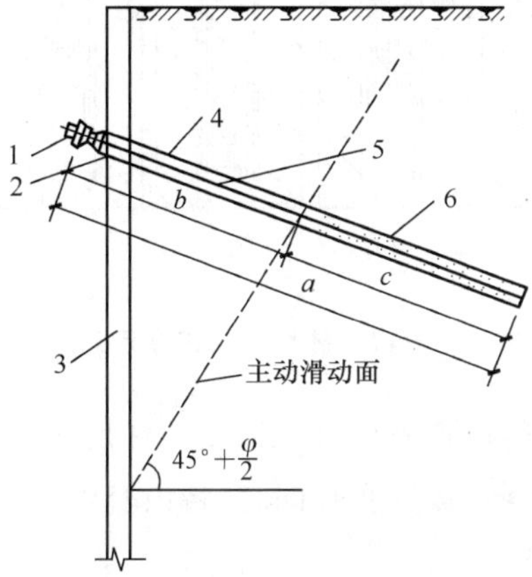

图 2-15 土层锚杆构造图

1—锚头；2—锚头垫座；3—支护；4—钻孔；5—锚固拉杆；6—锚固体

a—锚杆长度；b—非锚固段长度；c—锚固段长度

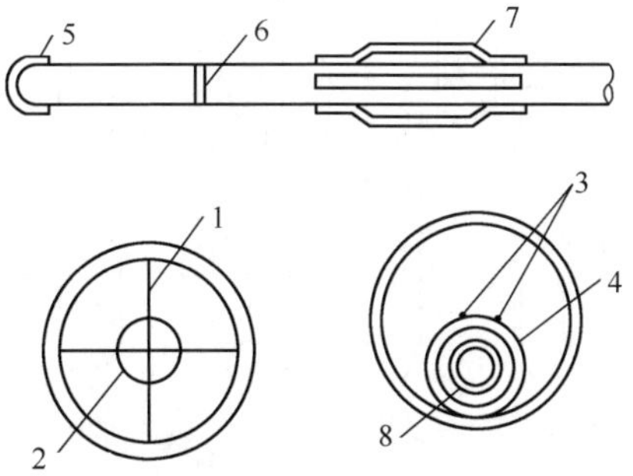

图 2-16 锚杆定位器

1—钢带；2—ϕ 38 钢管内穿 ϕ 32 拉杆；3—ϕ 32 钢筋；

4—ϕ 65 钢管；5—挡土板；6—半圆环；7—支承滑条；8—灌浆胶管

(3)围堰施工。围堰是保证基础工程开挖、砌筑、浇筑等的临时挡水构筑物。此种设施方法简单，材料易筹备，宜在基础较浅、地质不复杂、水深不超过 6m 时采用。

(4)砂桩、石灰桩地基处理。

1)砂桩施工流程。桩架就位，桩尖插在钢管上→打到设计标高→灌注砂(或砂袋)→拔起钢管，活瓣桩尖张开，砂(或砂袋)留在桩孔内一般砂桩完成→如扩大砂桩，再将钢管打到设计标高→灌注砂(或砂袋)→拔起钢管完成扩大砂桩。如图 2-17 所示。

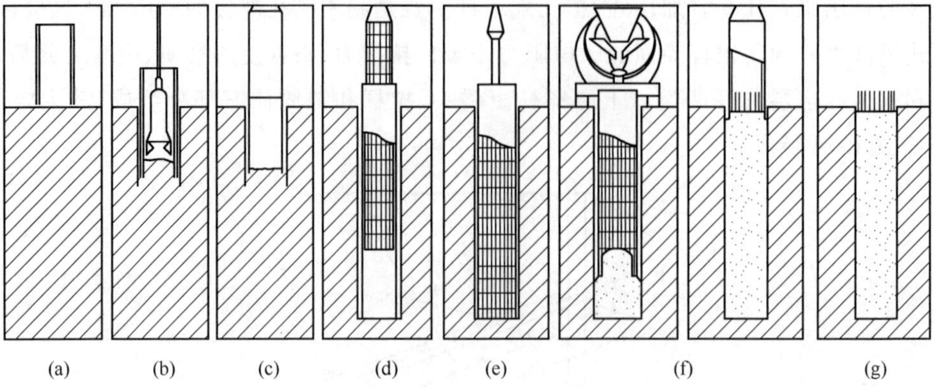

图 2-17　砂桩施工工序示意

2)石灰桩沉桩工序。将套管用打桩机打入到设计深度→拔出内套管,准备用灰斗灌入生石灰→在外套管内灌满生石灰→在拔外套管同时,将内套管连桩锤下落。如图 2-18 所示。

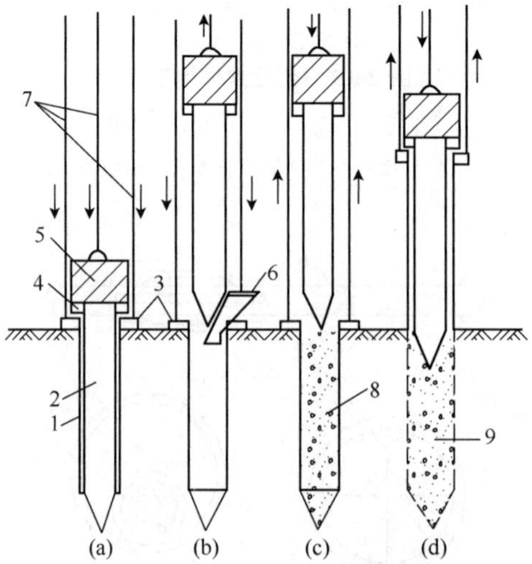

图 2-18　石灰桩沉桩工序

1—外套钢管;2—内套钢管带有桩尖;3—扁担与外套管焊固;
4—卡口与内管焊固;5—柱锤;6—灌灰斗;7—钢丝绳;8—生石灰;9—石灰桩

(5)排水塑料板。适用于软土较厚的地基,主要起排水固结作用。排水塑料板为加工的成卷产品,宽为 10cm,厚度为 0.3～0.4cm,两侧各有 37 个异翅,形成通道,有白色和黑色再生塑料两种,外包土工布。排水塑料板如图 2-19 所示。

插打技术要求用插板机或砂井打设机将排水塑料板插入软土中,其位置和间距应符合设计规定,允许偏差不应大于两倍井径或塑料板宽度;板插入土中应竖直,倾斜度不大于 3°,入土深度不应小于设计规定;塑料板上端伸入砂垫层中,露出砂垫层表面高度不得大于设计规定。

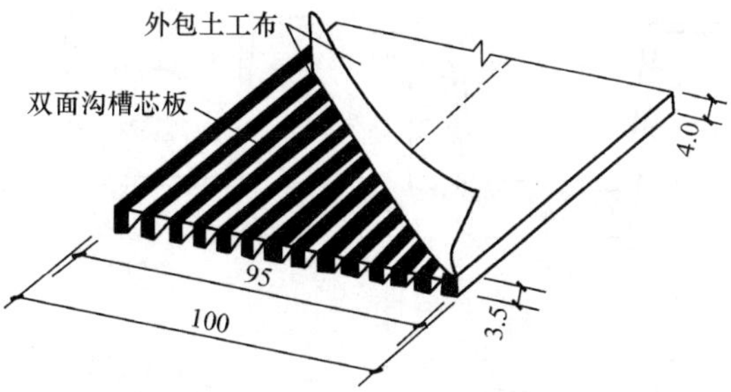

图 2-19 塑料排水板(单位:cm)

(6)盲沟与土工布。适于地下水位较高,常年滞水,基底多为弱透水土层的湿软地基,利用盲沟疏导地下水后,集中排除。为保证土基的整体性及盲沟滤水层的良好透水性,可在盲沟四周及土基上铺设土工布。盲沟的构造如图 2-20 所示。

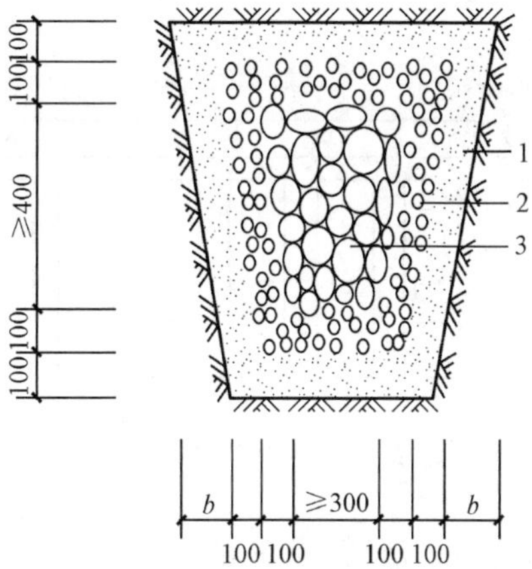

图 2-20 盲沟构造(单位:cm)

1—粗砂滤水层;2—小石子滤水层;3—石子滤水层

施工程序主要有:铺土工布前槽基验收,核测槽底高程,查看槽底有无被扰动情况、水泡、翻浆、旧管管线基础茬等均需挖出更换级配砂石,槽底不允许有松散浮土;铺土工布要平整,搭茬大于 15cm。接茬采用尼龙绳缝合;在土工布上铺级配砂石底层,级配砂石要严格按要求标准上料;因为土基含水率大,为避免翻浆,土工布上严禁任何车辆通行,级配砂石在两端集中上料采用推土机推送,履带下要保持有一定厚度级配砂石,司机操作应严格;级配砂砾石层碾压成活,按操作规程要求洒水碾压。盲沟施工工艺流程如图 2-21 所示。

(7)砂井法排水加固地基。

1)采用此方案时需注意原地基的固结状态。如在先期固结压力(原已压密稳定的最大压力)已超过设计堆载的压力值时,加载就不可能产生超静水压力,砂井即无排水效果;如先期固结压力值达到加载值的一部分时,则堆载在该部分作用下砂井亦无排水效果,如图 2-22 所示。

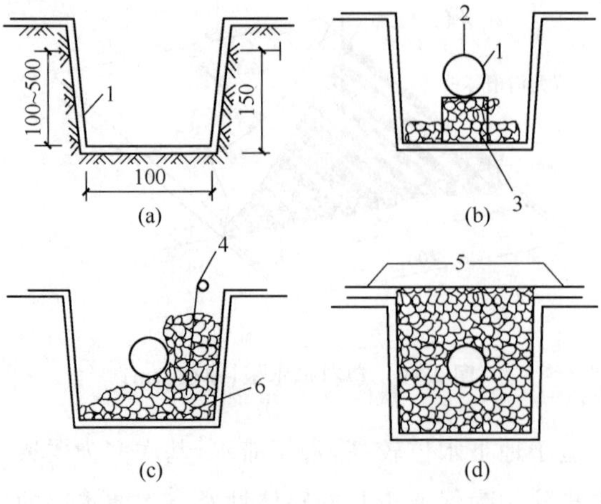

图 2-21　盲沟施工工艺流程(单位:cm)

1—土工布;2—滤管;3—砖墩;4—临时挡板;5—尼龙缝合;6—滤料

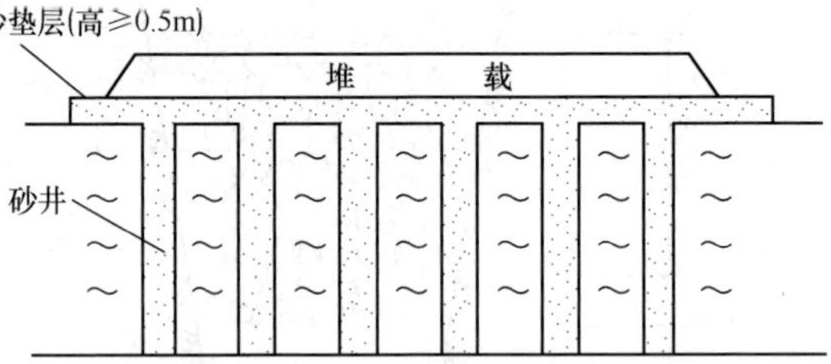

图 2-22　砂井排水固结地基加固

2)对于灵敏度高的软土采用砂井法时,要注意其融变性,特别是采用封底钢管冲击法(或振动法)施工时,土体结构受机械扰动而破坏,打井后短期内反而会使强度降低。

3)成井工序。套管就位→由套管内的射水管进行射水→射水时套管缓慢下沉→套管下沉到规定位置后上下移动射水管,使套管内的土充分排出→向套管内灌砂→拔出套管形成砂井,如图 2-23 所示。

4)砂井成井活瓣桩靴如图 2-24 所示。

(8)预制钢筋混凝土方桩加固。预制预应力混凝土方桩的构造如图 2-25 所示。钢筋混凝土或预应力混凝土桩接桩的连接方法,一般采用以下几种方法:

1)法兰盘连接法,适用于管桩或实心方桩。接桩时,将上下两节桩法兰螺孔、纵轴线对好,对准,穿入螺栓,对称旋紧。符合要求后将螺母点焊固定(若用高强螺栓,可不必点焊),并涂以防锈漆即成,如图 2-26 所示。

2)钢板连接法,适用于方桩或钢管桩。接桩时将上节桩对准已沉入的下节桩,使接头钢板或角钢密切接触。符合要求后,对上下钢板或角钢先行点焊固定,再通缝焊接,如图 2-27 所示。

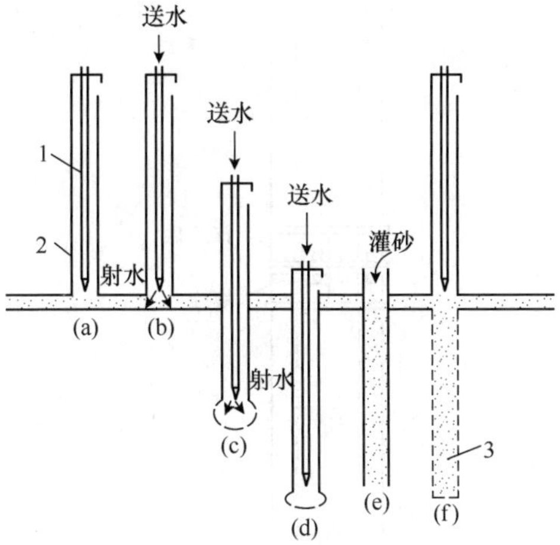

图 2-23　砂井排水固结成井工序

1—袋;2—套管;3—粗砂砾

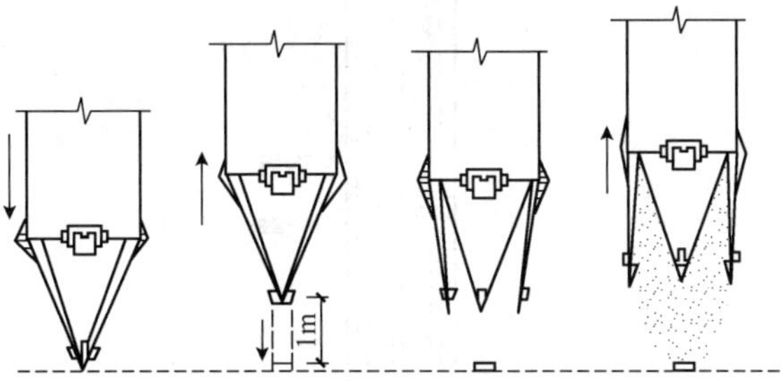

图 2-24　砂井成井活瓣桩靴

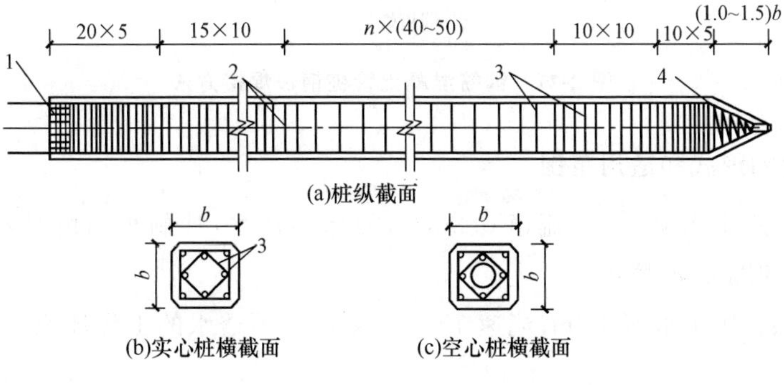

图 2-25　预制预应力混凝土方桩构造(单位:cm)

1—桩头钢筋网;2—预应力钢筋;3—ϕ6 钢筋;4—ϕ6 螺旋筋;n—箍筋间距数

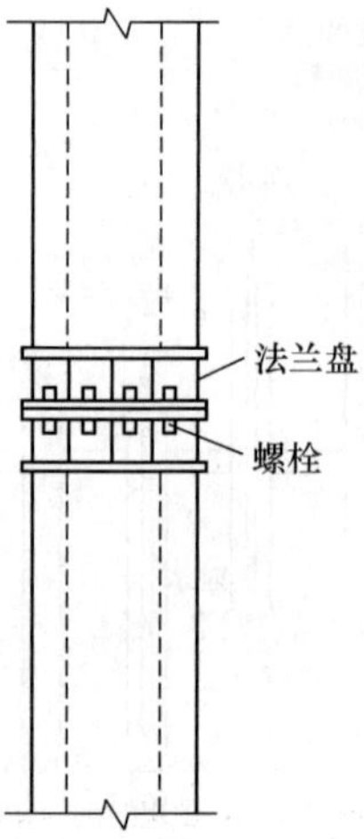

图 2-26　钢筋混凝土方桩法兰盘连接

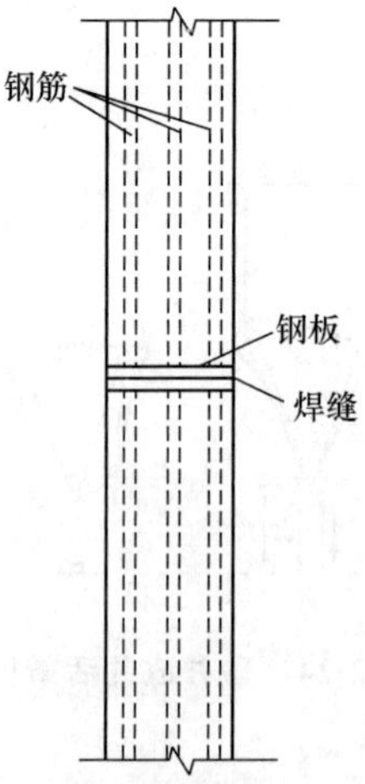

图 2-27　钢筋混凝土管桩钢板焊接方法

2. 主要围堰的形式和适用范围

(1)土围堰。用于水深≤2m,流速 0.3m/s,河床不透水,冲刷小的情况,近浅滩的河边尤为适用。土围堰如图 2-28 所示。

(2)草袋围堰。用于水深≤3m,流速 1～2m/s,河床不透水的工程环境。草袋围堰的尺寸如图 2-29 所示。

(3)木桩编条围堰。水深 3m 以下,流速小于 2m/s,河床不透水。

(4)木板桩围堰。适于水深≤5m,河床土质能打桩,并对板桩入土部分能提供必要的反压能力。多级木板桩围堰适用于开挖深度较大的基础,L 为基底宽。木桩编条围堰如图 2-30 所示,木板桩围堰如图 2-31 所示。

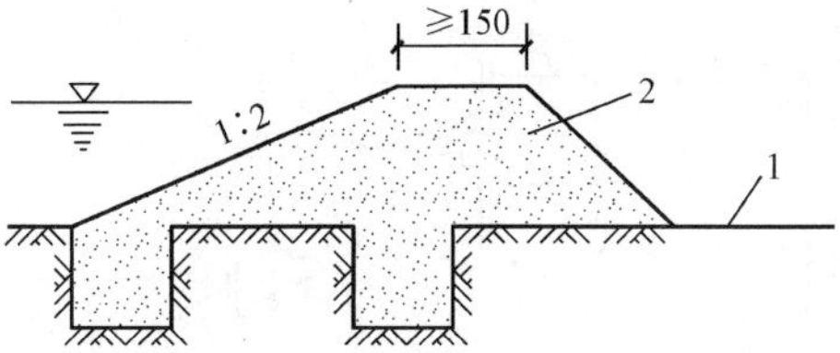

图 2-28　土围堰

1—背水面；2—河床表面

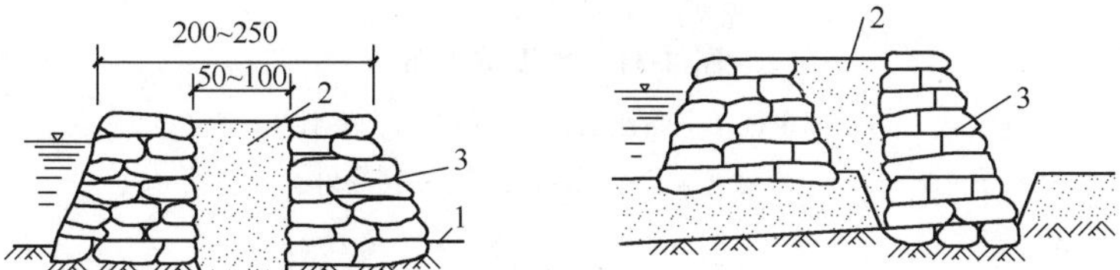

(a)草袋围堰黏土填心　　(b)先外围堰抽水后内围堰黏土填心

图 2-29　草袋围堰尺寸(单位：cm)

1—河床表面；2—添加黏性土；3—草袋

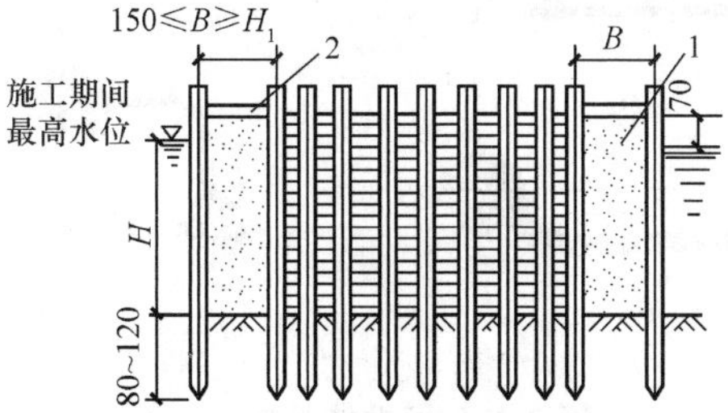

I—I截面

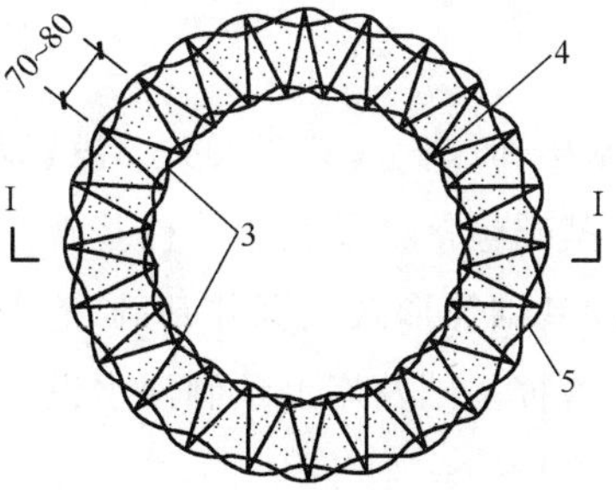

平面

图 2-30　木桩编条围堰(单位：cm)

1—黏性土；2—铁线栓；3—铁线

4—木桩；5—竹条

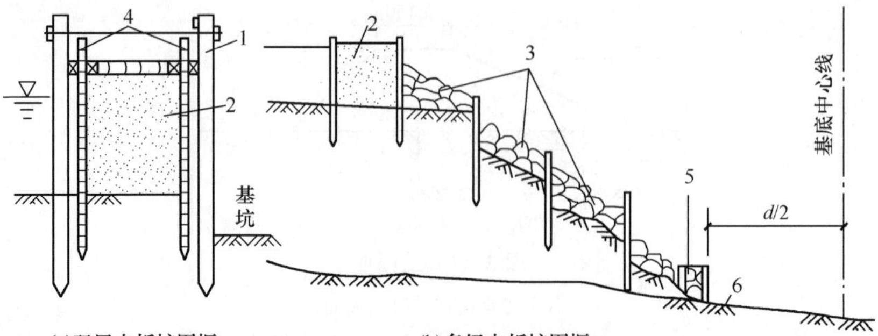

(a)双层木板桩围堰　(b)多级木板桩围堰

图 2-31　木板桩围堰

1—固定桩；2—黏性土；3—草袋装松散黏性土；

4—木板桩 ϕ10～15cm；5—木笼；6—岩面

(5)钢板桩围堰。适于水深 4～18m，覆盖层较厚，河床砂类土，半干硬黏性土，碎石类土或较软岩层。钢板桩围堰如图 2-32 所示。其中，断面模量小，不宜于直线围堰的是平形，如图 2-32(a)所示；断面模量大，适宜防水与防土压力围堰的是槽形，如图 2-32(b)所示；断面模量大，必须两块以上组成后插打的是 Z 形，如图 2-32(c)所示。

图 2-32　钢板桩围堰

二、桥梁基础施工图

桥梁基础可大致分为浅置基础和深置基础两大类。浅置基础主要有直接基础和浮桥的浮体(船只或浮鲸)形式两种；深置基础包括桩及大型管柱基础(有桩基础、就地成孔灌注桩基础、管柱钻孔桩基础桩及沉井组合的基础等形式)、沉井基础(有开口沉井基础和气压沉箱基础等形式)、地下连续墙基础、锁口钢管桩基础及岸上预制深水设置基础等多种类别。

1. 就地成孔灌注桩施工

套管法施工桩基础施工深度一般不大于 40m，其特点是施工时采用一套直径 1～2m 不等的常备式钢套管，以重锤式抓斗在套管内部不断挖土，同时在地面上用一种特殊的晃动钢套管的设备将套管不断向下晃入地层中，通过不断挖土不断将套管晃入到设计标高后，即可清基，然后插入钢筋笼架，进行混凝土的填充工作。套管法施工的步骤如图 2-33 所示。

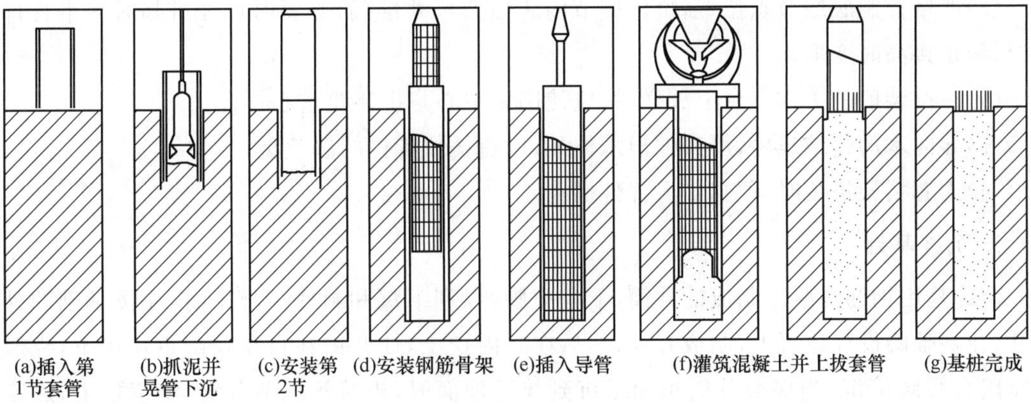

图 2-33　套管法施工步骤

2. 围笼拼装

围笼拼装可按铺设工作平台、内芯桁架导环、托架等工序进行。如图 2-34 所示。

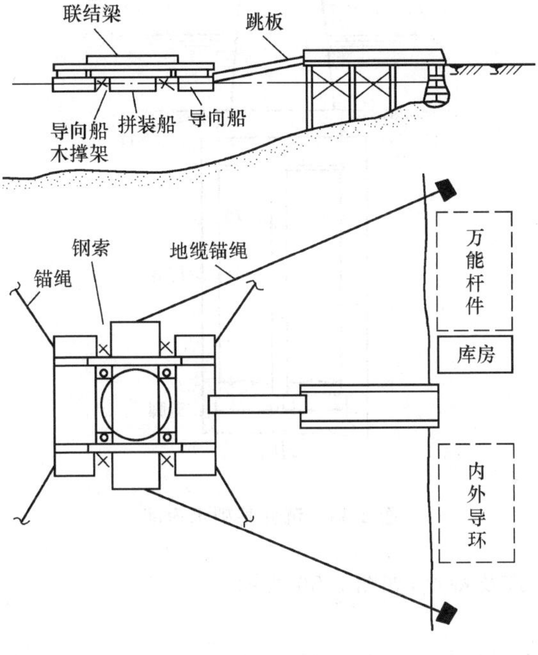

图 2-34　围笼拼装

拼装应注意的事项有：

(1)在拼装前将拼装船及导向船组靠泊于拼装码头，并用木撑架及钢丝绳固定其相对位置；

(2)导环拼装时，必须保证其位置正确，两导环外缘相对位置容许偏差为 $i/500$，i 为相邻导环间距；

(3)严格控制底层节点位置,确保底节内芯桁架尺寸准确,必要时可加拼临时水平杆件和斜撑,防止接高时变形;

(4)在拼装船的工作平台上放样时,应使围笼中心与拼装船重心符合;

(5)导向木的连结螺栓,严禁伸出木体外,以免挂住管柱的法兰盘;

(6)内芯桁架拼装时,严禁扩大杆件螺孔。

3. 沉井基础

沉井是用钢筋混凝土制成的井筒,下有刃脚,以利下沉和封底。施工时,先按基础的外形尺寸,在基础的设计位置上,制成井筒,然后在井内挖土,使井筒在自重及配重作用下,克服土的摩阻力缓缓下沉;当底节井筒顶面下沉到接近地面时,再接第二节井筒,继续挖土,逐步接筑,直至下沉到设计标高。最后,灌筑混凝土封底,并用混凝土或砂砾石填充井孔;在顶部浇筑钢筋混凝土顶板,形成深埋实体基础。如图 2-35 所示。

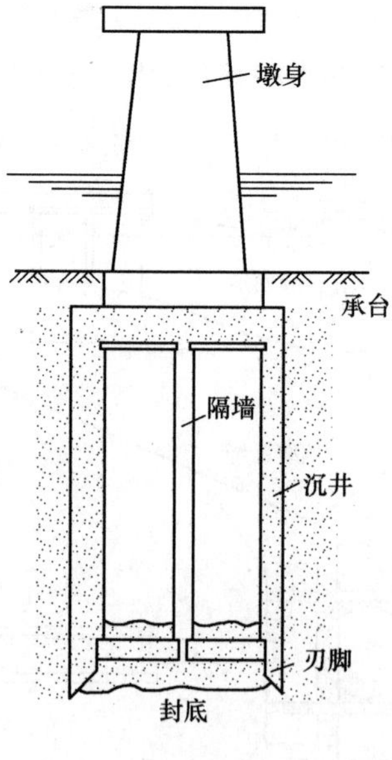

图 2-35 沉井基础示意图

(1)沉井基础断面形式及特点,如图 2-36 所示。

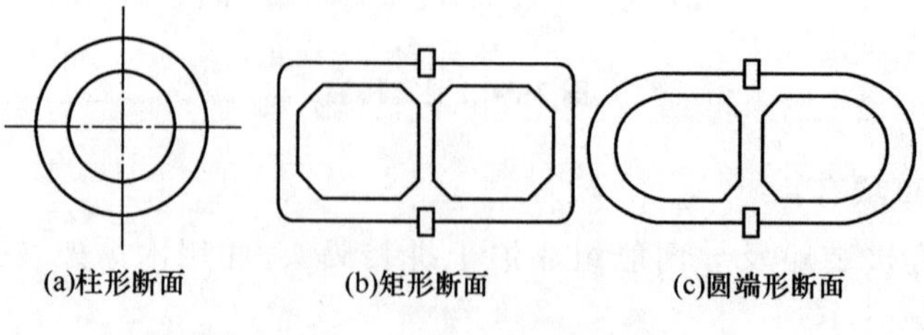

图 2-36 沉井基础断面形式

1)柱形断面。沉井四周受土压力、水压力的作用。从受力条件看,圆形沉井抵抗水平压力性能较好,形状对称,下沉过程不易倾斜,缺点是往往与基础形状不相适应。

2)矩形断面。矩形使用较方便,立模简单。缺点是在侧向压力作用下井壁要承受较大弯矩。为减少转角处的应力集中,四角应做成圆角。

3)圆端形断面。适用于圆端形的墩身,但立模较麻烦,当平面尺寸较大时,可在井孔中设置隔墙,以提高沉井的刚度,且成为双孔,比单孔下沉容易纠偏。

(2)沉井基础立面形式及特点,如图 2-37 所示。水下抓泥沉井下沉施工如图 2-38 所示。

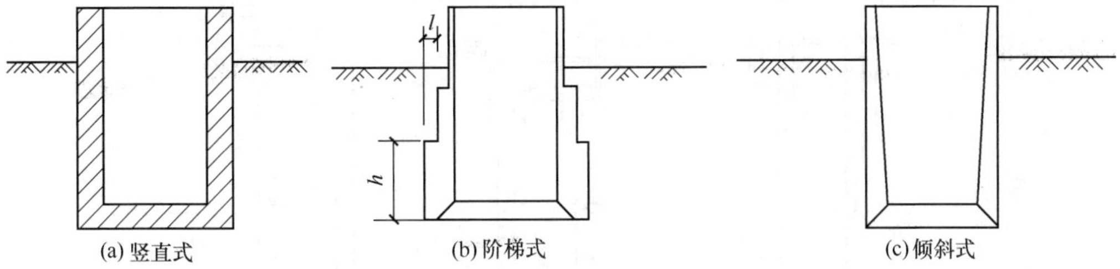

图 2-37 沉井基础立面形式

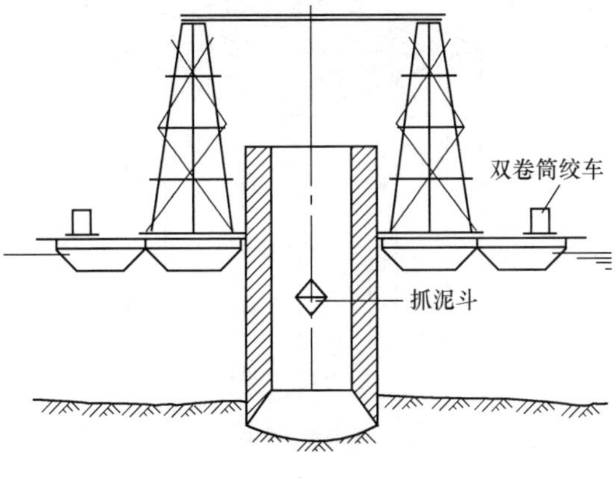

图 2-38 水下抓泥沉井下沉施工图

1)柱形立面。此形式沉井基础与四周土体互相贴紧,如井内挖土均匀,井筒下沉一般不易倾斜。但当沉井外壁土的摩擦力较大或土的坚软程度差异明显,均会导致井筒被卡或偏斜,校正纠偏在一定程度上难度加大。

2)外侧阶梯形立面。沉井井壁受土压力和水压力作用,随深度增加而增大,因此,下部井壁厚些,上部相对减薄形成阶梯形立面。地基土比较密实时,为减少井筒下沉的困难,将阶梯设置于井壁外侧。阶梯宽一般为 l=10～15cm,刃脚处阶梯高 h=1.2～2.2m,这样除底节外其他各节井壁与土的摩擦力都下降很多。

3)内侧阶梯形立面。为避免井周土体破坏范围过大,可把阶梯设在内侧,外壁直立,但内侧阶梯容易影响取土机具升降,较少采用。

在深水及地基条件较复杂条件下常采用几种基础形式相结合的方式，例如沉井内加管柱钻孔的形式、沉井内加钻孔灌注桩的形式等。

4. 地下连续墙基础

地下连续墙利用钻机钻出长方形单元的，用特制接头使单元间灌注的水下混凝土相互连接为整体，形成基础，如图 2-39 所示。

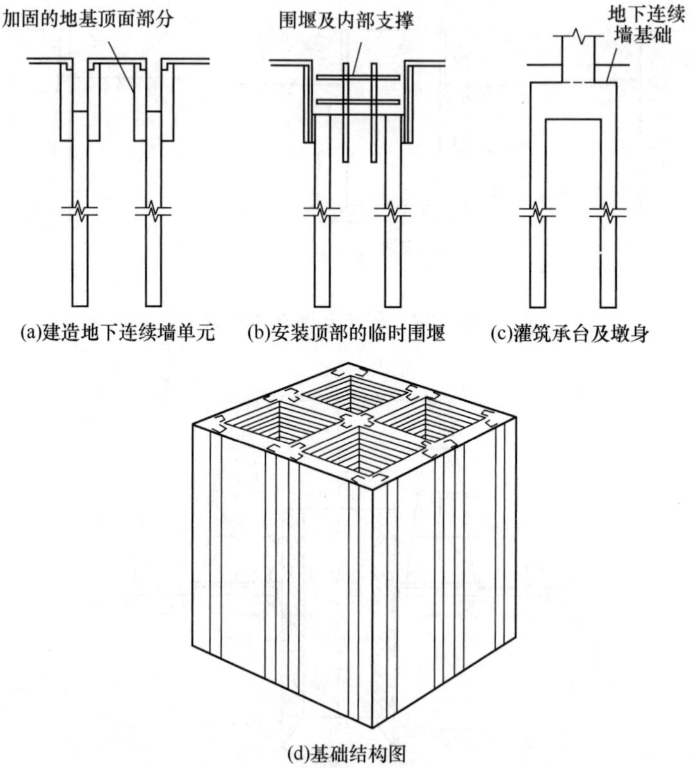

图 2-39　地下连续墙基础

5. 锁口钢管桩基础

锁口钢管桩是一种深水桥梁基础形式，它通过先在拟建基础周围打入大型锁口钢管桩，形成围堰，再以砂浆封闭锁口，然后在围堰内挖除土壤，到一定深度后再灌注水下混凝土封底，在围堰中抽水后即可灌注承台及墩身混凝土，直到水面以下。围堰内回灌水后，用水下切割机将承台以上的锁口钢管桩切除。这种基础的承载能力大，有锁口钢管桩作保护，安全可靠，施工简单，是一种具有较大优越性的基础形式，如图 2-40 和图 2-41 所示。

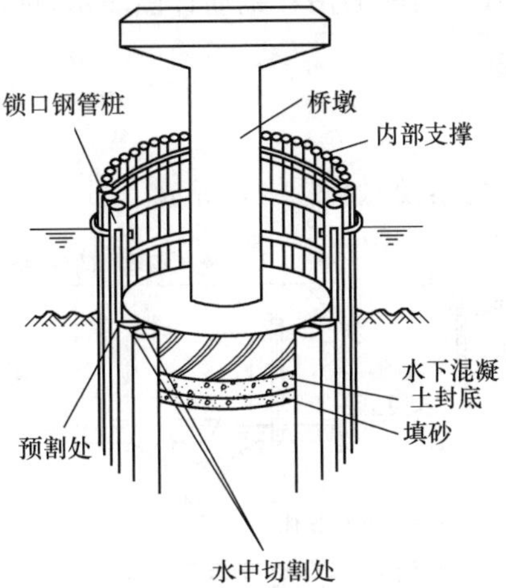

图 2-40 锁口钢管桩基础示意图

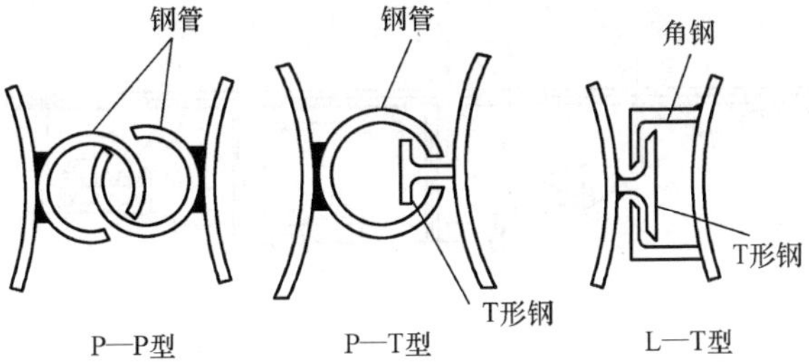

图 2-41 锁口类型

第三节 桥梁工程施工图

一、钢筋混凝土桥梁施工图

1. 钢筋混凝土主梁图

主梁是桥梁的上部结构，架设在墩台上，是主要受力的梁。T 形梁是主梁的骨架，其钢筋布置图包括立面图、跨中断面图、支点断面图和钢筋详图。立面图为主梁钢筋骨架图；断面图钢筋的断面用涂黑的小圆点表示，上下小方格内的数字表明钢筋在对应位置的编号；钢筋详图表示出每种钢筋的弯曲形状及尺寸。

2. 钢筋混凝土空心板梁图

钢筋混凝土空心板结构图较复杂时需另画构造图，在结构图中用细线及虚线表示其外形轮廓线。空心板结构图由立面图、横断面图和钢筋详图表示，钢筋数量表组成。

3. 钢筋混凝土桥梁施工图

(1)顶推法施工

顶推法预应力混凝土桥梁的架设，如图 2-42 所示。

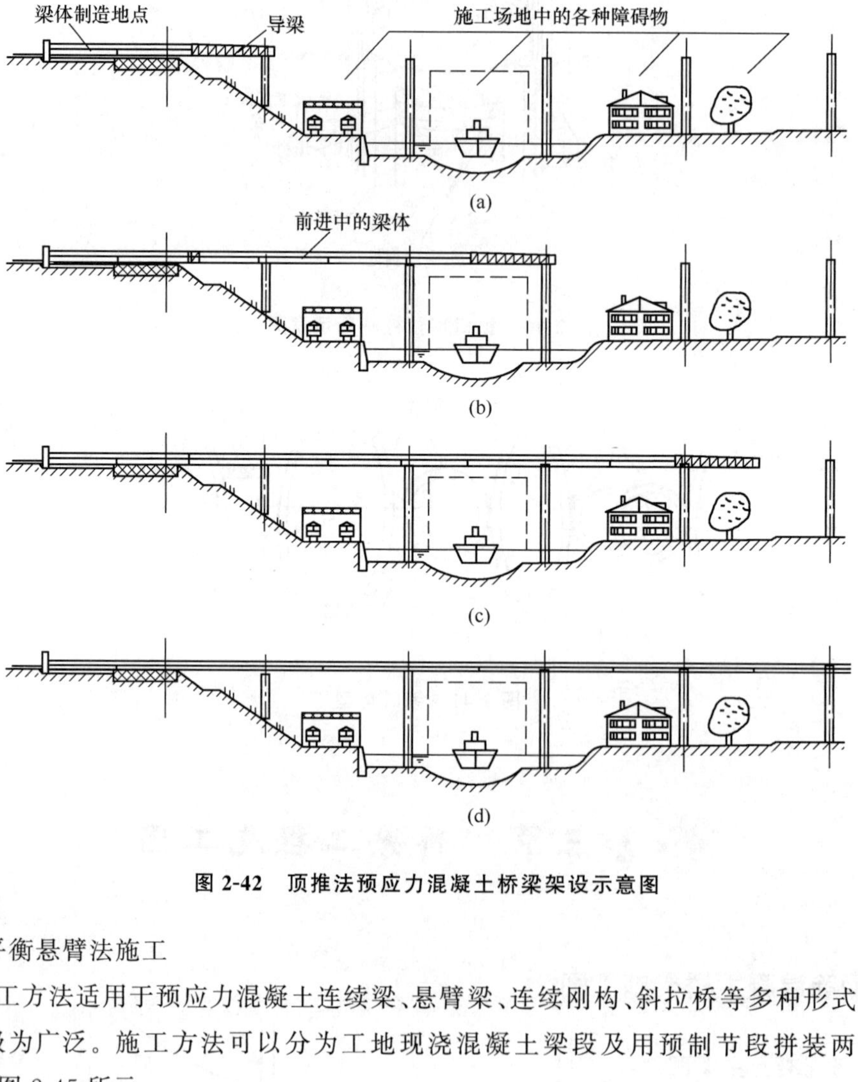

图 2-42　顶推法预应力混凝土桥梁架设示意图

(2)平衡悬臂法施工

此施工方法适用于预应力混凝土连续梁、悬臂梁、连续刚构、斜拉桥等多种形式的桥梁结构，应用极为广泛。施工方法可以分为工地现浇混凝土梁段及用预制节段拼装两大类。如图 2-43～图 2-45 所示。

4. 钢筋混凝土刚构桥识读

预应力混凝土刚构桥，适用于跨度 50～80m 的城市桥梁。其结构特点是梁与墩中均配置预应力钢筋。图 2-46 为单孔刚构桥，梁、墩与斜撑连成三角形，其中斜撑用以连结悬臂端与桥墩的下端。

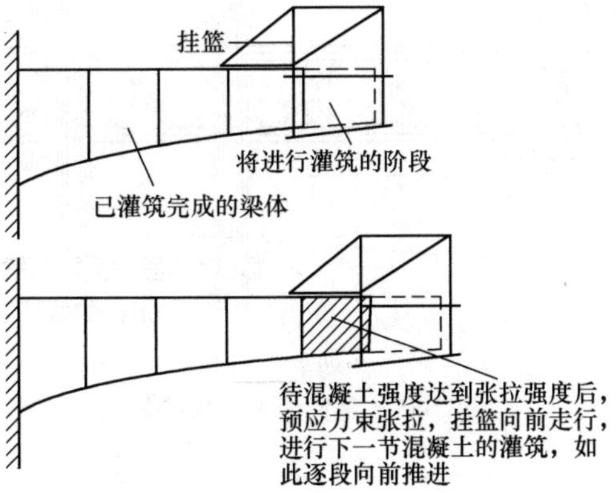

图 2-43　悬臂法施工原理图

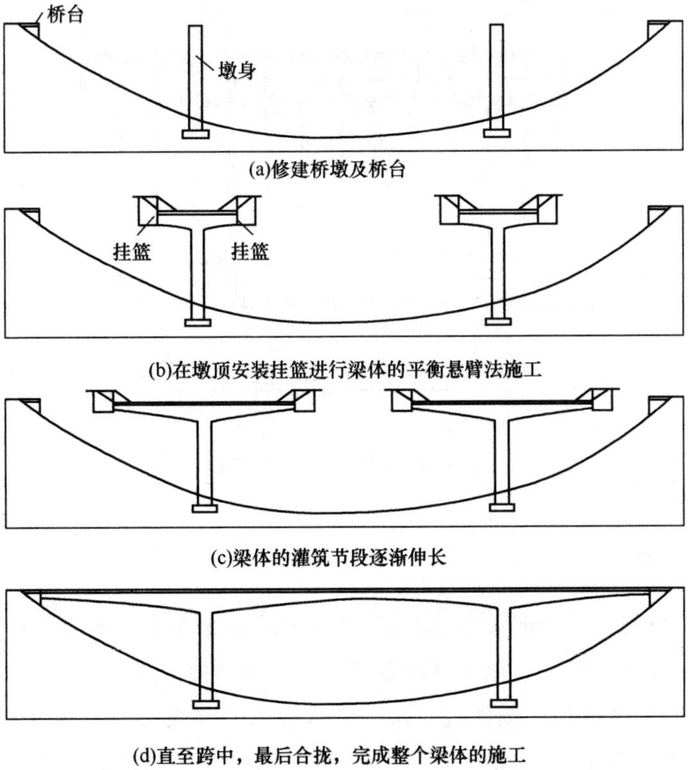

图 2-44　平衡悬臂法的施工步骤

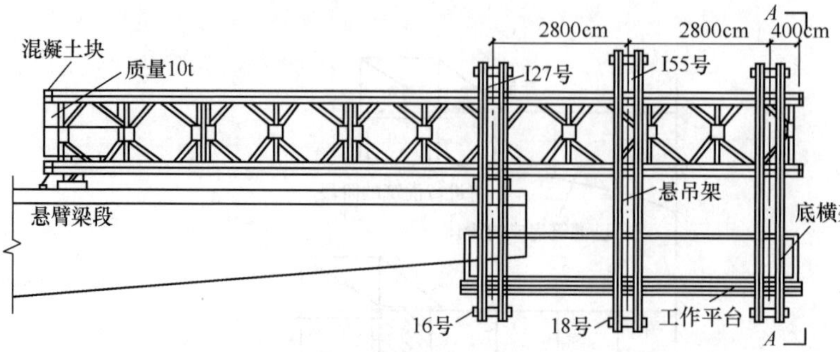

图 2-45　悬臂法施工用挂篮

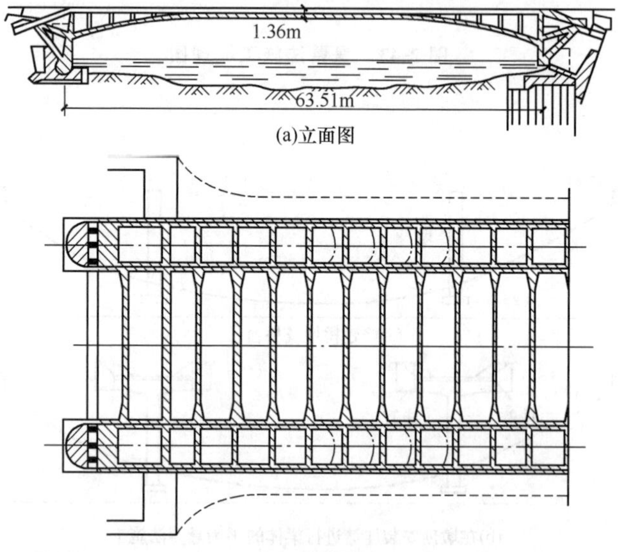

(a)立面图

(b)平面图

图 2-46　混凝土钢构单跨桥

二、拱桥施工图

主拱施工是拱桥施工的主要部分，施工方法主要有就地灌注或砌筑、无支架吊装、转体施工等形式。就地灌注施工先在主拱设计位置建造支承主拱的满布式脚手架或用型钢、组合杆件拼成的拱架，在其上就地灌注或砌筑主拱；无支架施工大大减少施工辅助结构及桥上施工作业量，从而显著改善工作条件，加快工程进度，现代拱桥施工中已普遍采用这种施工方法；转体施工先将主拱分成两个半拱，在桥头将主拱预先拼装或灌注，然后旋转就位合拢，较之吊装方法可省去不少高空作业，减少吊装设备，但必须有适宜的地形。转体可分为平转和主转两种方式。拱桥桥墩的形式如图 2-47 所示，拱桥桥台的形式如图 2-48 所示。

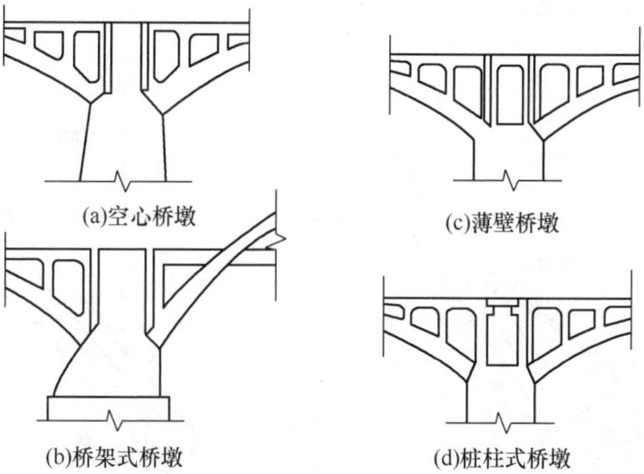

图 2-47　拱桥桥墩形式

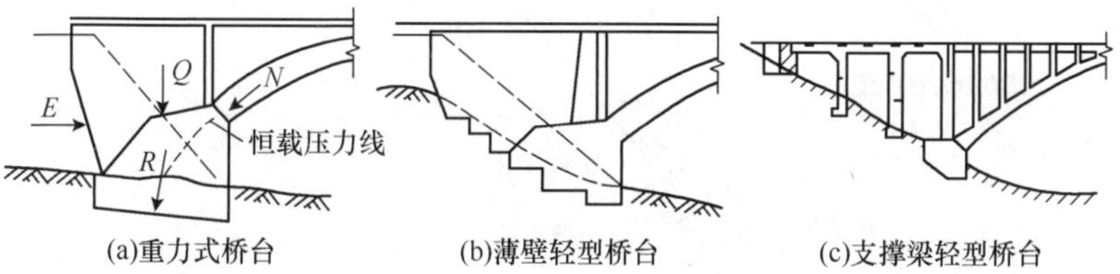

图 2-48　拱桥桥台形式

三、斜拉桥和悬索桥施工图

斜拉桥与悬索桥的特点是依靠固定于索塔的斜拉索或主缆支承梁跨，梁内弯矩与桥梁的跨度基本无关而与拉索或吊索的间距有关，适用于大跨、特大跨度桥梁。图 2-49 是斜拉桥与悬索桥的简图。

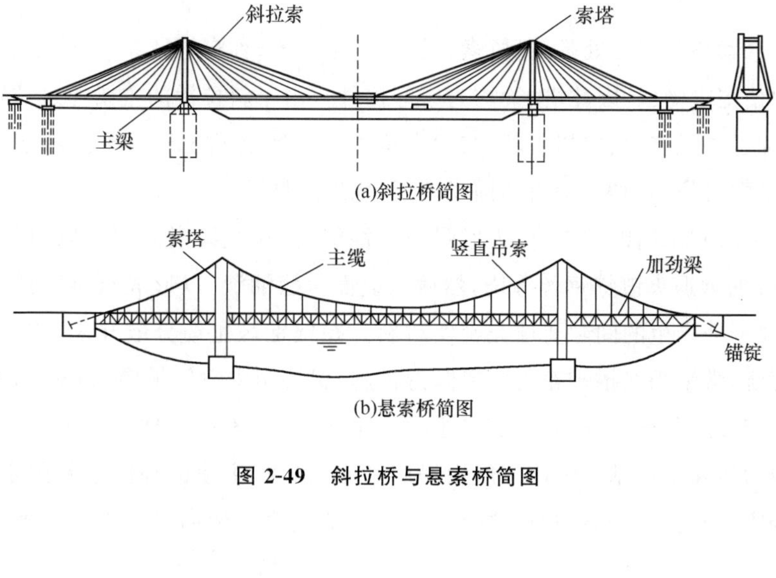

图 2-49　斜拉桥与悬索桥简图

拉索的构造如图 2-50 所示。

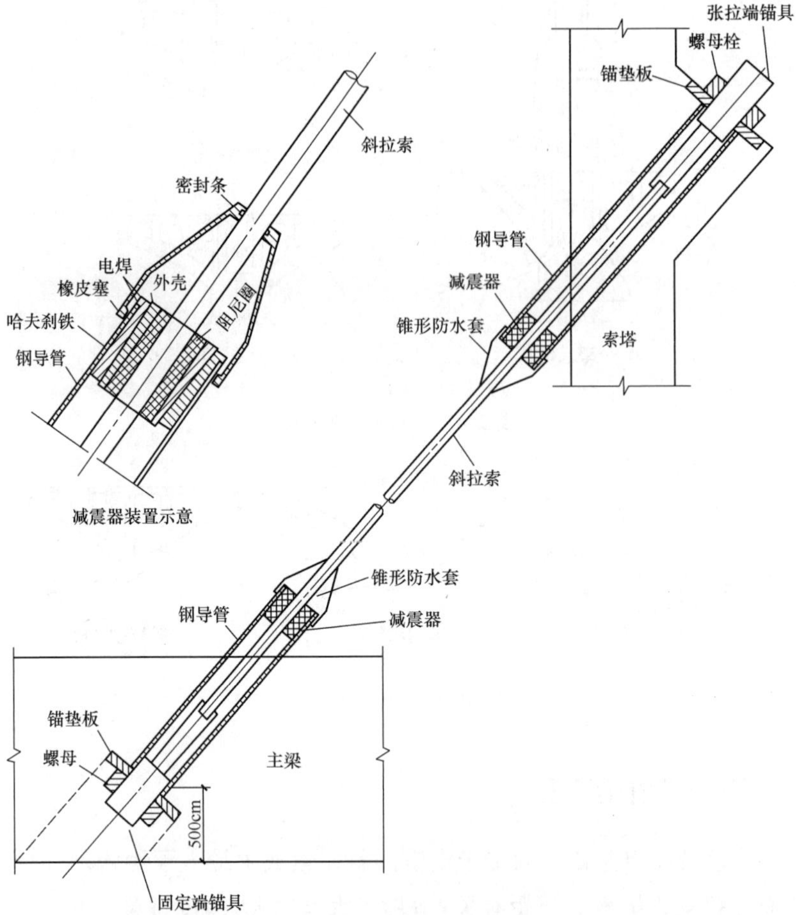

图 2-50 拉索构造图

斜拉桥与悬索桥不同之处是：斜拉索直接锚于主梁上，称自锚体系，拉索承受巨大拉力，拉索的水平分力使主梁受压，因此塔、梁均为压弯构件。由于斜拉桥的主梁通过拉紧的斜索与塔直接相连，增加了主梁抗弯、抗扭刚度，在动力特性上一般远胜于悬索桥。悬索桥的主缆为承重索，它通过吊索吊住加劲梁，索两端锚于地面，称地锚体系。

悬索桥主缆通常采用镀锌钢丝，为增强防锈蚀能力，在主缆索四周涂以锌粉膏等防锈剂，再用直径 4mm 的软退火镀锌钢丝缠绕，然后在上面再涂油漆，以形成双重防锈蚀措施。为了完全防水，主缆箍处产生的间隙要填充密实材料。在锚锭区主缆分散开来，锚固到锚块，无法用镀锌钢丝缠绕，常采用在锚锭箱内吹风除湿措施，保持箱内空气干燥，如图 2-51 所示。

主缆的锚定方式是锚碇锚固，锚碇是主缆的锚固体，与索塔一样是支承主缆的重要部分，它将主缆的拉力传递给地基。锚碇一般由锚碇基础、锚块、主缆的锚碇架及固定装置、遮棚等部分组成。当主缆需要改变方向时，锚碇中还应包括主缆支架和锚固鞍座。吊索与主缆的连接方式如图 2-52 所示。

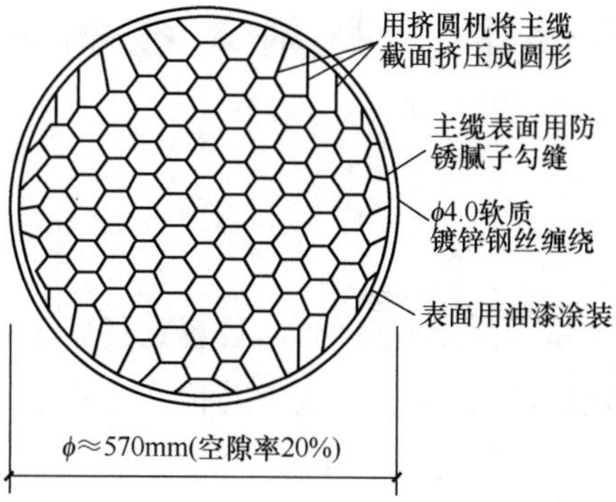

图 2-51 主缆钢丝包缠防锈

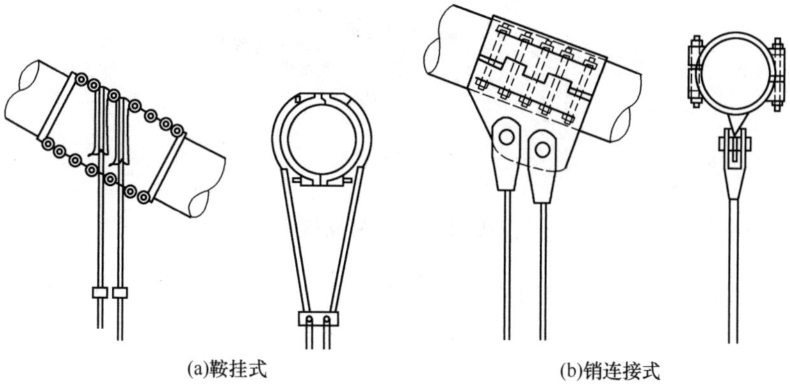

图 2-52 吊索与主缆连接方式

图 2-53 是锚碇形式示意图。锚碇的形式可分为重力式和隧道式两种。重力式锚块是最常采用的形式,其依靠混凝土自重抵抗主缆拉力;隧道式锚块用于坚固、节理少的基岩外露的情况,是在岩体内开凿隧洞,在隧洞内埋入锚锭架,然后填充混凝土抵抗主缆拉力。

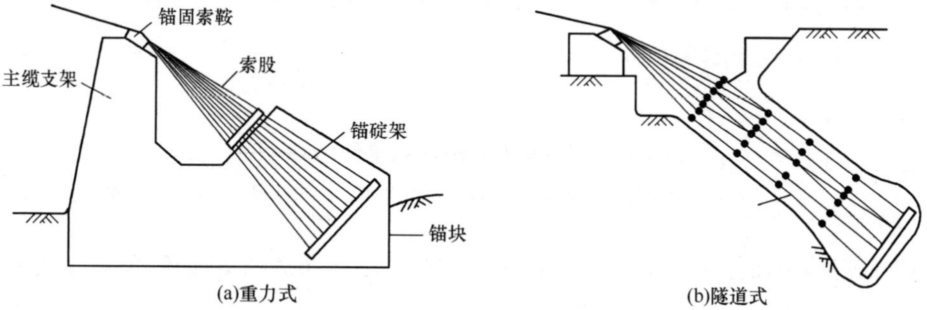

图 2-53 锚碇形式示意图

第四节　桥梁工程构件详图

一、桥梁支座详图

梁式桥支座可分为固定支座和活动支座两种，设置在桥梁上部结构与墩台之间，把上部结构荷载传递给桥墩，并适应活载、温度、混凝土收缩与徐变等因素产生的位移，使上部结构和下部结构保持正常受力状态。

(1)简易垫层支座，如图 2-54 所示。

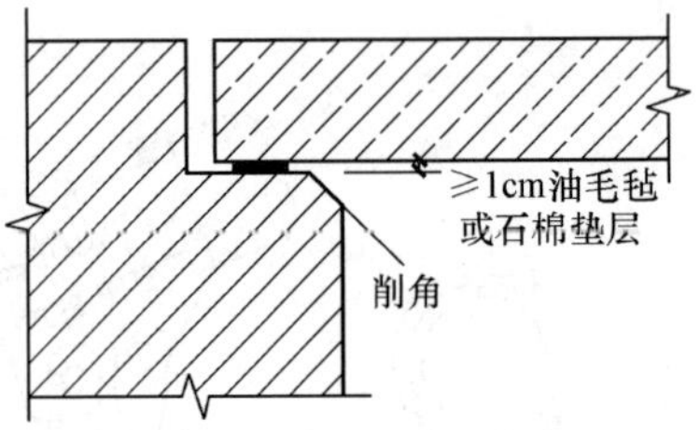

图 2-54　简易支座

(2)钢支座。钢支座靠钢部件的滚动或滑动完成支座位移和转动，其承载能力突出，对桥梁位移和转动的适应性良好。如图 2-55 和图 2-56 所示。

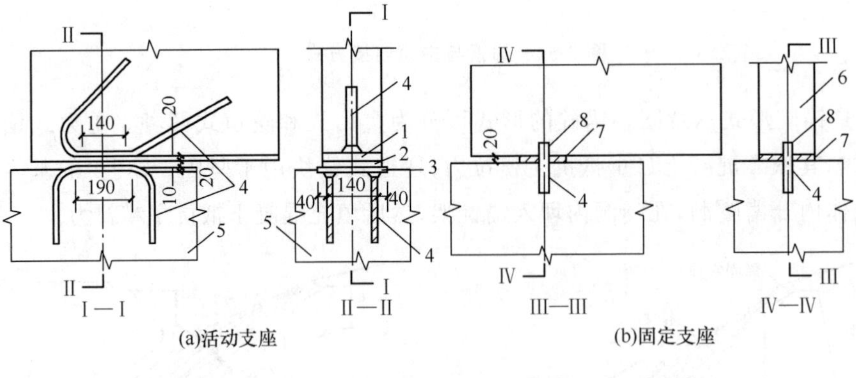

图 2-55　平面钢板支座(单位:cm)

1—上支座；2—下支座；3—垫板；4—锚栓；5—墩台帽；6—主梁；7—齿板；8—齿槽

(3)钢筋混凝土摆柱式支座。适用于跨度等于或大于 20m 的梁式桥，能够承受较大荷载和位移。摆柱式支座由两块平面钢板和一个摆柱组成，摆柱是一个上下有弧形钢板的钢筋混凝土短柱，两侧面设有齿板，两块平面钢板的相应位置设有齿槽，安装时应使齿板与齿槽相吻合，钢筋混凝土柱身用 C40～C50 混凝土制成，如图 2-57 所示。

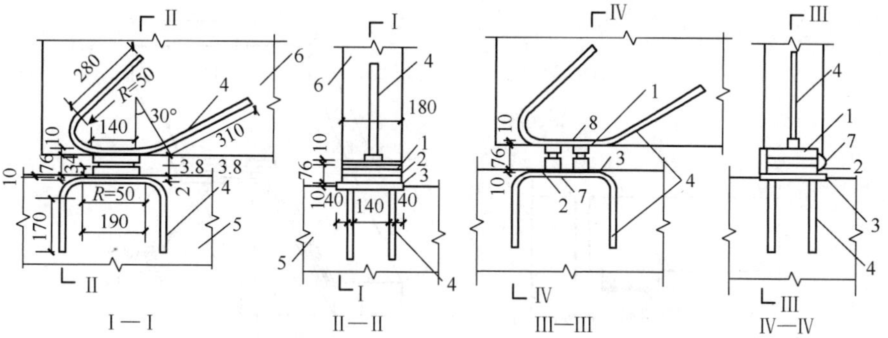

(a)活动支座　　(b)固定支座

图 2-56　弧形钢板支座(单位:cm)

1—上支座;2—下支座;3—垫板;4—锚栓;5—墩台帽;6—主梁;7—齿板;8—齿槽

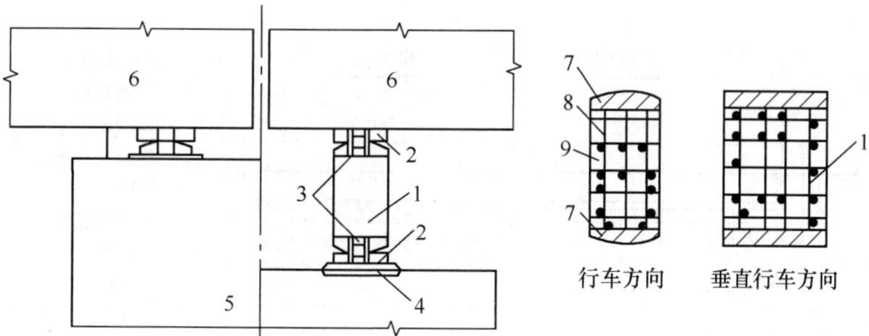

(a)摆柱式支座　　(b)垫板

图 2-57　钢筋混凝土摆柱式支座

1—钢筋混凝土摆柱;2—平面钢板;3—齿板;4—垫板;5—墩台帽;
6—主梁;7—弧形钢板;8—竖向钢筋;9—顺桥向水平钢筋;10—横桥向水平钢筋

(4)橡胶支座。橡胶支座构造简单、加工方便、省钢材、造价低、结构高度低、安装方便、减振性能好。

1)板式橡胶支座。常用的板式橡胶支座用几层薄钢板或钢丝网作加劲层,支座处于无侧限受压状态,抗压强度不高,可用于支承反力为 3000kN 左右的中等跨径桥梁,如图 2-58 所示。

2)盆式橡胶支座。盆式橡胶支座将纯氯丁橡胶块放置在钢制的凹形金属盆内,使橡胶处于侧限受压状态,提高了支座承载力,利用嵌放在金属盆顶面填充的聚四氟乙烯板与不锈钢板,摩擦系数很小,可满足梁的水平位移要求,如图 2-59 所示。

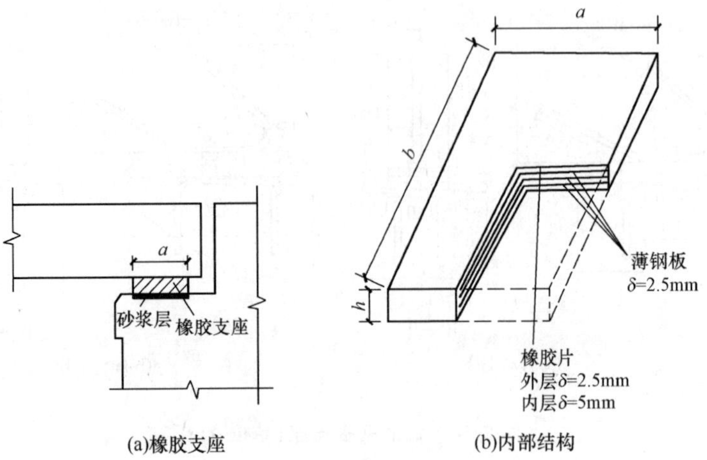

图 2-58　板式橡胶支座

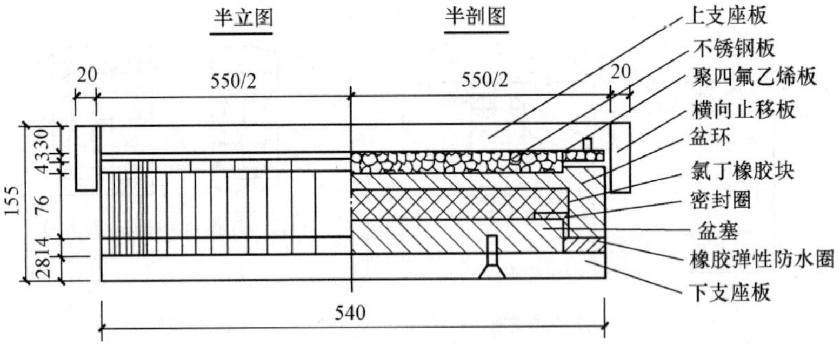

图 2-59　盆式橡胶支座(单位:cm)

二、桥梁墩台详图

桥梁墩台主要由墩(台)帽、墩(台)身和基础三部分组成,主要作用是承受上部结构传来的荷载,并通过基础又将该荷载及自重传递给地基,如图 2-60 和图 2-61 所示。

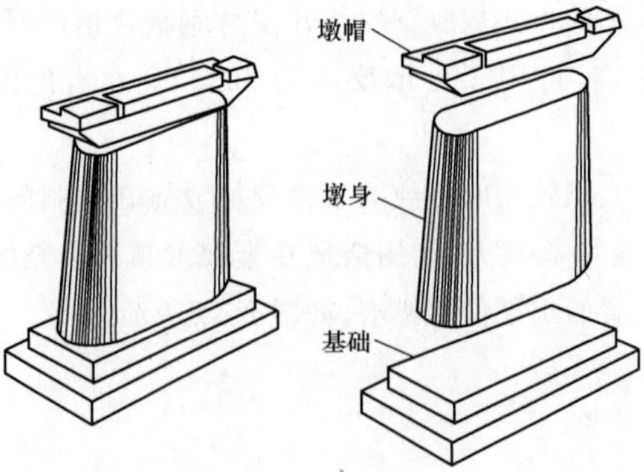

图 2-60　桥墩组成示意图

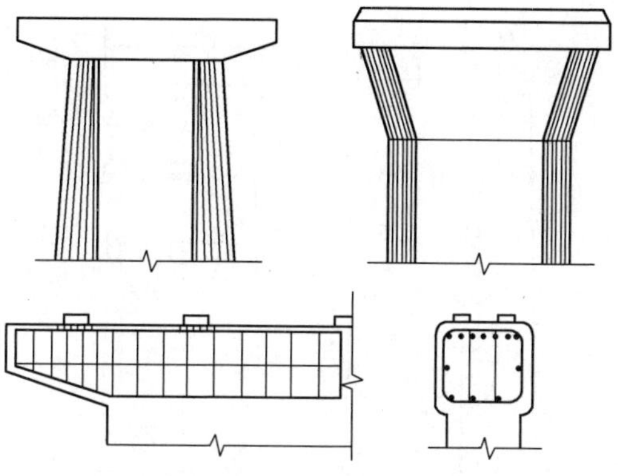

(a)悬臂式桥墩　　(b)托盘式桥墩

图 2-61　墩帽

(1)桥墩。指多跨桥梁的中间支承结构物，除承受上部结构的荷载外，还要承受流水压力，风力及可能出现的冰荷载、船只、排筏或漂浮物的撞击力，如图 2-62～图 2-64 所示。

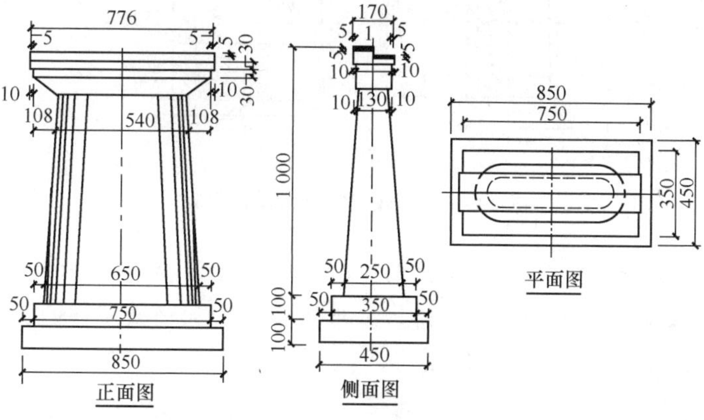

图 2-62　重力式桥墩构造图(单位:cm)

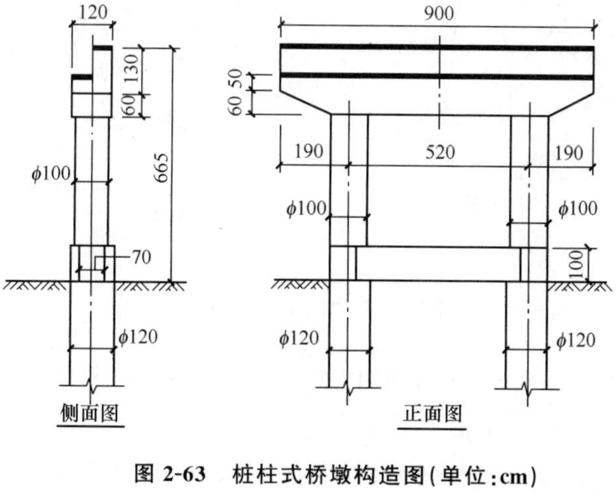

图 2-63　桩柱式桥墩构造图(单位:cm)

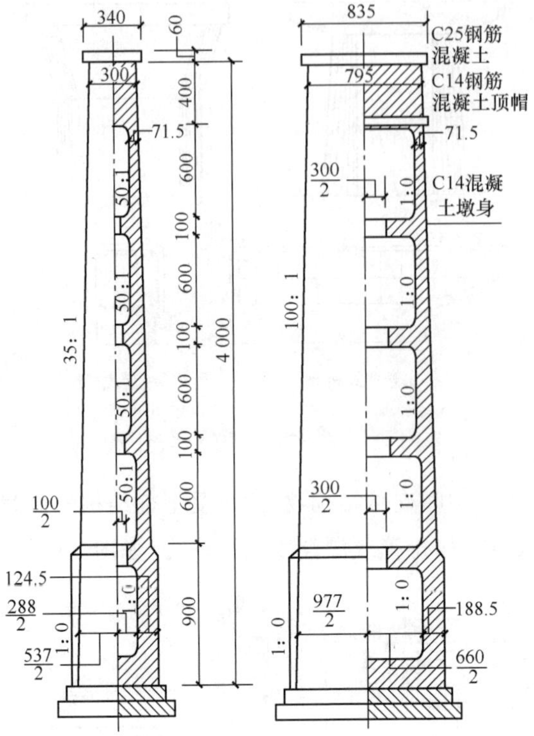

图 2-64　空心轻型桥墩(单位:cm)

(2)桥台。支撑桥跨结构物,同时衔接两岸接线路堤构筑物,起到挡土护岸和承受台背填土及填土上车辆荷载附加内力的作用。桥台分重力式桥台和轻型桥台两大类,重力式桥台如图 2-65 所示;桥台的构造,如图 2-66 所示。

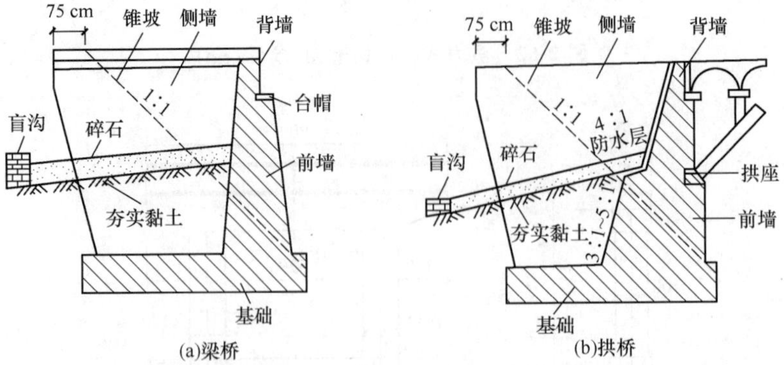

图 2-65　重力式 U 形桥台

轻型桥台力求体积轻巧、自重小,借助结构物的整体刚度和材料强度承受外力,可节省材料,降低对地基强度的要求,可用于软土地基。

1)设有支撑梁的轻型桥台。这种桥台台身为直立的薄壁墙,台身两侧有翼墙,在两桥台下

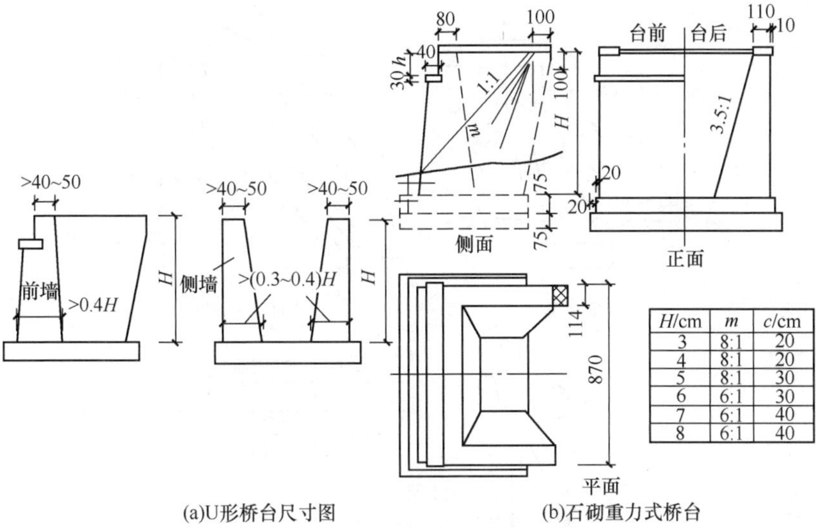

H/cm	m	c/cm
3	8:1	20
4	8:1	20
5	8:1	30
6	6:1	30
7	6:1	40
8	6:1	40

图 2-66　桥台构造图

部设置钢筋混凝土支撑梁，上部结构与桥台通过锚栓连接，于是便构成四铰框架结构系统，并借助两端台后的被动土压力来保持稳定，如图 2-67 所示。

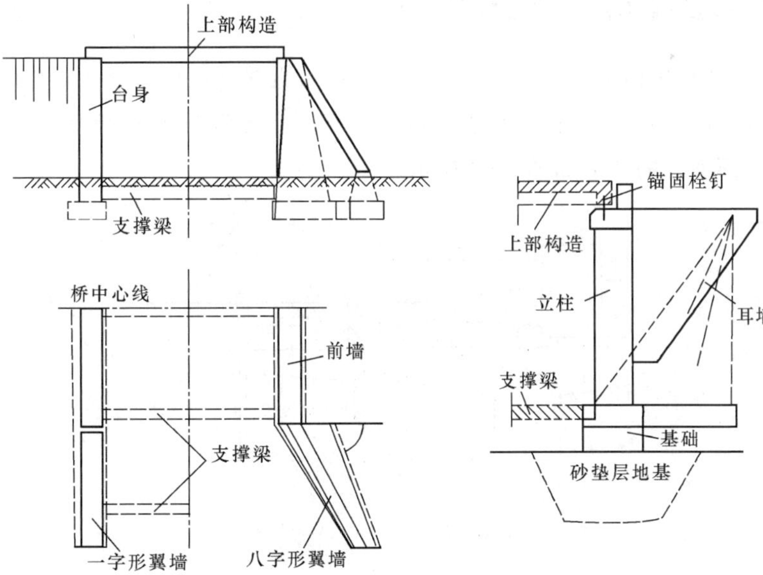

图 2-67　地下支撑梁轻型桥台

2)埋置式桥台。埋置式桥台适用于桥头为浅滩，锥坡受冲刷小的桥梁，是将台身埋在锥形护坡中，只露出台帽在外以安置支座及上部构造，桥台所受土压力小，桥台体积也相应减小，但锥坡伸入到桥孔，压缩了河道，有时需增加桥长，如图 2-68 所示。

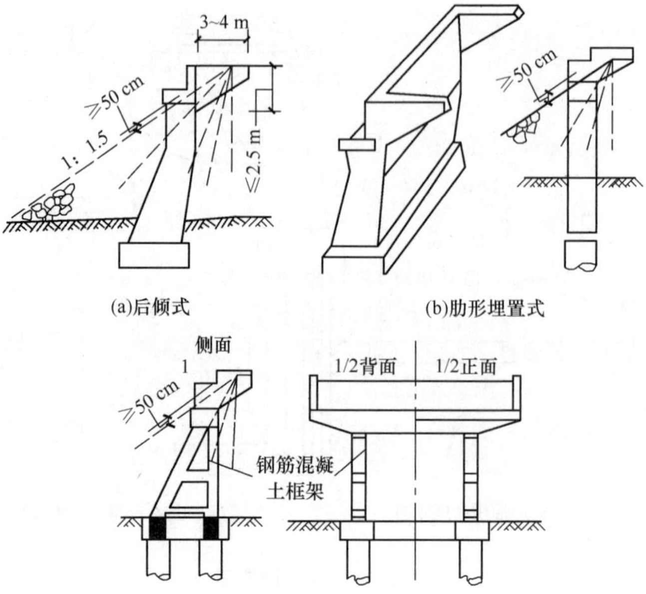

(a)后倾式　(b)肋形埋置式　(c)双柱式　(d)框架式

图 2-68　埋置式桥台

三、桥面铺装及排水防水系统详图

(1)桥面铺装公路桥面铺装可防止车辆轮胎或履带直接磨耗属于承重结构的行车道板，保护主梁免受雨水侵蚀，同时能扩散车辆轮重集中荷载。水泥混凝土和沥青混凝土桥面铺装使用较为广泛。桥面铺装的构造如图 2-69 所示。

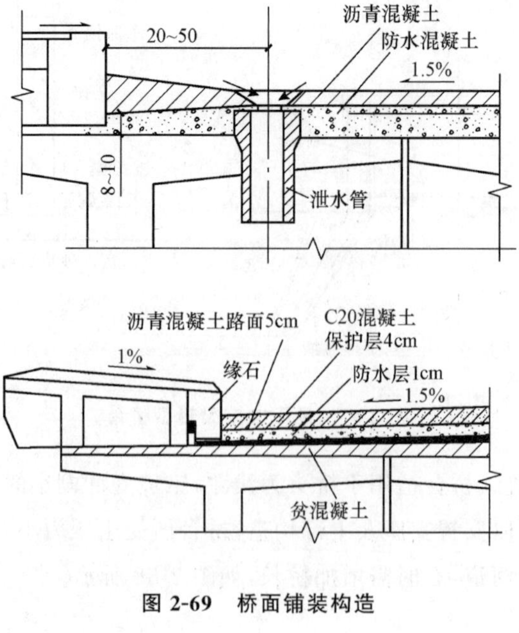

图 2-69　桥面铺装构造

钢筋混凝土、预应力混凝土梁桥普遍采用水泥混凝土或沥青混凝土铺装。水泥混凝土铺装的造价低，耐磨性能好，适合重载交通，但养生期长，日后修补较麻烦。沥青混凝土铺装质量较轻，维修养护方便，通车速度快，但易老化和变形。

(2)桥面纵、横坡。公路桥面横坡可快速排除雨水，减少雨水对铺装层的渗透，保护行车道板，坡度一般为1.5%～3%。桥面纵坡一般都双向布置并在桥中心设置竖曲线，一方面有利于排水，同时主要是为满足桥梁布置需要。

公路桥面的横坡通常有三种设置形式：

1)对于板桥或就地浇筑的肋板式梁桥，横坡直接设在墩台顶部，桥梁上部构造双向倾斜布置，铺装层等厚铺设，如图2-70(a)所示。

2)对装配式肋板式梁桥，主梁构造简单装配方便，横坡直接设在行车道板上。先铺设混凝土三角形垫层，形成双向倾斜，再铺设等厚的混凝土铺装层，如图2-70(b)所示。

3)比较宽的城市桥梁中，用三角垫层设置横坡耗费建材同时会增大恒载，因此通常将行车道板倾斜布置形成横坡，但是这样会使主梁构造变的复杂，如图2-70(c)所示。

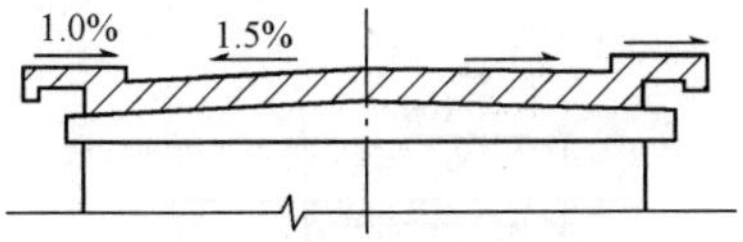

(a)板桥或就地浇筑的肋板式梁桥

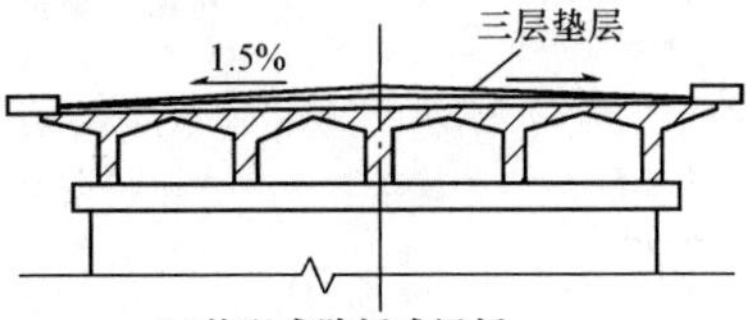
(b)装配式肋板式梁板

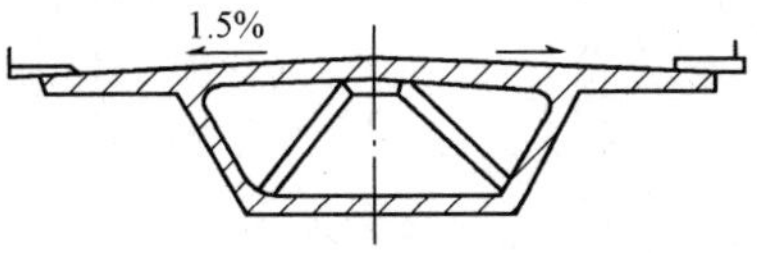
(c)比较宽的城市桥梁

图2-70 横坡布置图

(3)防水层。如图2-71所示，桥面防水层设置在桥梁行车道板的顶面三角垫层之上，它将渗透过桥面铺装层或铁路道床的雨水汇集下泄水管排出。防水层在桥面伸缩缝处应连续铺设，不可切断；纵向应铺过桥台背，沿横向应伸过缘石底面，从人行道与缘石砌缝里向上叠起。

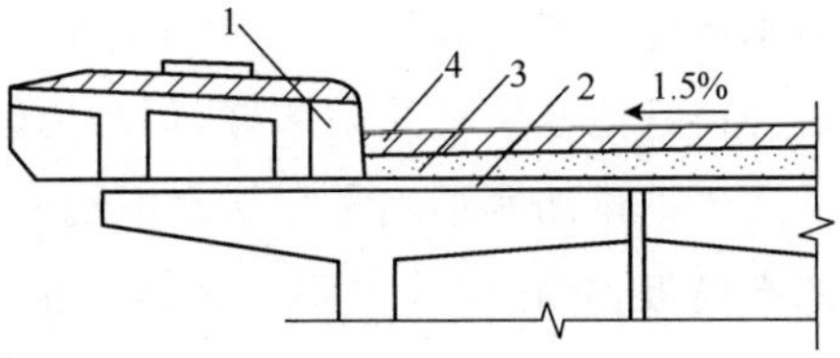

图2-71 防水层设置

1—缘石；2—防水层；3—混凝土保护层；4—混凝土路面

(4)桥面排水系统。为使桥上的雨水迅速引导排出桥外，桥梁应有一个完整的排水系统，由纵横坡排水外配合一定数量的泄水管完成。泄水管布置在人行道下面,桥面水通过设在缘石或人行道构件侧面的进水孔流向泄水孔,泄水孔周边设有聚水槽,起聚水、导流和拦截作用,进水入口处设置金属栅门,如图 2-72 所示。混凝土梁式桥采用的泄水管道有下列几种形式。泄水管如图 2-73 所示。

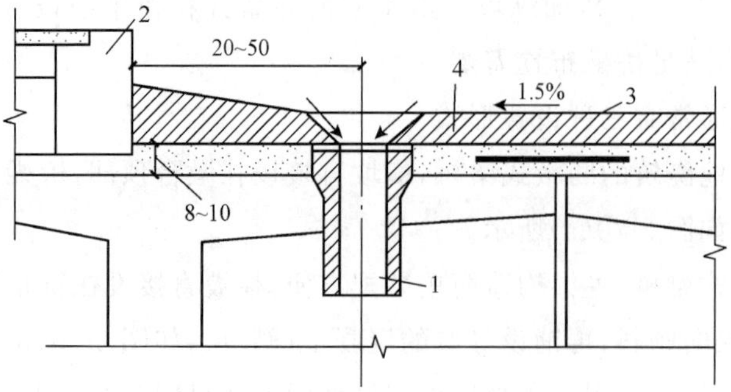

图 2-72 泄水管布置图(单位:cm)

1—泄水孔;2—缘石;3—人行道;4—混凝土

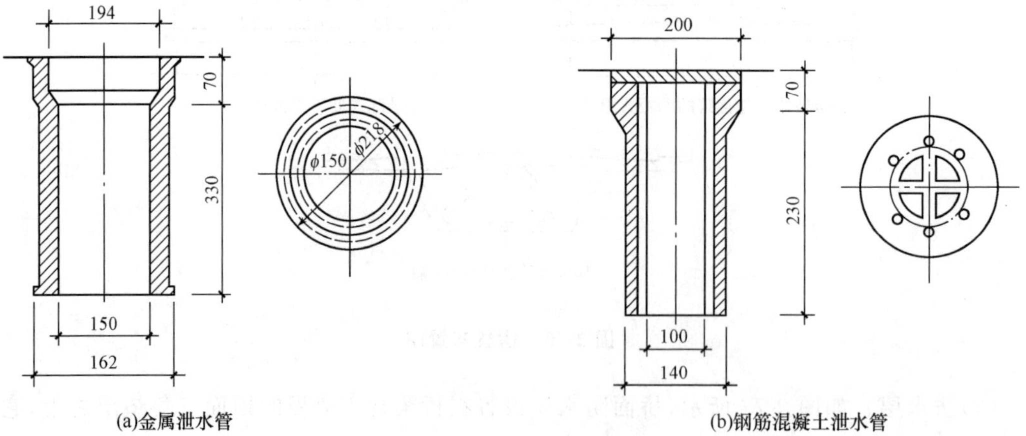

图 2-73 泄水管(单位:cm)

1)金属泄水管泄水管与防水层边缘紧夹在管子顶缘与泄水漏斗之间,以便防水层渗水能通过漏斗过水孔流入管内。这种铸铁泄水管使用效果好,但结构较为复杂。

2)钢筋混凝土泄水管。适用于不设防水层而采用防水混凝土铺装的桥梁构造。可将金属栅板直接作为钢筋混凝土管的端模板,并在栅板上焊上短钢筋锚固于混凝土中。这种预制泄水管构造简单,节省钢材。

3)封闭式排水系统。对于城市桥梁、立交桥及高速公路桥梁,为避免泄水管挂在板下、影响桥的外观和公共卫生,多采用完整封闭的排水系统,将排水管道直接引向地面。

四、桥梁伸缩装置详图

桥跨结构在气温变化、活载作用、混凝土收缩和徐变等影响下将会发生伸缩变形。桥面两梁端之间或梁端与桥台之间及桥梁铰结位置需要预留伸缩缝，并在桥面设置伸缩装置。伸缩装置的构造在平行、垂直于桥梁轴线的两个方向均能自由伸缩，其设计应牢固可靠，在车辆驶过时平顺、无突跳与噪声，同时还应能够防止雨水和垃圾渗入阻塞，易于清理检修。

(1)钢制支承式伸缩装置

钢制式的伸缩装置是用钢材装配制成的、能直接承受车轮荷载的一种构造。钢制支承式伸缩装置常见的有钢板叠合式伸缩装置和钢梳形板伸缩装置。钢梳形板伸缩装置结构本身刚度大，抗冲击力强，广泛用于大、中跨桥梁，但是其防水性差，较费钢材，如图 2-74 所示。

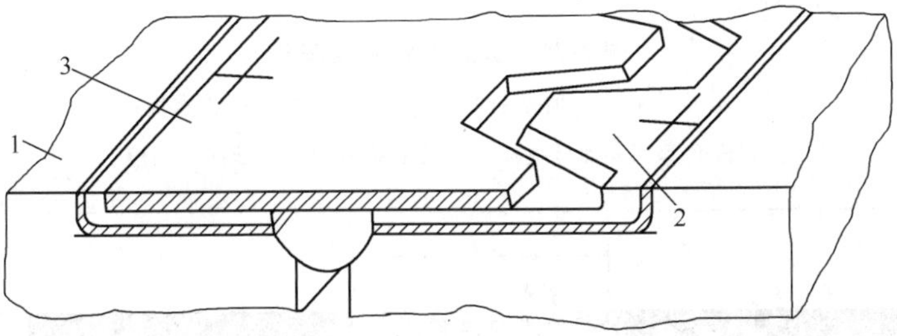

图 2-74　梳形板式伸缩装置

1—混凝土桥面板；2—固定齿板；3—活动齿板

(2)橡胶伸缩装置

现在多用的是板式橡胶伸缩装置，其用整块橡胶板嵌在伸缩缝中，橡胶板设有上下凹槽，依靠凹槽之间的橡胶体剪切变形来达到伸缩的目的，并在橡胶板内预埋钢板以提高橡胶的承载能力，伸缩量可达 60mm。在橡胶板下增设梳形板，用梳形钢板支托橡胶板，橡胶板来防水，两者可同时伸缩，伸缩量增加至 200mm，如图 2-75 所示。

(3)模数式伸缩装置

模数式伸缩装置是一种高速公路桥梁常用伸缩装置，其伸缩量大，功能完善，结构复杂。它的主要部分是由异型钢与各种截面形式的橡胶条组成的，犹如手风琴式的伸缩体，加上横梁、位移控制系统以及弹簧支承系统。每个伸缩体的伸缩量为 60～100mm。伸缩量大时，可增加伸缩体，中间用若干根中梁隔开。中梁支撑在下设横梁上，承受大部分车轮压力，其底部连接在连杆式或弹簧式的控制系统上，保证伸缩时中梁始终处于正确位置并做同步位移。多密封胶带模数伸缩装置如图 2-76 所示。钢与橡胶组合的模数式伸缩装置如图 2-77 所示。

(4)暗缝式伸缩装置

无缝式伸缩装置接缝构造不外露于桥面，其在梁端伸缩间隙中填入弹性材料并铺设防水材料，在桥面铺装层中铺筑黏结性复合材料，使伸缩接缝处的桥面铺装与其他铺装部分形成连续体。此种伸缩装置能适应桥梁上部构造的伸缩变形和小量转动变形，行车平顺，无冲击、振

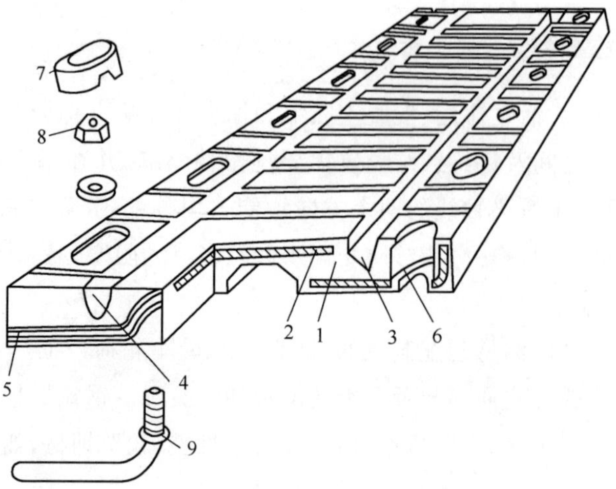

图 2-75 板式橡胶伸缩装置

1—合成橡胶；2—加强钢板门；3—伸缩用槽；4—止水块；
5—嵌合部；6—螺母块板；7—腰型盖帽；8—螺母；9—螺栓

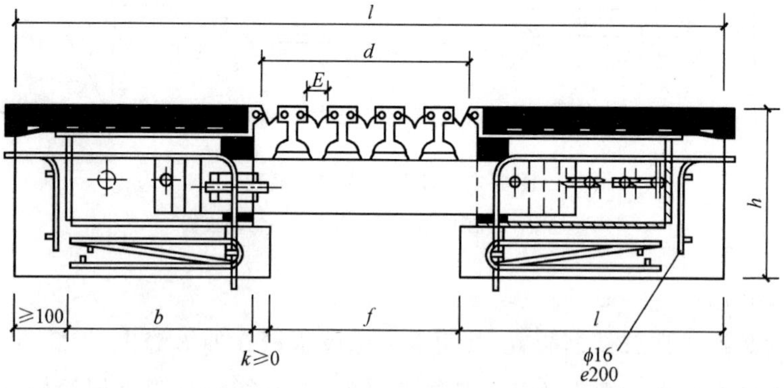

图 2-76 多密封胶带模数伸缩装置

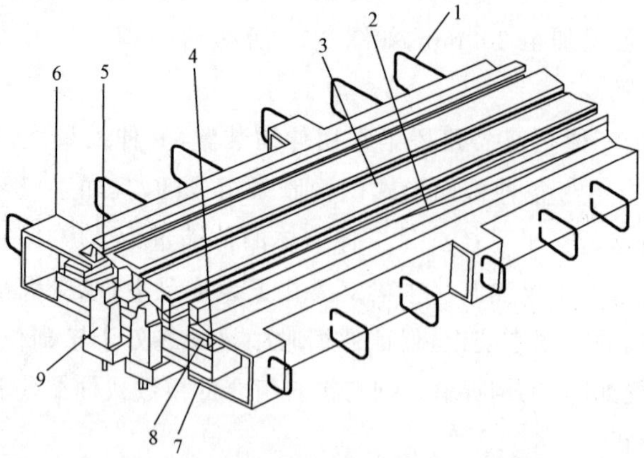

图 2-77 钢与橡胶组合的模数式伸缩装置

1—锚固梁；2—边梁；3—中梁；4—横梁；5—防水橡胶带；
6—箱体；7—承压支座；8—压紧支座；9—吊架

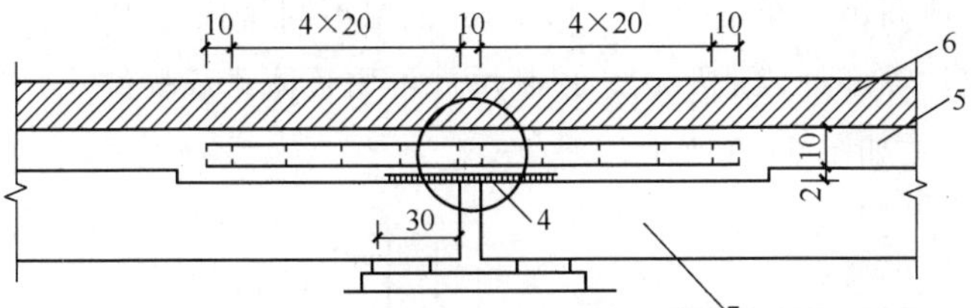

(a)桥面连续构造

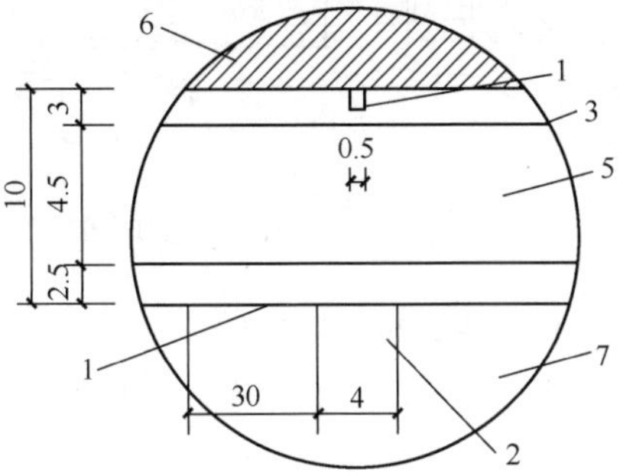

(b)A大样

图 2-78　无缝伸缩装置示例(单位:cm)

1—二遍沥青,一层塑料薄膜;2—聚乙烯泡沫板;3—加强钢筋;

4—锯缝填沥青玛瑶脂;5—现浇桥面层;6—桥面铺装层;7—预制板

动,防水性好,施工简单,易于维修更换,适用于小接缝部位,适用范围有所限制。无缝伸缩装置的示例如图 2-78 所示。

五、桥面安全设施详图

(1)安全带。如图 2-79 所示,封闭的市政公路桥梁一般不设人行道,其安全带通常做成预制块件或与桥面铺装层一起现浇。创制的安全带有矩形截面和肋板式截面两种,矩形截面最为常用。

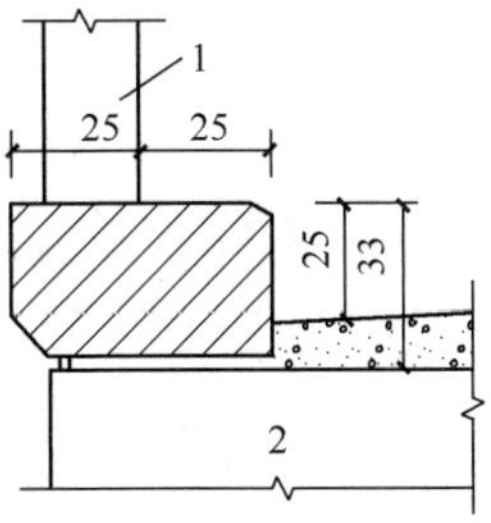

(a)矩形截面

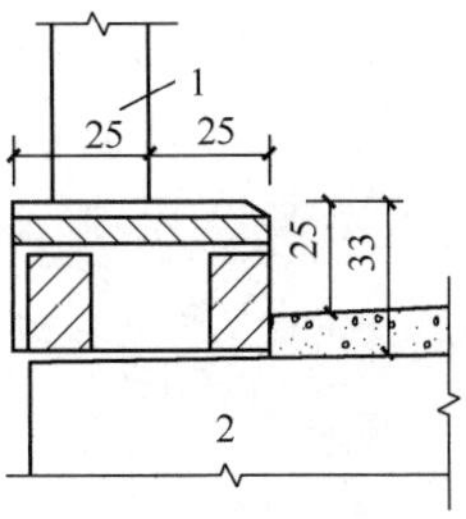

(b)肋板截面

图 2-79　安全带

1—栏杆;2—预制块件

(2)人行道。一般高出行车道 0.25～0.35m,根据不同桥梁有现浇悬臂板式、专设人行道板梁、预制人行道块件等多种建造形式。预制块件可用整体式或块件式,安装方式可为悬臂式或搁置式两种。人行道如图 2-80 所示。

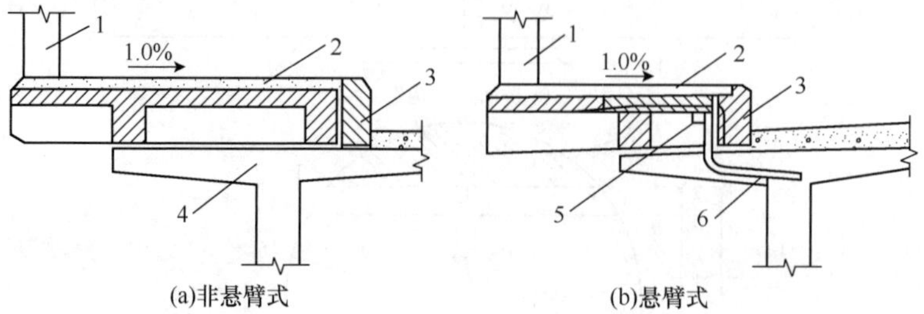

图 2-80 人行道

1—栏杆;2—人行道铺装层;3—缘石;4—T 型梁;5—锚接钢板;6—锚固钢筋

(3)栏杆、灯柱栏杆是桥上保护行人安全的设施,要求坚固耐用,美观大方,能表现桥梁建筑艺术。公路与城市道路桥梁的栏杆常用混凝土、钢筋混凝土、钢、铸铁等材料制作,可分为节间式与连续式等类型。

在城市及城郊行人和车辆较多的桥梁上需要设置照明设备,一般采用灯柱在桥面上照明。灯柱可以利用栏杆柱,也可单独设在人行道内侧。灯柱的设计要求经济合理,同时注意与全桥协调。

第三章

隧道工程施工图

第一节　隧道洞门图

一、隧道概述

1. 隧道的概念

隧道是指穿越于山岭中的道路，体形很长，中间变化简单，很少有变化的建筑物。

隧道构造物由主体构造物和附属构造物两大类组成。主体构造物通常指洞身衬砌和洞门构造物。附属构造物是主体构造物以外的其他建筑物，如维修养护、给水排水、供蓄发电、通风、照明、通信、安全等构造物。隧道工程图除了用隧道平面图表示它的位置外，它的图样主要由隧道洞门图、横断面图、纵断面图及避车洞图等来表达，对于高速公路、一级公路，还应有人行横洞图、车行横洞图等。

2. 隧道洞门口的分类

根据地形和地质条件的不同，隧道洞门口大体上分为端墙式和翼墙式两种，见表 3-1。

表 3-1　隧道洞门口的分类

分类	内　　容
端墙式洞门	端墙式洞门适用于地形开阔、石质基本稳定的地区。端墙的作用在于支护洞门顶上的仰坡，保持其稳定，并将仰坡水流汇集排出，如图 3-1 所示
翼墙式洞门	当洞口地质条件较差时，在端墙式洞门的一侧或两侧加设挡墙，构成翼墙式洞门，如图 3-2 所示。从图中可以看出，翼墙式洞门是由端墙、洞口衬砌(包括拱圈和边墙)、翼墙、洞顶排水沟及洞内外侧沟等部分组成。隧道衬砌断面除直边墙式外，还有曲边墙式

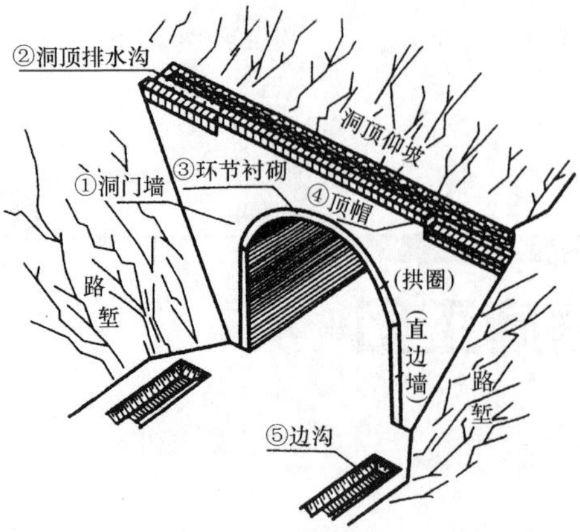

图 3-1 端墙式洞门

图 3-2 翼墙式洞门

二、隧道洞门施工图的识读

1. 隧道洞门图的特点

隧道洞门又名出入口，位于隧道的两端，是隧道的外露部分。隧道洞门一方面起到稳定洞口仰坡坡脚的作用；另一方面也起装饰美化洞口的效果。隧道洞门图包括隧道洞口的立面图、平面图和剖面图等，某公路的隧道纵门图如图 3-3 所示。

(1)平面图。平面图是隧道洞门口的水平投影，主要表达洞门排水系统的组成及洞内外水的汇集和排水路径，另外，也反映了仰坡与边坡的过渡关系。为了图面清晰，常略去端墙、翼墙、沟断面等的不可见轮廓线。

(2)立面图。立面图是沿线路方向对隧道门进行投射所得的投影，是隧道洞门的正面图。立面图反映出洞门墙的式样，不论洞门是否左右对称，都必须把洞门全部画出。立面图主要表达洞门墙的形式、尺寸、洞口衬砌的类型、主要尺寸、洞顶水沟的位置、排水坡度等，同时也表达洞门口路堑边坡的坡度等。从图 3-3 的立面图中可以看出：

1)它是由两个不同半径(R=385cm 和 R=585cm)的三段圆弧和两个直边墙组成，拱圈厚度为 45cm。

2)洞口净空尺寸高为 740cm，宽为 790cm；洞门口墙的上面有一条从左往右方向倾斜的虚线，并注有 i=0.02 箭头，这表明洞门顶部有坡度为 2%的排水沟，用箭头表示流水方向。

3)其他虚线反映了洞门墙和隧道底面的不可见轮廓线，它们被洞门前面两侧路堑边坡和公路路面遮住，所以用虚线表示。

(3)剖面图。剖面图是沿隧道中心剖切的，以此取代侧面图。它表达洞门墙的厚度、倾斜度，洞顶水沟的断面形状、尺寸，洞顶帽石等的厚度，仰坡的坡度，洞内路面结构、隧道净空尺寸等。

如图 3-3 所示，1—1 剖面图是沿隧道中线所作的剖面图。图中可以看到洞门墙倾斜坡度为 10：1，洞门墙厚度为 60cm，还可以看到排水沟的断面形状、拱圈厚度及材料断面符号等。

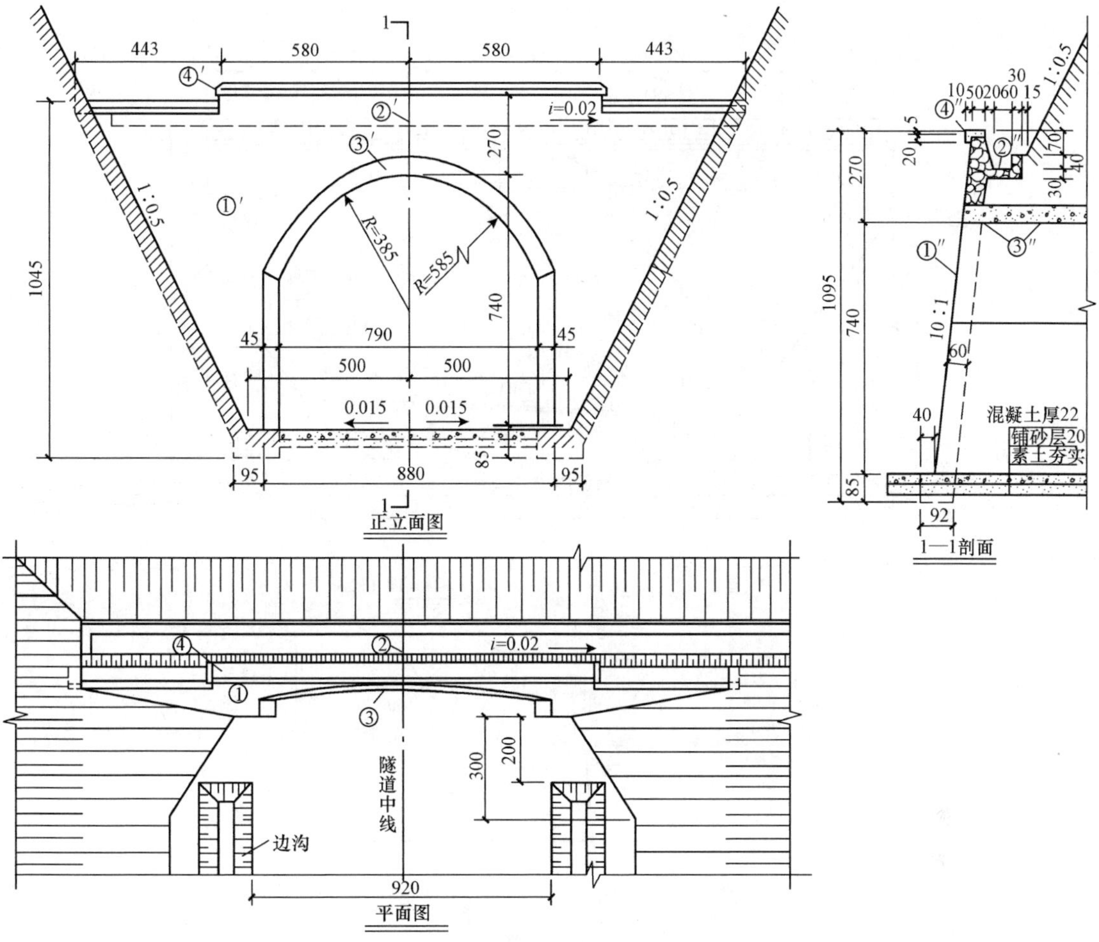

图 3-3 端墙式隧道洞口图(单位:cm)

为读图方便,图 3-3 中在三个投影图上对不同的构件分别用数字注出。如洞门墙①′、①″;洞顶排水沟为②′、②、②″;拱圈为③′、③、③″;顶帽为④′、④、④″等。

2. 隧道洞门图识读

沿隧道轴线方向分为三段,即洞外路况部分、洞门墙部分、明洞回填部分,如图 3-4 和图 3-5所示。

(1)洞门墙部分。阅读洞门墙部分时,应以立面图为主,结合侧面图来分析。平面图中洞门墙的许多结构被遮挡,用虚线表示(甚至虚线也被省略),所以平面图只作为参考。从立面图中可以看出,洞门墙、洞门衬砌、墙下基础、墙帽及墙顶城墙垛等的正面形状,上下、左右的位置关系及长、宽方向的尺寸。而从侧面投影可以看到洞门墙、墙下基础、墙帽及墙顶城墙垛的厚度及前后位置关系,洞门墙的倾斜度,还可以看出前后方向的尺寸。如洞门衬砌由拱圈和仰拱组成,拱圈外径为 660cm,内径为 555cm,由于内、外围圆心在高度方向上存在 25cm 的偏心距,

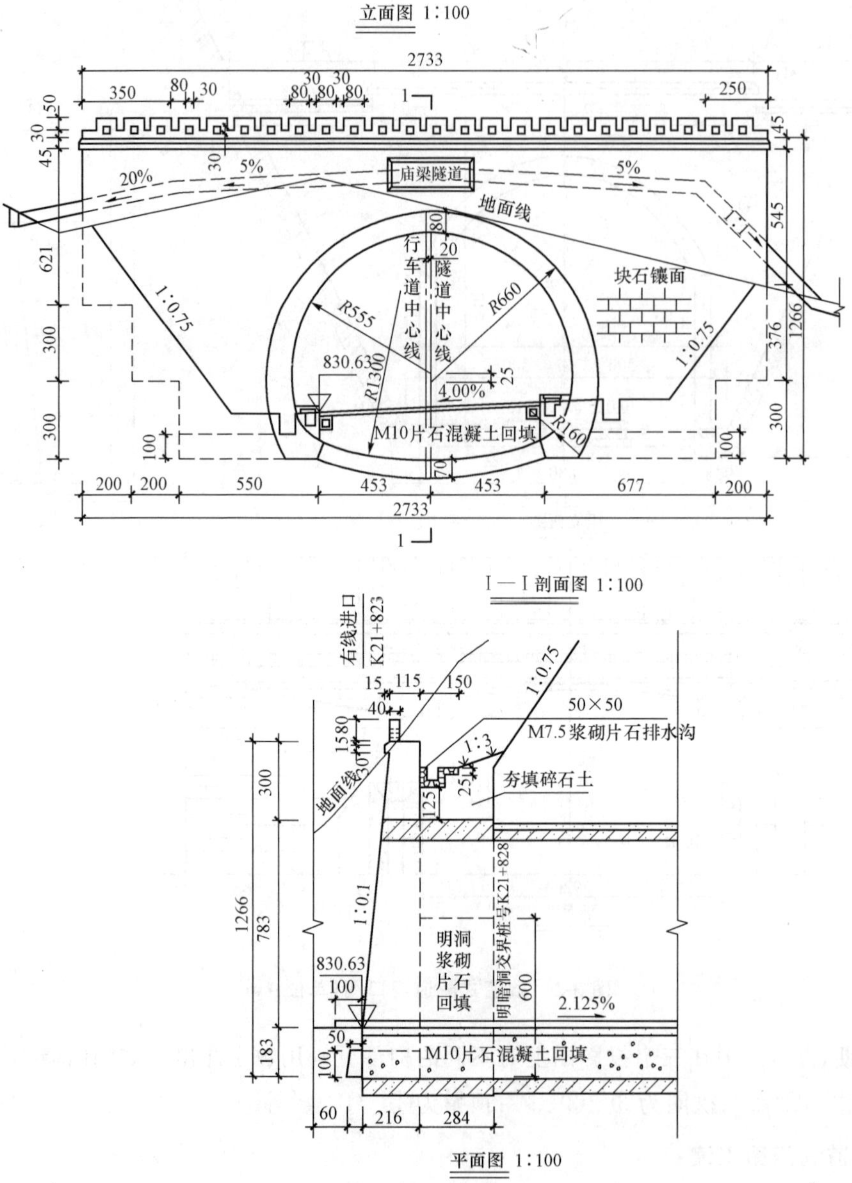

图 3-4　某隧道的门洞图(一)(单位:cm)

所以拱圈的厚度从拱顶到拱脚是逐渐变厚的,拱圈顶部厚度为 80cm。仰拱内圈半径为 1300cm,厚度为 70cm。从侧面投影中可见明暗洞的分界线,从侧面投影的剖面图可看出洞门衬砌为钢筋混凝土。从立面图中可见洞内路面左低右高,坡度为 4%,仰拱与路面之间是 M10 片石混凝土回填。从侧面图和平面图中可以看出该隧道洞门桩号为 K21+823。

(2)洞外路况部分。阅读洞外路况部分时,应以平面图为主,结合立面图来阅读。如从平面图中可见,洞外截水沟与边沟的汇集情况及排水路径,可以看出洞内外排水系统是独立的,排水方向相反。在正面投影图可以看到边沟的横断面形状及路堑边坡的坡度。

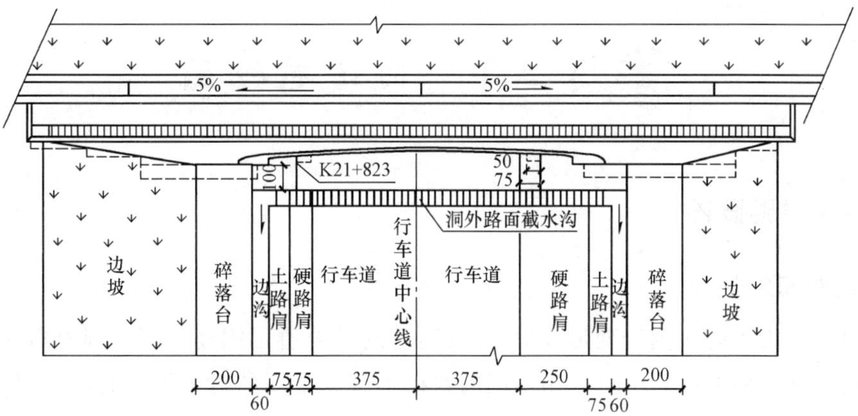

排水沟断面大样图 1∶50

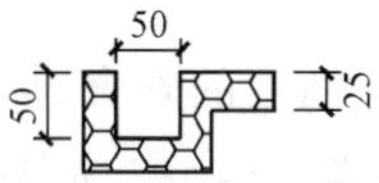

附注：

1. 本图尺寸除标高以米计外，其余均以厘米为单位。
2. 洞门桩号为 K21＋823。
3. 洞门端墙表面采用 30cm×30cm×60cm 块石装饰，洞门施工应避开雨季和冬季，施工前需先做好边仰防护。
4. 在洞顶截水沟横坡变化处增加消力件设施。
5. 施工后洞门顶山坡应植草绿化。
6. 隧道应遵循“早进洞，晚出洞”的原则，避免大挖大刷，实施施工与设计图样。不符时，应及时通知设计单位，调整明洞长度及边仰坡坡率。
7. 隧道洞外路面截水沟横坡顺应路面棱坡设置。

图 3-5　某隧道的门洞图(二)(单位:cm)

(3)明洞回填部分。阅读明洞回填及洞顶排水沟部分时，应以侧面图为主，结合立面图来阅读。如洞顶排水沟，从侧面投影图中可分析排水沟断面尺寸、形状及材料，其中 50×50 表示排水沟水槽的截面尺寸，从正面投影图中可以看出排水沟的走向及排水坡度。明洞回填在底部是 600cm 高的浆砌片石回填，上方是夯实碎石土。

3. 隧道洞门图识读注意事项

(1)要概括了解该隧道洞门图采用了哪些投影图及各投影图要重点表达的内容，了解剖面图、断面图的剖切位置和投影方向。

(2)根据隧道洞门的构造特点，把隧道洞门图沿隧道轴线方向分成几段，而每一段沿高度方向又可以分为不同的部分，对每一部分进行分析阅读。阅读时一定要抓住重点反映这部分形状、位置特征的投影图进行分析。

(3)对照隧道的各投影图(立面图、平面图、剖面图)全面分析，明确各组成部分之间的关系，综合起来想象出整体。

第二节 隧道衬砌图

一、隧道衬砌概述

1. 隧道衬砌分类

隧道衬砌是为了防止围岩变形或坍塌，沿隧道洞身周边用钢筋混凝土等材料修建的永久性支护结构。在不同的围岩中可采用不同的衬砌形式。常用的衬砌形式有喷混凝土衬砌、喷锚衬砌及复合式衬砌，多数情况下采用复合式衬砌。复合式衬砌常分为初期支护（一次衬砌）和二次支护（二次衬砌）。

（1）初期支护。初期支护是为了保证施工的安全、加固岩体和阻止围岩的变形而设置的结构，指喷混凝土、锚杆或钢拱支架的一种或几种组合对围岩进行加固。

（2）二次支护。二次支护（二次衬砌）是为了保证隧道使用的净空和结构的安全而设置的永久性衬砌结构，待初次支护的变形基本稳定后，进行现浇混凝土二次衬砌。隧道衬砌断面可采用直墙拱、曲墙拱、圆形及矩形断面。

2. 隧道衬砌图的特点

隧道衬砌图采用的结构形式为在每一类围岩中用一组垂直于隧道中心线的横断面图来表示隧道衬砌。除用隧道衬砌断面设计图来表达该围岩段隧道衬砌总体设计外，还有针对每一种支护、衬砌的具体构造图。

隧道衬砌断面设计图，主要表达该围岩段内衬砌的总体设计情况，表明有哪几种类型的支护及每种支护的主要参数、防排水设施类型和二次衬砌结构情况。

各种支护、衬砌的构造图，如超前支护断面图、钢拱架支撑构造图、防排水设计图、二次衬砌钢筋构造图等，具体地表达每一种支护各构件的详细尺寸、分布情况、施工方法等。

二、隧道衬砌施工图的识读

1. 隧道衬砌图识读方法

（1）认真阅读隧道衬砌断面设计图，全面了解该围岩段所有的支护种类及相互关系。

（2）同时注意阅读材料表和附注，了解注意事项和施工方法等。

（3）然后再阅读每一种支护、衬砌的具体构造图，分析每一种支护的具体结构、详细尺寸、材料及施工方法。

2. 浅埋段超前支护设计图的识读

Ⅱ类围岩浅埋段超前支护设计图，如图 3-6 所示。

Ⅱ类围岩浅埋段超前支护横断面图

1∶100

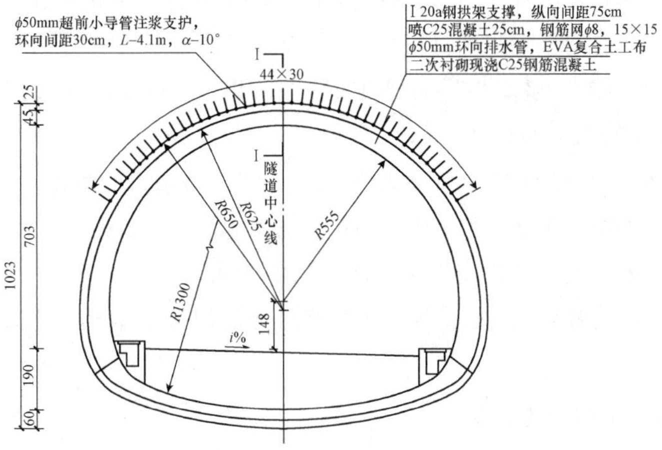

每延米超前支护材料数量表

名称	规格	单位	数量	备注
注浆	水泥水玻璃浆	m^3	4.25	
注浆导管	ϕ50mm	kg	279.2	壁厚4mm

Ⅰ—Ⅰ断面图

1∶100

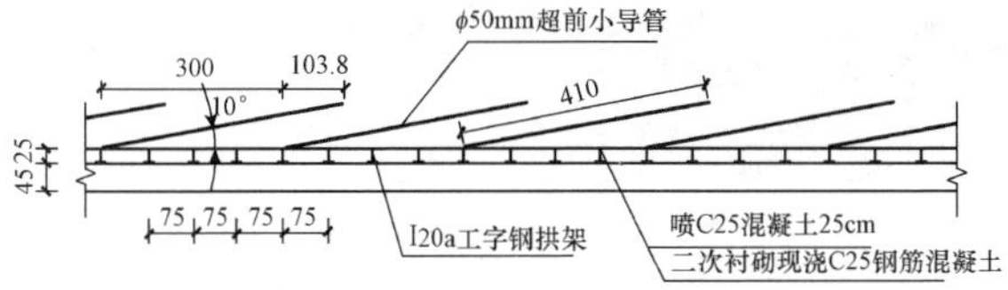

ϕ50mm超前小导管大样图

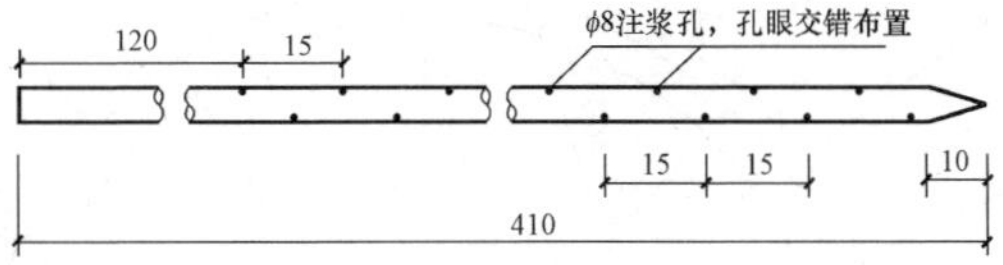

附注：

1. 本图尺寸除钢筋直径以毫米计外，其余均以厘米计。

2. 超前小导管采用外径 50mm. 壁厚 4mm 热轧无缝钢管，钢管前端呈尖锥状，管壁四周钻 8mm 的压浆孔，尾部 1.2m 不设压浆孔，详见小导管大样图。

3. 超前小导管施工时，钢管以 10°外倾角打入围岩，钢管环向间距 30cm，尾部尽可能焊接于钢拱架上，每孔注浆量达到设计注浆量时方可结束注浆。

4. 施工时可根据施工方法、施工机具适当修正一次注浆深度和导管长度。

5. 注浆材料为水泥水玻璃浆，注浆压力 0.5～1.0MPa，必要时可在孔口处设置止浆塞。

6. 边墙部可视坑道稳定情况，适当加设导管拄浆。

7. 本图适用于Ⅱ类围岩段超前支护。

图 3-6 Ⅱ类围岩浅埋段超前支护设计图

(1)Ⅱ类围岩段采用了 ϕ50mm 超前小导管注浆支护。由横断面图、I—I 断面图、超前小导管大样图、材料数量表及附注组成。超前小导管采用外径 50mm、长度为 4.1m、壁厚 4mm 的热轧无缝钢管,钢管前端呈尖锥状,管壁四周钻有直径为 8mm 的压浆孔,尾部 1.2m 不设压浆孔,详见小导管大样图。超前小导管施工时,导管以 10°外倾角打入围岩,导管环向间距 30cm,导管分布在隧道顶部,每圈 45 根。

(2)由 I—I 断面图可知两排导管之间的纵向间距为 300cm,两排导管纵向搭接长度为 103.8cm,也可看出超前小导管与钢拱架之间的位置关系。

(3)横断面图上还表达出初期支护和二次衬砌的断面尺寸。

(4)阅读附注中的内容可知:要求小导管尾部尽可能焊接于钢拱架上,小导管注浆材料为水泥水玻璃浆。

3. 浅埋段衬砌断面设计图识读

Ⅱ类围岩浅埋段衬砌断面设计图,如图 3-7 所示。由图可知该围岩段采用了曲墙式复合衬砌,包括超前支护、初期支护和二次衬砌。由图已知初期支护和二次衬砌的断面轮廓。

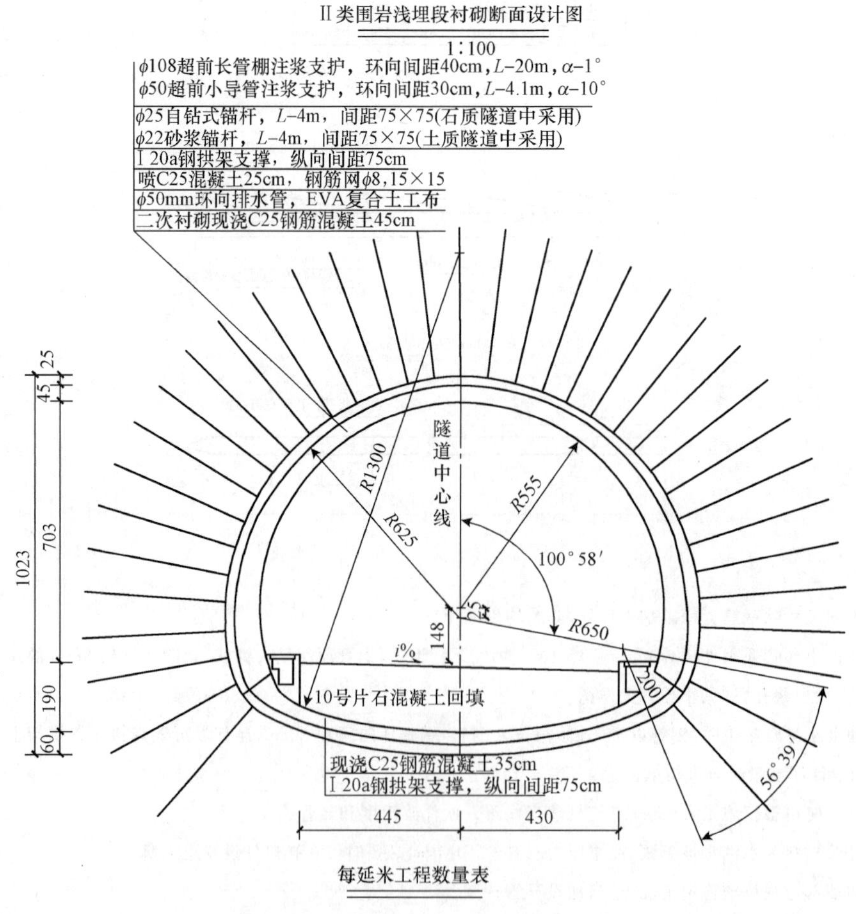

图 3-7 Ⅱ类围岩浅埋段衬砌断面设计图

序号	项目	规格	单位	数量	备注
1	土石开挖		m^3	112.9	
2	长管棚	ϕ108	kg	9398	每组长管棚量
	小导管	ϕ50	kg	279.2	壁厚 4mm
3	注浆	水泥水玻璃浆	m^3	25.12	每组长管棚量
			m^3	4.25	小导管中采用
4	自钻式锚杆	ϕ25	m	186.7	石质中采用每环 35 根
	砂浆锚杆	ϕ22	kg	556.37	土质中采用每环 35 根
5	ϕ8 钢筋网	15×15	kg	118.5	
6	喷混凝土	C25	m^3	6.3	
7	型钢钢架	120a	kg	1362.4	
8	钢板	300×250×20	kg	188.5	
9	高强螺栓、螺母	AM20	kg	10.7	
10	纵向连接钢筋	Ⅱ级	kg	188.7	
11	拱圈二次衬砌	C25	m^3	13.0	
12	拱圈二次钢筋	HRB335	kg	669.4	
13		HRB235	kg	115.4	
14	仰拱钢筋	HRB335	kg	412.2	
15		HRB235	kg	56.7	
16	仰拱二次衬砌	C25	m^3	7.8	
17	片石混凝土仰拱回填	C20	m^3	10.44	
18	喷涂		m^3	20.19	

附注：

1. 本图尺寸除钢筋直径以毫米计外，其余均以厘米计。
2. 本图适用于Ⅱ类围岩浅埋段。
3. 施工中若围岩划分与实际不符时，应根据围岩监控量测结果，及时调整开挖方式和修正支护参数。
4. 施工中应严格遵守短进尺、弱爆破、强支护、早成环的原则。
5. Ⅱ类围岩浅埋段超前支护在洞口段采用 ϕ108 长管棚，在其余位置采用 ϕ50 超前小导管。
6. 隧道穿过石质层时采用 ϕ25 自钻式锚杆；穿过土质层时采用 ϕ22 砂浆锚杆。
7. 隧道施工预留变形量 15cm。
8. 初期支护的锚杆应尽可能与钢支撑焊接。

(续)图 3-7 Ⅱ类围岩浅埋段衬砌断面设计图

(1)超前支护是指为保证隧道工程开挖工作面稳定，在开挖之前采取的一种辅助措施。如图 3-7 所示，隧道Ⅱ类围岩浅埋段在洞口采用 ϕ108 长管棚超前支护，在Ⅱ类围岩浅埋段其他

位置采用 $\phi50$ 超前小导管支护，即沿开挖外轮廓线向前以一定外倾角打入管壁带有小孔的导管，且以一定压力向管内压注起胶结作用的浆液，待其硬化后岩体得到预加固。

(2)初次支护：径向锚杆(系统锚杆)支护，在土质中采用直径为 22mm 的砂浆径向锚杆，锚杆长度为 4m，间距 75cm×75cm，在石质中采用直径为 25mm 的自钻式径向锚杆，锚杆长度为 4m，间距 75cm×75cm；型号为Ⅰ20a 工字钢钢拱架支撑，相邻钢拱架的纵向间距为 75cm；挂设钢筋网片支护，钢筋直径为 8mm，钢筋网网格为 15cm×15cm；在锚杆、钢筋网片和钢拱架之间喷射 C25 混凝土 25cm，使锚杆、钢拱架支撑、钢筋网、喷射混凝土共同组成一个大半径的初期支护结构。

(3)初期支护是指超前小导管尾部、锚杆尾部与钢拱架支撑、钢筋网等都焊接在一起，以保证钢拱架、钢筋网、喷射混凝土、锚杆和围岩形成联合受力结构。在初次支护和二次衬砌之间做 $\phi50$ 环向排水管、EVA 复合土工布防水层。二次衬砌是现浇 C25 钢筋混凝土 45cm。

4. 浅埋段二次衬砌钢筋结构图识读

Ⅱ类围岩浅埋段二次衬砌钢筋结构图，如图 3-8 所示。该二次衬砌钢筋结构图由立面图、I—I、Ⅱ—Ⅱ、Ⅲ—Ⅲ断面图及 1～6 号钢筋的详图来共同表达二次衬砌钢筋的结构情况。另外，还有钢筋数量表及附注。

(1)立面图：由图可知隧道二次衬砌的断面轮廓及断面内钢筋布置情况，由 6 种钢筋组成，有拱圈部分的外圈主筋 1 和内圈主筋 2 及箍筋 5；有仰拱部分内圈主筋 3 和外圈主筋 4 及箍筋 6。各箍筋间距均为 40cm，每圈共有箍筋(29＋29＋32)根＝90 根。58 根 5 号箍筋，32 根 6 号箍筋，每延米有箍筋 2.5 圈，每延米共 145 根箍筋。主筋都是直径为 22mm 的 HRB335 钢筋，其他钢筋的尺寸与形状可见钢筋详图，不同位置的箍筋尺寸有所不同。

(2)断面图：由Ⅰ—Ⅰ和Ⅱ—Ⅱ断面图可知在拱圈顶部外圈主筋 1 和内圈主筋 2 之间的中心距为 35cm，混凝土保护层厚度为 5cm；在仰拱底部外圈主筋 4 和内圈主筋 3 之间的中心距为 27cm，混凝土保护层厚度为 5cm。结合Ⅲ—Ⅲ断面图还可以看到箍筋沿纵向(道路中心线方向)的分布情况，即第一圈箍筋与第一、第二、第三圈主筋绑扎在一起，第二圈箍筋与第三、第四、第五圈主筋绑扎在一起，以此类推。

5. 浅埋段钢拱架支撑构造图识读

Ⅱ类围岩浅埋段钢拱架支撑构造图，如图 3-9 所示。除立面图外，还有 A 部大样图、Ⅰ—Ⅰ断面图、Ⅱ—Ⅱ断面图、钢拱架纵向布置图及纵向联结筋大样图。

(1)由立面图可知每榀型钢分 6 段，段与段之间通过节点 A 连接在一起。由 A 部大样图、Ⅰ—Ⅰ、Ⅱ—Ⅱ断面图及附注中可以了解联结情况、工字钢断面尺寸、螺栓联结尺寸等。在每段工字钢端部焊接一块 300mm×250mm×20mm 钢板，两块钢板由四个螺栓连接后，骑缝处要焊接牢固。

(2)两榀钢拱架之间的纵向间距为 75cm，并在两榀钢拱架之间焊接有纵向联结钢筋 2，纵向联结钢筋 2 的环向距离为 100cm。从纵向联结筋大样图上可以看出纵向联结钢筋 2 为

HRB335 级钢筋，直径为 25mm，共 37 根。

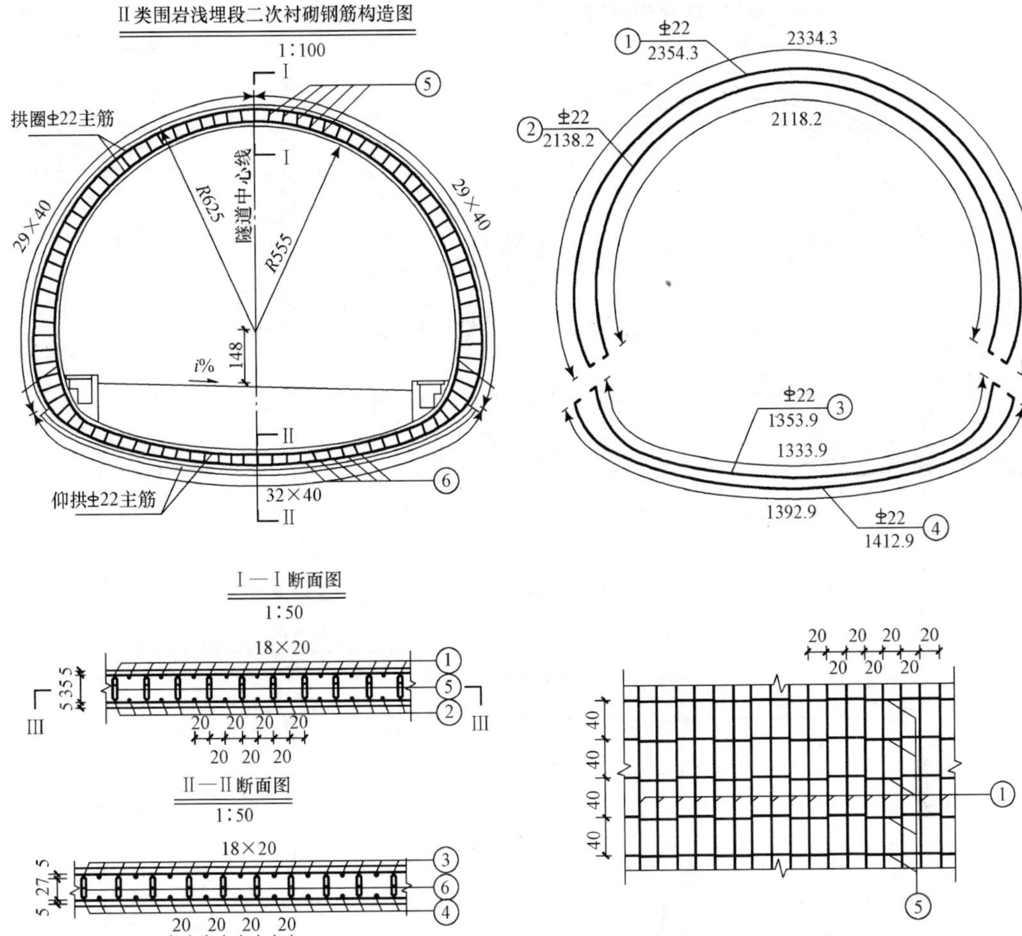

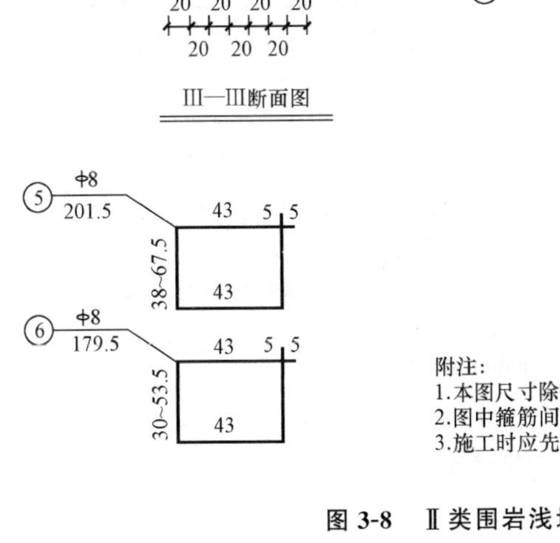

每延米衬砌钢筋数量表

序号	规格	每根长 /cm	每延米根数 /根	每延米总长 /m	质量 /kg	总质量 /kg
1	⏀22	2354.3	5	117.7	350.8	1081.6
2	⏀22	2138.2	5	106.9	318.6	
3	⏀22	1353.9	5	67.7	201.7	
4	⏀22	1412.9	5	70.6	210.5	
5	⏀8	201.5	145	292.2	115.4	172.1
6	⏀8	179.5	80	143.6	56.7	

附注：
1.本图尺寸除钢筋直径以毫米计外，其余均以厘米计。
2.图中箍筋间距为40cm，主筋混凝土保护层为5cm。
3.施工时应先做仰拱，仰拱主筋应预留出与拱圈主筋绑扎搭接长度80cm。

图 3-8　Ⅱ类围岩浅埋段二次衬砌钢筋结构图

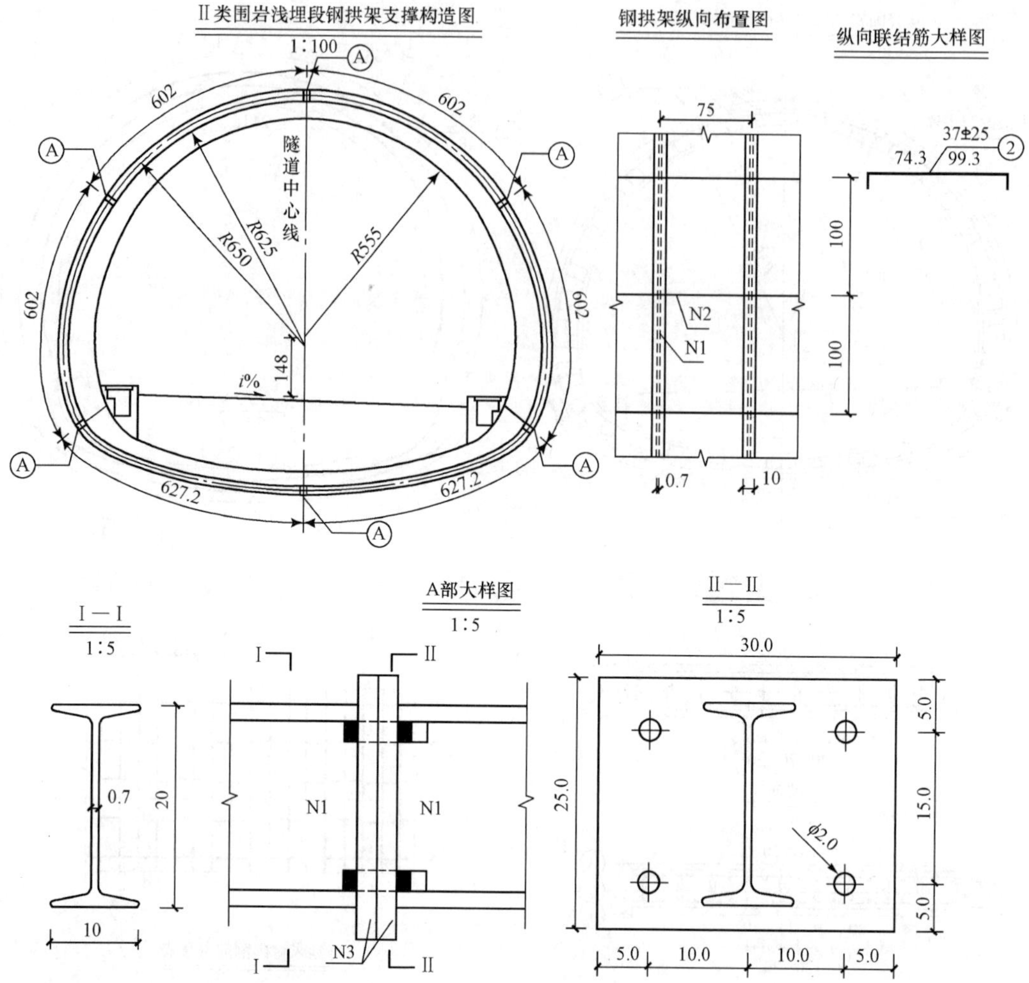

每榀钢支撑工程数量表

序号	材料	规格	单位	数量
1	型钢	I20a	kg	1021.8
2	钢筋	⌀25	kg	14.15
3	钢板	300mm×250mm×20mm	kg	14.14
4	螺栓	AM20×70	个	24
5	螺母	AM20	个	24

附注：

1.本图未标注单位的尺寸除钢筋直径以毫米计外，其余均以厘米计。

2.接点A处经螺栓拼接后，骑缝焊接牢固，焊接缝都应焊接饱满，不得有砂眼。

3.两榀钢拱架之间的联结筋N2，除一般情况下按图布设外，可视拱架具体稳定情况加设交叉联结筋。

4.每榀型钢分6段，施工时，每段长度可视具体情况作适当调整。

图 3-9　Ⅱ类围岩浅埋段钢拱架支撑构造图

第三节　隧道避车洞图

一、隧道避车洞概述

隧道避车洞是供行人和隧道维修人员及维修小车避让来往车辆而设置的，有大、小两种，它们沿路线方向交错设置在隧道两侧的边墙上。通常大避车洞每隔 150m 设置 1 个；小避车洞每隔 30m 设置 1 个。为了表示大、小避车洞的相互位置，采用位置布置图来表示。

二、隧道避车洞施工图的识读

隧道避车洞图包括纵剖面图、平面图、避车洞详图。

1. 纵剖面图

由于这种布置图图形比较简单，为了节省图幅，纵横方向可采用不同比例，纵方向常采用 1:2000，横方向常采用 1:200 等比例。

2. 平面图

平面图主要表示大、小避车洞的进深尺寸和形状，反映避车洞在整个隧道中的总体布置情况，如图 3-10 所示。

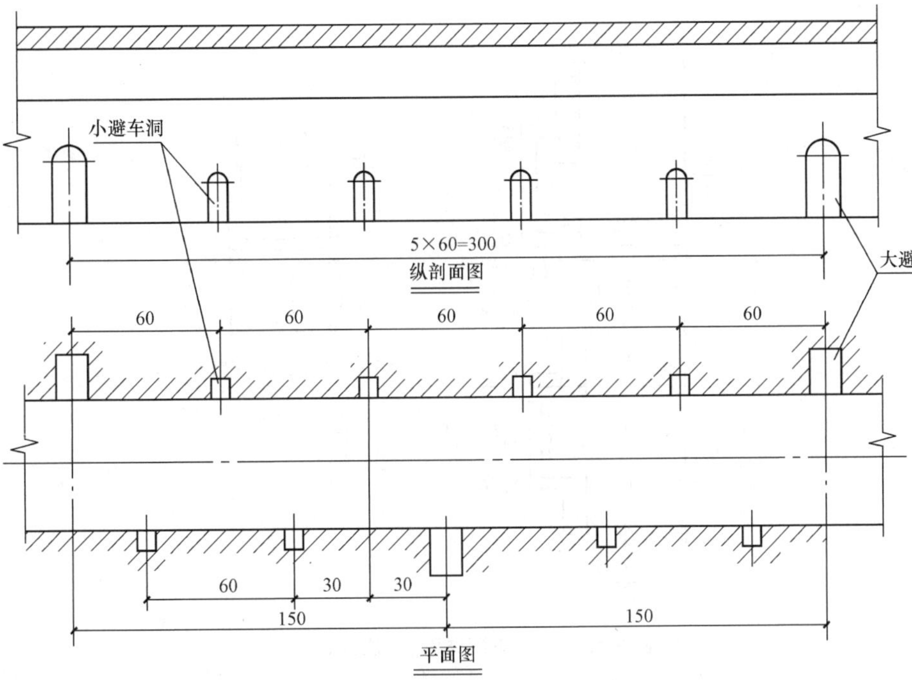

图 3-10　避车洞纵剖面图与平面图(单位:m)

3. 避车洞详图

如图 3-11 所示为大避车洞示意图。图 3-12 和图 3-13 则为大小避车洞详图，洞内底面两边做成斜坡以供排水之用。

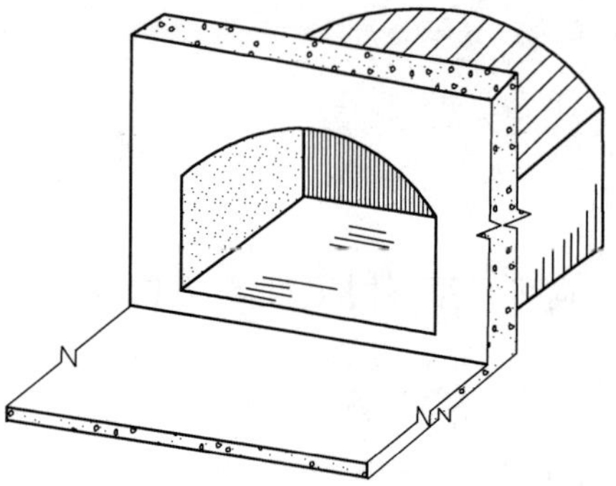

图 3-11　大避车洞示意图

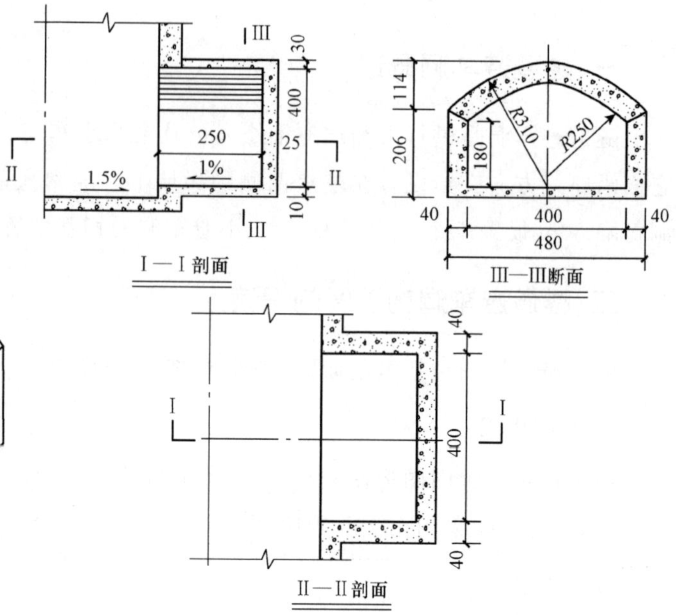

图 3-12　大避车洞详图(单位:cm)

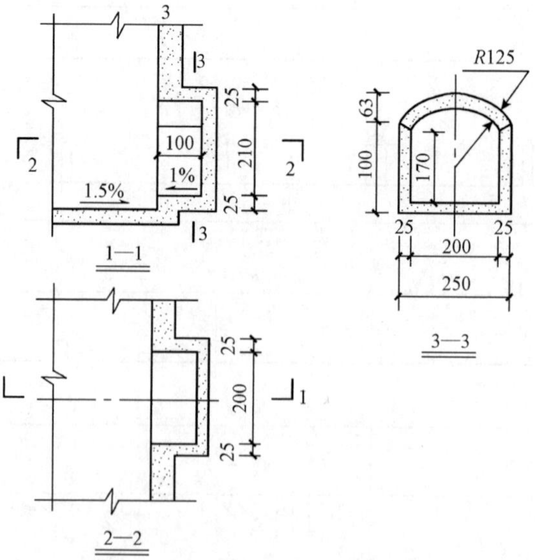

图 3-13　小避车洞详图(单位:cm)

第四章

涵洞与通道工程施工图

第一节 涵洞工程施工图

一、涵洞概述

1. 涵洞的概念

涵洞是用于宣泄路堤下水流的工程构筑物，是狭而长的构筑物，它从路面下方横穿过道路，埋置于路基土层中。涵洞与桥梁的作用基本相同，主要区别在于跨径的大小和填土的高度。根据《公路工程技术标准》中的规定，凡是单孔跨径小于 5m，多孔跨径总长小于 8m，以及圆管涵、箱涵，不论其管径或跨径大小、孔数多少均称为涵洞，涵洞顶上一般都有较厚的填土(洞顶填土大于 50cm)。

2. 涵洞的分类

(1)按构造形式分类，有管涵(通常为圆管涵)、拱涵、箱涵、盖板涵等，如图 4-1 所示。

(2)按建筑材料分类，有钢筋混凝土涵、混凝土涵、砖涵、石涵、木涵及金属涵等。

(3)按洞身断面形状分类，有圆形、卵形、拱形、梯形及矩形等。

(4)按孔数分类，有单孔、双孔及多孔等。

(5)按洞口形式分类，有一字墙式(端墙式)、八字墙式(翼墙式)、领圈式(平头式)及走廊式等。

(6)按洞顶有无覆盖土分类，可分为明涵和暗涵(洞顶填土大于 50cm)等。

3. 涵洞的组成

涵洞是由基础、洞身和洞口三部分组成的排水构筑物。如图 4-2 所示为圆管涵立体分解图。

(1)基础

基础修筑在地面以下，承受整个涵洞的重量，防止水流冲刷而造成的沉陷和坍塌，起保证涵洞稳定和牢固的作用。

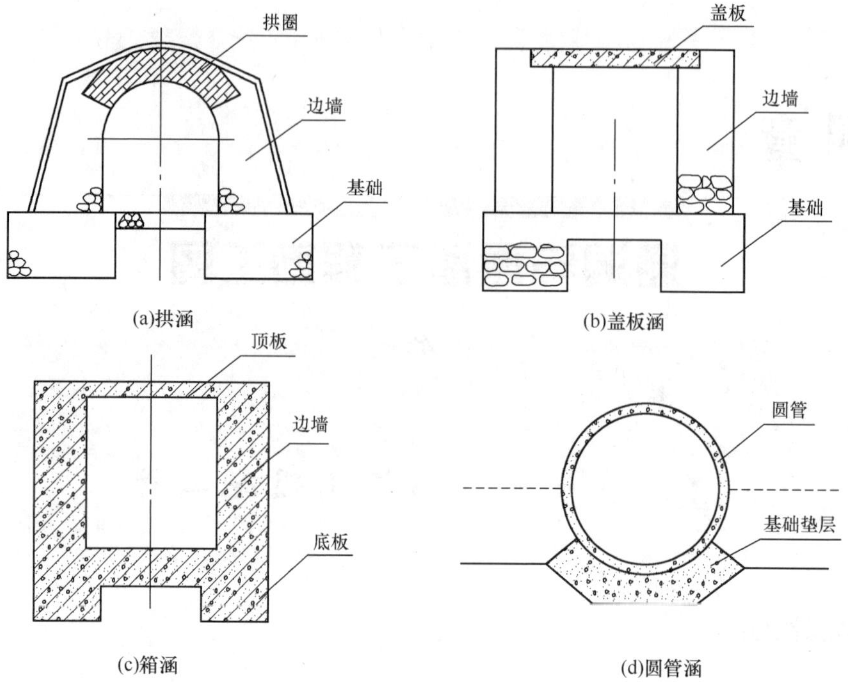

图 4-1　按涵洞构造形式分类

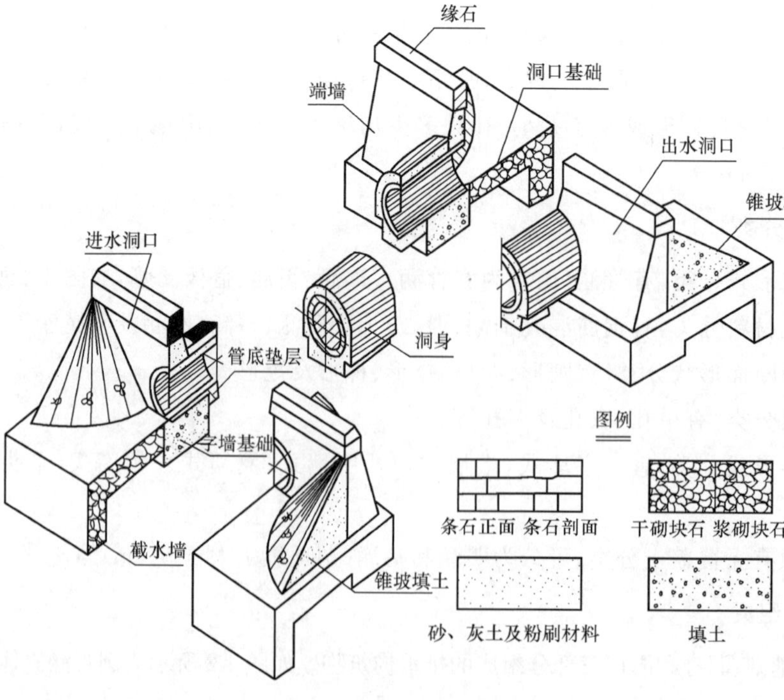

图 4-2　圆管涵立体分解图

(2)洞身

洞身是涵洞的主要组成部分,由若干管节组成。它一方面保证水流通过,另一方面直接承受荷载压力和填土压力并将压力传给基础。拱涵、盖板涵的洞身通常由承重结构(如拱圈、盖板等)、边墙、基础以及防水层、伸缩缝等部分组成。钢筋混凝土箱涵及圆管涵为封闭结构,边墙、盖板、基础连成整体,其涵身断面由箱节或管节组成。洞身的常见断面形式有圆形、拱形、箱形等。为了便于排水,涵洞洞身还应有适当的纵坡,最小坡度为 0.5%。

(3)洞口

洞口包括端墙、翼墙或护坡、截水墙和缘石等部分,是洞身、路基、河道三者的连接,起保证涵洞基础和两侧路基免受冲刷,使水流顺畅的作用。位于涵洞上游的洞口称进水口,位于涵洞口下游的洞口称出水口。

如图 4-3 所示,常用的洞口方式有四种:端墙式,又名一字墙式;翼墙式,又名八字墙式;走廊式;平头式。

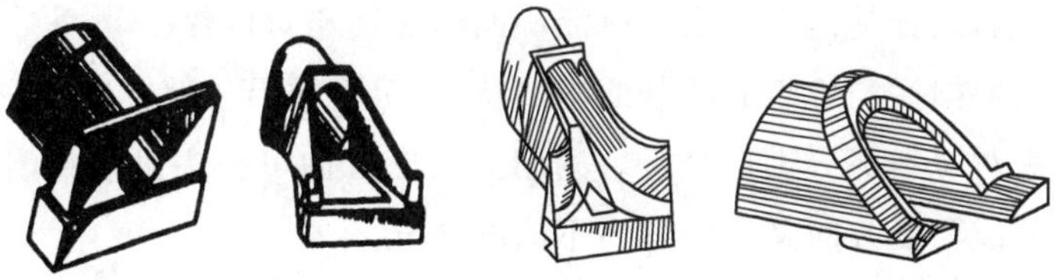

(a)端墙式 (b)翼墙式 (c)走廊式 (d)平头式

图 4-3 常用的洞口方式

二、涵洞工程图概述

1. 涵洞工程图的表达内容

涵洞从路面下方穿过道路;埋置于路基土层中,尽管涵洞的种类很多,但表达方法基本相同。涵洞工程图主要由立面图(纵剖面图)、平面图、侧面图和必要的构造详图(如涵身断面图、构件钢筋结构图、翼墙断面图)、工程数量表、附注等组成,各种图形表达涵洞的结构形状及尺寸,工程数量表给出全涵各构件的材料及数量,附注说明一些图中无法表达的内容,如尺寸单位、施工方法和注意事项等。

2. 涵洞工程图的表达特点

(1)在图示表达时,涵洞工程图以水流方向为纵向,即与路线前进方向垂直布置,并以纵剖面图代替立面图,剖切平面通过涵洞轴线,如立面图是通过圆管涵轴线的纵向剖面图。

(2)平面图一般不考虑涵洞上方的覆土,或假想土层是透明的。平面图上有时不画出洞身基础的投影,而在立面图和断面图中表达,如平面图中把土层看成是透明的。在平面图中没有画出基础及砂砾垫层的投影。

(3)洞口正面布置图在侧面投影图位置作为侧面图,当进、出水洞口形状不一样时,则需分别画出其进、出水洞口布置图。如侧面投影是洞口正面图。

(4)洞身断面图、钢筋布置图、翼墙断面图等也可能在另一张图中表达。涵洞体积较桥梁小,故画图所选用的比例较桥梁图稍大。

三、涵洞工程图的识读

涵洞种类多种多样,其结构形式各不相同。阅读涵洞工程图的基本方法是:先概括了解,后深入细读;先整体、后局部,再综合起来想象整体。

1. 涵洞工程图的识读方法

(1)概括了解

1)从标题栏、角标及图样上的注释中了解名称、尺寸单位、涵洞所处的位置(里程桩号)及有关要求。

2)了解涵洞采用了哪些基本的表达方法,采用了哪些特殊的表达方去,各剖面图、断面图的剖切位置和投影方向,各投影图的主要作用。然后,以一个形状位置特征较明显或结构关系较清楚的投影图为主,结合其他投影图了解涵洞的组成及相对位置。

(2)形体分析。根据涵洞各组成部分的构造特点,可把它沿长度方向分成几段或沿宽度方向分为几部分,然后对每一部分进行分析。涵洞沿长度方向可分为进洞口、出洞口、洞身三部分,每一部分沿宽度或高度方向又可以分为不同的部分。

(3)综合起来想整体。在分析的基础上,对照涵洞的各投影图、剖面图、断面图、局部放大图等全面综合,明确各组成部分之间的关系,考虑涵洞图的特点,想象出整体。在读图过程中要结合材料表和注释认真阅读。

2. 盖板涵构造图识读

钢筋混凝土盖板涵洞的构造组成主要包括三大部分:洞身、洞口、基础。洞身部分是由洞底铺砌、侧墙及基础、钢筋混凝土盖板组成;洞口部分由缘石、翼墙及基础、洞口水坡、截水墙组成。钢筋混凝土盖板涵工程图主要有盖板涵一般构造图、构件一般构造图、构件钢筋结构图等。

钢筋混凝土单孔盖板涵立体图,如图 4-4 所示。

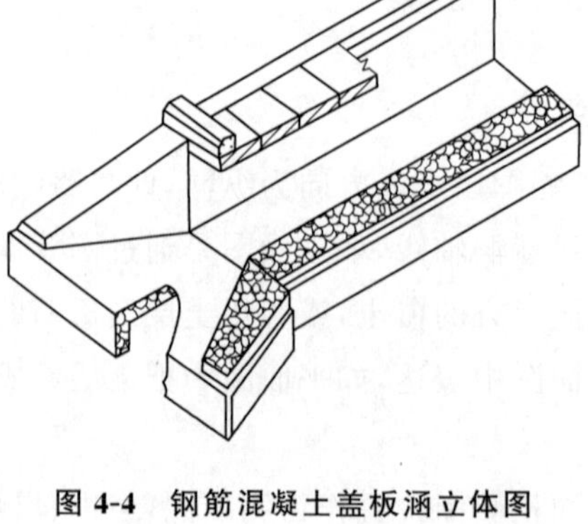

图 4-4 钢筋混凝土盖板涵立体图

钢筋混凝土盖板涵洞布置图如图 4-5 所示。该涵顶无覆土为明涵洞,其路基宽 1200cm,

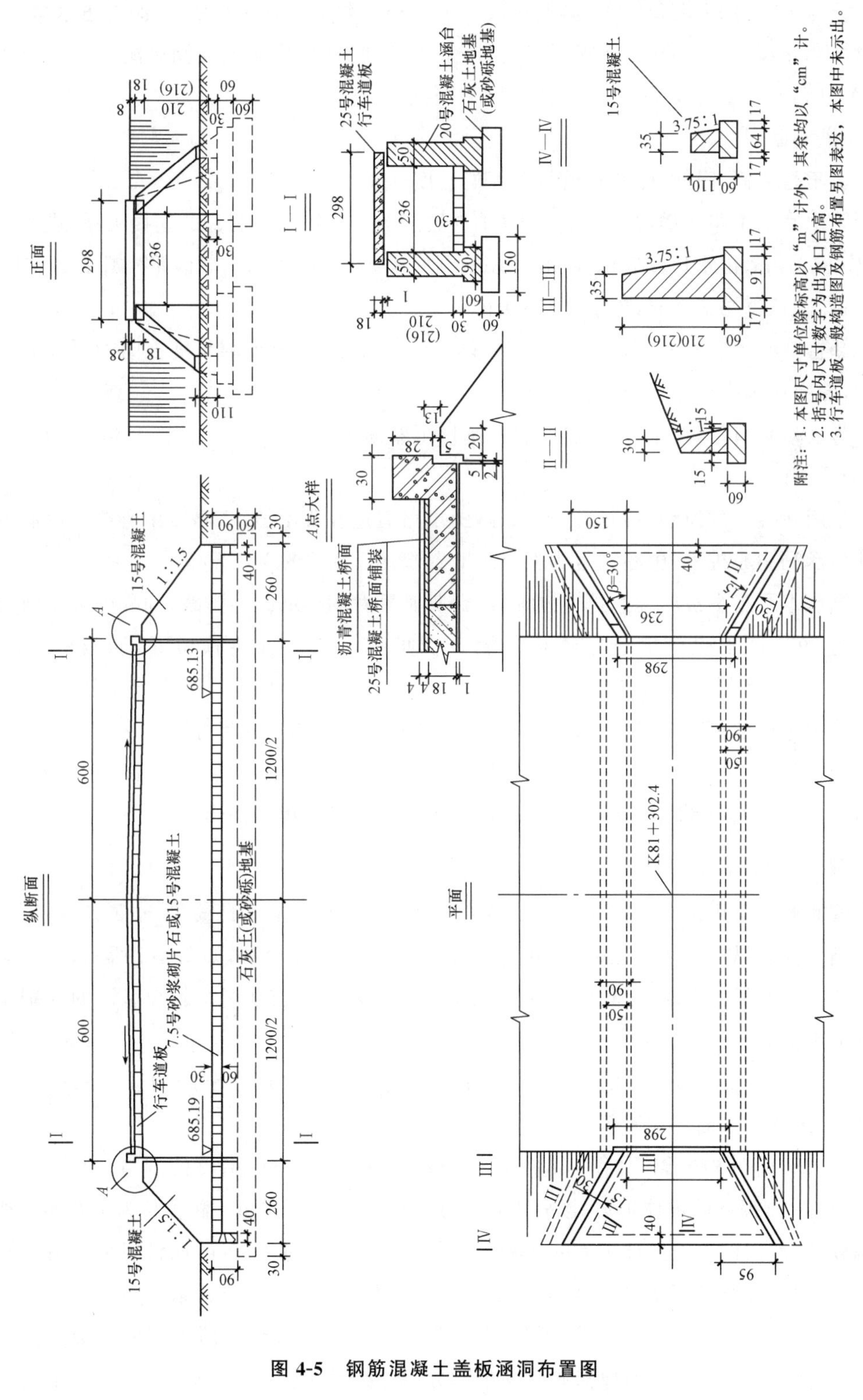

图 4-5　钢筋混凝土盖板涵洞布置图

即涵身长为12m,加上洞口铺砌,涵洞总长为17.20m,洞口两侧为八字墙,洞高进水口210cm,出水口216cm,跨径300cm。在视图表达时,采用纵剖面图、平面图及涵洞洞口正立面作为侧面图,配以必要的涵身及洞口翼墙断面图等来表示。

(1)纵剖面图

1)由于是明涵,因此,路基宽就是盖板的长度。

2)图中表示了路面横坡以及带有1∶1.5坡度的八字翼墙和洞身的连接关系,进水口涵底的标高685.19m,出水口涵底标高685.13m,洞底砌厚30cm的M7.5砂浆砌片石或C15混凝土,洞口铺砌长每端260cm,挡水坎深90cm。

3)涵台基础另有60cm厚石灰土(或砂砾)地基处理层。各细部长度方向的尺寸亦作了明确表示,图中还画出了原地面线。

4)为表达更清楚,在Ⅰ—Ⅰ位置剖切,画出了断面图。

(2)平面图

1)采用断裂线截掉涵身两侧以外部分,画出路肩边缘及示坡线,路线中心线与涵洞轴线的交点即为涵洞中心桩号,中心桩号为K81+302.4,涵台台身宽为50cm。

2)涵台水平投影被路堤遮挡应画虚线,台身基础宽为90cm,为虚线,同样能够反映出涵洞的跨径为298cm,加之两侧行车道板与涵台台身有1.0cm安装预留缝,涵洞的标准跨径为300cm。

3)从图中可清晰看出进出水口的八字翼墙及其基础投影后的尺寸。

(3)侧面图。侧面图反映了洞高和净跨径236cm,同时反映出缘石、盖板、八字墙、基础等的相对位置和它们的侧面形状,这里地面以下不可见线条以虚线画出。

3. 端墙式圆管涵构造图识读

圆管涵洞身是用预制的钢筋混凝土连接而成的。这种涵洞构造简单,施工方便,所以应用比较普遍。涵洞纵向轴线与道路中心线垂直相交时称为正交涵洞,如图4-6所示;当涵洞纵向轴线与道路中心线斜交时,则称斜交涵洞,如图4-7所示。正交涵洞与斜交涵洞的区别主要是洞口构造不同。

立交涵洞以道路中心线和涵洞轴线为两个对称轴线,所以,涵洞的构造图采用半纵剖面图、半平面图和侧立面图来表示。

端墙式圆管涵构造图,如图4-8所示。洞口为端墙式洞口,端墙的洞口两侧有30cm厚M5.0砂浆片石铺面的锥体护坡,涵管内径为ϕ100cm,壁厚为8cm。涵管长为1060cm,加两侧洞口铺砌长,涵洞的总长共计1500cm,涵管管节可用200cm或150cm两种规格。由于其构造对称,故采用1/2纵剖面图、1/4平面图、1/2侧面图和1/2横剖面图来表示。

(1)半纵剖面图是假设用一垂直剖切平面将涵洞沿涵轴线剖切所得到的剖面图。因为涵洞是对称于道路中心线的,所以只画出左半部分,称为半纵剖面图。从图4-8中图示内容可以看出:

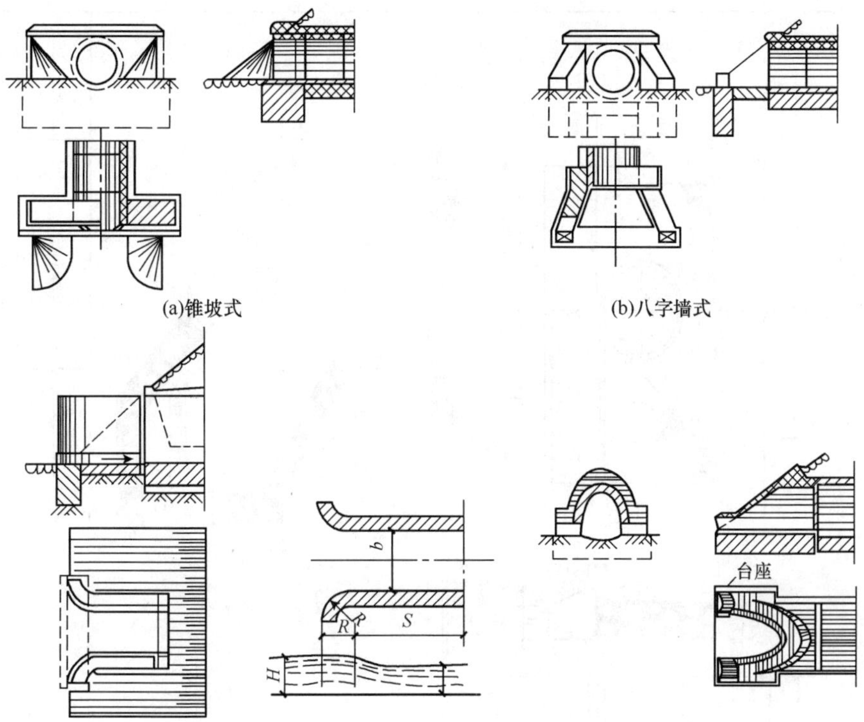

(a)锥坡式　(b)八字墙式

(c)走廊式　(d)平头式

图 4-6　正交涵洞的洞口

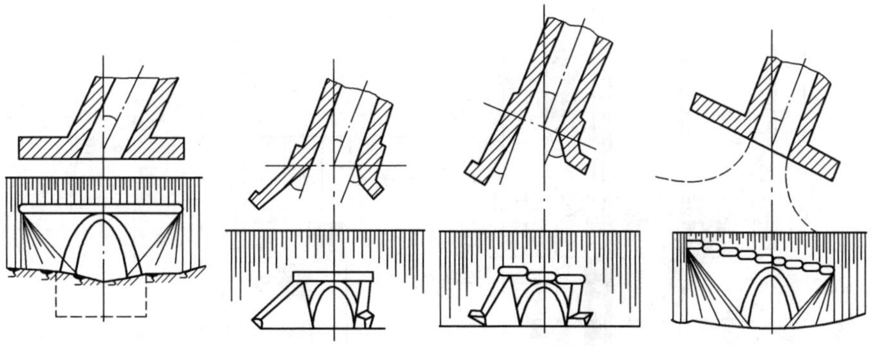

(a)锥坡式　(b)八字墙式　(c)八字墙式　(c)锥坡式

图 4-7　斜交涵洞的洞口

1)用建筑材料图例分别表示各构造部分的剖切断面及使用材料，如钢筋混凝土圆管管壁、洞身及端墙的基础、洞身保护层、覆土情况以及端墙、缘石、截水墙、洞口水坡等，并用粗实线图示各部分剖切截面的轮廓线。

2)图中表示出涵洞各部分的相对位置、形状和尺寸，如管壁厚度、管节长度、覆土厚度、路基横坡及进出水口涵底的标高等。

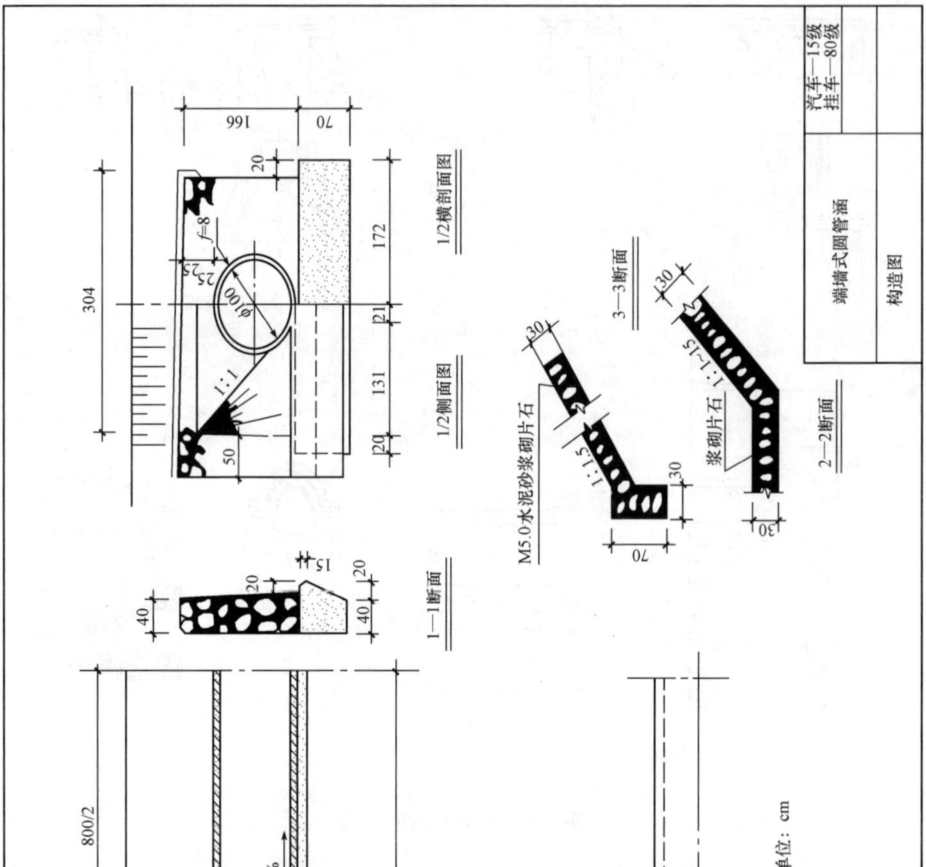

图 4-8　钢筋混凝土端墙式圆管涵构造图

3)圆管涵洞设计流水坡度为1%,洞底铺砌厚为15cm,路基覆土厚为110cm,路基宽度为800cm,锥体护坡顺水方向的坡度与路基边坡一致,为1∶1.5,顺路线方向为1∶1。

(2)1/4平面图是对涵洞进行水平投影所得到的图样。它与纵剖面图对应,画出路基边缘线及示坡线,图中虚线为涵管内壁及涵管基础的投影线,进水口表示端墙的水平投影及沿路线纵向与锥形护坡的连接关系,并对洞口基础、端墙和锥坡的平面形状、尺寸详细化。

(3)1/2侧面图和1/2横剖面图中表示出了管径、壁厚、洞口形式及尺寸。I—I断面表示出了端墙的构造与详细尺寸,Ⅱ—Ⅱ断面和Ⅲ—Ⅲ断面表示了锥形护坡的横向坡度和边坡的铺砌宽度。视图处理上,把土壤作为透明体,使埋入土体的洞口部分墙身及基础表达更为清晰。

(4)混凝土圆管管节及混凝土圆管钢筋图,由于图面有限,本图未表示出预制管节的接头方式和要求、管节钢筋构造图、管节工程数量及基础、洞口等工程数量。

4. 双孔圆管涵构造图识读

钢筋混凝土圆管涵工程图主要由圆管涵一般构造图、圆管涵管节钢筋构造图、管节接头及沉降缝构造图等组成。

(1)双孔圆管涵的组成形式。根据双孔圆管涵的立面图、平面图、侧面图可知其组成形式,如图4-9所示。

1)路基:宽度2550cm。洞顶填土厚度为2180cm,由于路基太高使圆管长度及洞顶填土高度远远大于圆管管径,所以图中的管长及洞顶填土部分的尺寸没有按比例画出。路基边坡分为两段,上面部分坡度为1∶1.5,下面部分坡度为1∶2,在两坡面之间有500cm宽的平台,该平台距路面高度方向的尺寸为800cm。

2)洞身:涵管管径150cm,管壁厚20cm,涵管长为(5620+5850)cm=11470cm,两管之间的中心距为240cm。洞底砂砾垫层厚50cm,混凝土管基厚50cm,设计流水坡度1%。综合分析洞身断面大样图、工程数量表及注释,可以确定洞身的断面形状、详细尺寸、材料及施工注意事项。

3)洞口:进洞口、出洞口均采用端墙式洞口,由端墙、端墙基础、缘石(墙帽)、护坡、洞口铺砌及截水墙组成。锥形护坡锥底椭圆长轴半径为340cm,短轴半径为170cm,护坡高度为170cm。锥形护坡纵向坡度为1∶2,与下段路基坡度一致,横向坡度为1∶1。截水墙厚40cm,长642cm,高120cm。由侧面图中的虚线可知截水墙全部被埋置在土中。端墙高170cm,长642cm,厚60cm。端墙基础的长度为662cm,高度为40cm,厚度为(60+10×2)cm=80cm。缘石(墙帽)为长652cm,厚35cm,高20cm的长方体,缘石上部洞口方向及两侧的棱被斜截面截切,形成5cm×5cm的倒角。从立面图和工程数量表中可以看出护坡表层是30cm厚的M5浆砌片石,护坡锥心是填土;洞口铺砌及截水墙都是M7.5浆砌片石砌成;端墙及端墙基础均为C20混凝土浇筑而成;缘石(墙帽)由C25混凝土浇筑而成。

(2)双孔圆管涵构造图。双孔圆管涵构造图采用立面图、平面图、侧面图(洞口正立面图)、

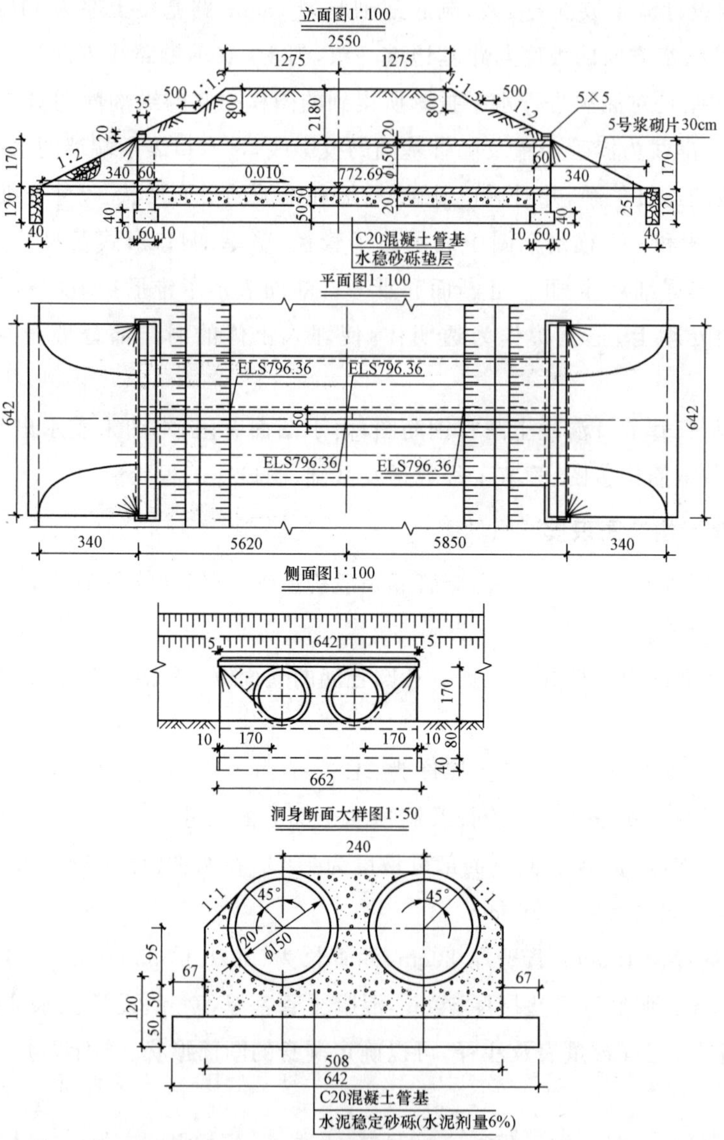

工程数量表

工程项目名称	单位	数量	工程项目名称	单位	数量
C20混凝土端墙墙身	m^3	12.19	M7.5浆砌片石隔水墙	m^3	6.16
C20混凝土端墙基础	m^3	3.18	M5浆砌片石锥坡	m^3	4.75
C20混凝土管基	m^3	851.46	锥心填土	m^3	5.54
C25混凝土墙帽	m^3	0.90	2m管节个数	个	57
水稳砂砾垫层	m^3	815.35	0.5m管节个数	个	2
M7.5浆砌片石洞口铺砌	m^3	5.53	基底强夯	m^3	815.35

附注：
1.本图尺寸除标高以米计外，其余均以厘米计。
2.涵洞全长范围内每10m设沉降缝1道。
3.管基混凝土可分两次浇筑，先浇筑底下部分，预留管基厚度及安放管节座浆混凝土2~3cm，待安放管节后再浇筑管底以上部分。
4.ELS表示道路中心线设计标高，ELC表示路基边缘设计标高。

图 4-9　双孔圆管涵构造图

洞身断面大样图及工程数量表来表达，如图 4-9 所示。

1)立面图采用沿涵管中心线的剖切形式，图中表示出涵洞各部分的相对位置和构造形状。

2)平面图表达了圆管洞身、洞口铺砌、锥形护坡、缘石、端墙及端墙基础的平面形状及它们之间的相对位置，在平面图中涵顶覆土作透明处理，用示坡线表示路基边坡。同时，还标出涵洞中心处道路中心线设计标高为 796.36m，路基边缘设计标高为 796.36m。

3)侧面图采用洞口正面图来表示，主要表示洞口缘石和锥形护坡的侧面形状及尺寸。

4)洞身断面大样图采用 1∶50 的比例，图中表示出了洞身基础、砂砾垫层的详细尺寸，并把各部分的材料表示了出来。

5. 石拱涵构造图识读

石拱涵由涵台、台墙基础、主拱圈和洞口侧墙及八字翼墙等组成。其视图常包括剖面图、平面图、立面图等。

单孔石拱涵立体图如图 4-10 所示，其构造图如图 4-11 所示，涵洞洞身长 900cm。

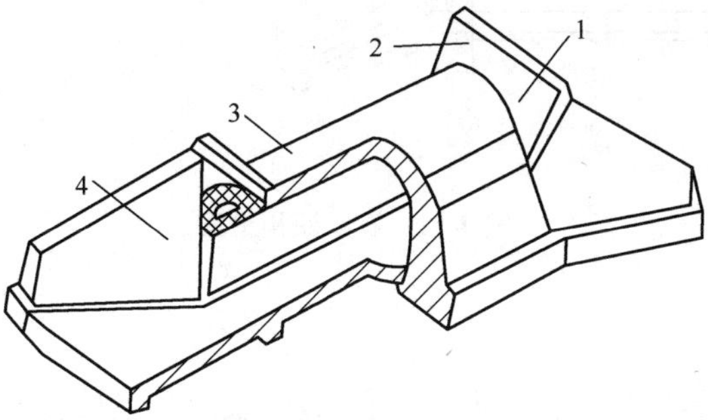

图 4-10　石拱涵立体图

1—洞身和侧墙的交线；2—石拱涵侧墙；3—拱圈；4—八字翼墙

(1)纵剖面图如图 4-11 所示。沿涵洞纵向轴线进行全剖，表达了洞身的内部结构、洞高、洞长、翼墙坡度、基础纵向形状和洞底流水坡度。为了显示拱底为圆柱面，每层拱圈石投影的厚度不一，下疏而上密。在路基顶部示出了路面断面形状，但未注出尺寸。

(2)立面图主要表达的是洞身内部结构，包括洞高、半洞长、基础形状、截水墙等形状，本图的特点在于拱顶与拱顶上的两端侧墙的交线均为椭圆弧，画椭圆时，这一交线须按投影关系绘出。从图 4-11 还可看出，八字翼墙与上述盖板涵有所不同，盖板涵的翼墙是单面斜坡，端部为侧平面，而本图则是两面斜坡，端部为铅垂面。

(3)侧面图采用了半侧面图和半横剖面图，半侧面图反映洞身拱顶洞底、基础的结构、材料及尺寸，同时也表达了洞身与基础的连接方式。从图上还可看出洞口顶面的构造是一个曲面。当涵洞在两孔或两孔以上或者跨径较大时，也可选取洞口作为立面图。

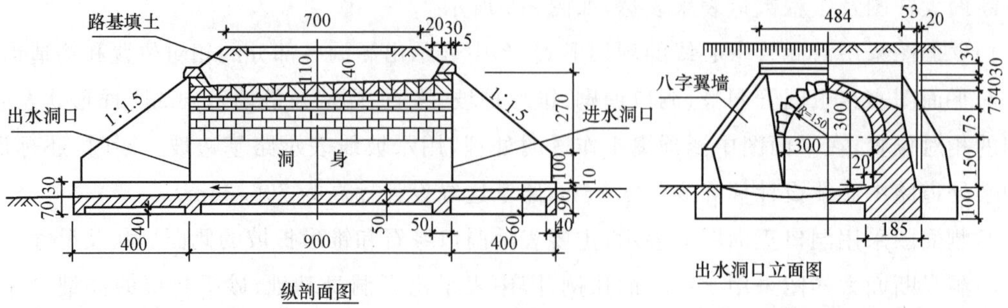

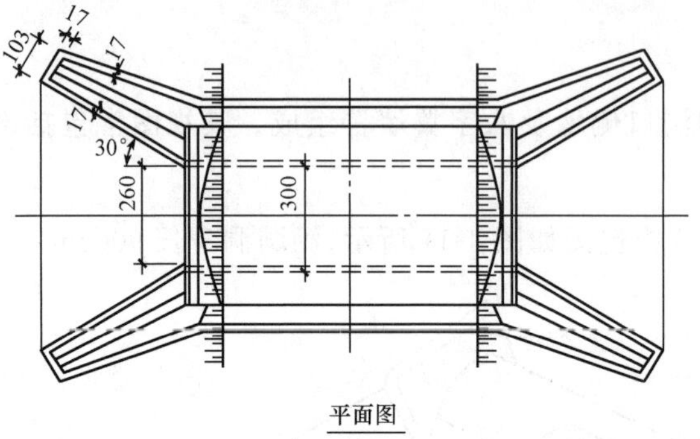

注：1.本图尺寸以cm计。
2.石料强度拱圈35号，其他均可用25号。

图 4-11　石拱涵构造图

第二节　通道工程施工图

一、通道施工图概述

因为城市过街通道工程的跨径较小，故视图处理及投影特点与涵洞工程图基本相同。所以，一般是以过街通道洞身轴线作为纵轴，立面图以纵断面表示；水平投影则以平面图的形式表达，投影过程中同时连同通道支线道路一起投影，从而比较完整地描述了通道的结构布置情况。图 4-12 所示为某过街通道布置图。

二、通道施工图的识读

1. 立面图

(1)如图 4-12 所示，立面图用纵断面取而代之，高速公路路面宽 26m，边坡采用 1∶2，通道净高 3m，长 26m，与高速路同宽，属明涵形式。

(2)洞口为八字墙，为顺接支线原路及外形线条流畅，采用倒八字翼墙，既起到挡土防护作用，又保证了美观。

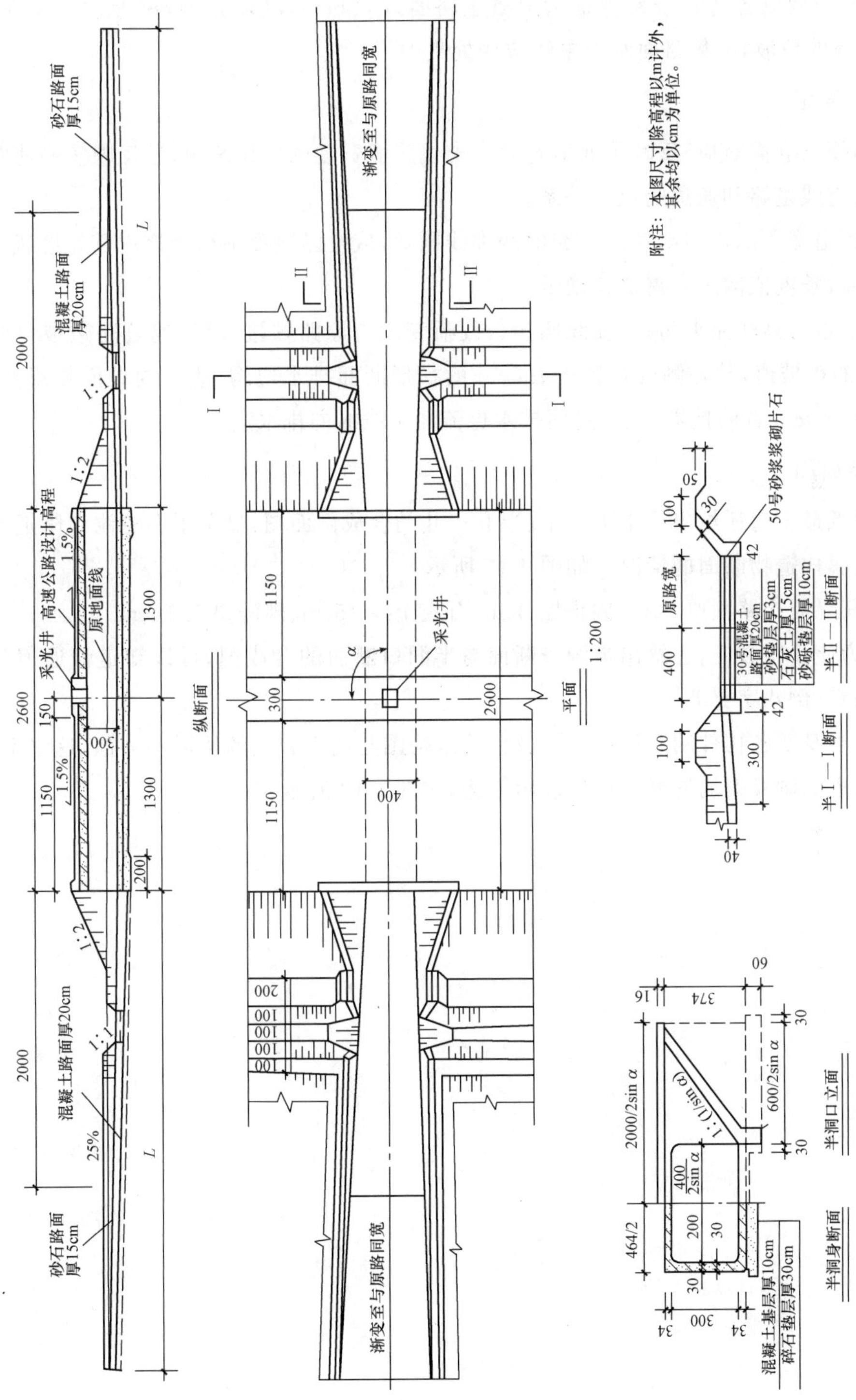

图 4-12　某城市的过节通道布置图

(3)洞口两侧各 20m 支线路面为混凝土路面,厚 20cm,以外为 15cm 厚砂石路面,支线纵向用 2.5%的单坡,汇集路面水于主线边沟处集中。

2. 平面图

平面图与立面对应,反映了通道宽度与支线路面宽度的变化情况,还反映了高速路的路面宽度及与支线道路和通道的位置关系。

(1)通道宽 4m,即与高速路正交的两虚线同宽,依投影原理画出通道内壁轮廓线。通道帽石宽 50cm,长度依倒八字翼墙长确定。

(2)通道与高速路夹角口,支线两洞口设渐变段与原路顺接,沿高速公路边坡角两边各留出 2m 宽的护坡道,其外侧设有底宽 100cm 的梯形断面排水边沟,边沟内坡面投影宽 100cm,最外侧设 100cm 宽的挡堤,支线路面排水也流向主线纵向排水边沟。

3. 断面图

在图纸最下边还给出了半Ⅰ—Ⅰ、半Ⅱ—Ⅱ的合成剖面图,显示了右侧洞口附近剖切支线路面及附属构造物断面的情况。如图 4-12 所示。

(1)其混凝土路面厚 20m、砂垫层 3cm、石灰土厚 15cm、砂砾垫层 10cm。

(2)为使读图方便,还给出半洞身断面与半洞口断面的合成图,可以知道该通道为钢筋混凝土涵洞身,倒八字翼墙。

通道洞身及各构件的一般构造图及钢筋结构图与前面介绍的桥涵图类似,这里不再重述。该过街通道的洞身钢筋混凝土构造表示方法,如图 4-13 所示。

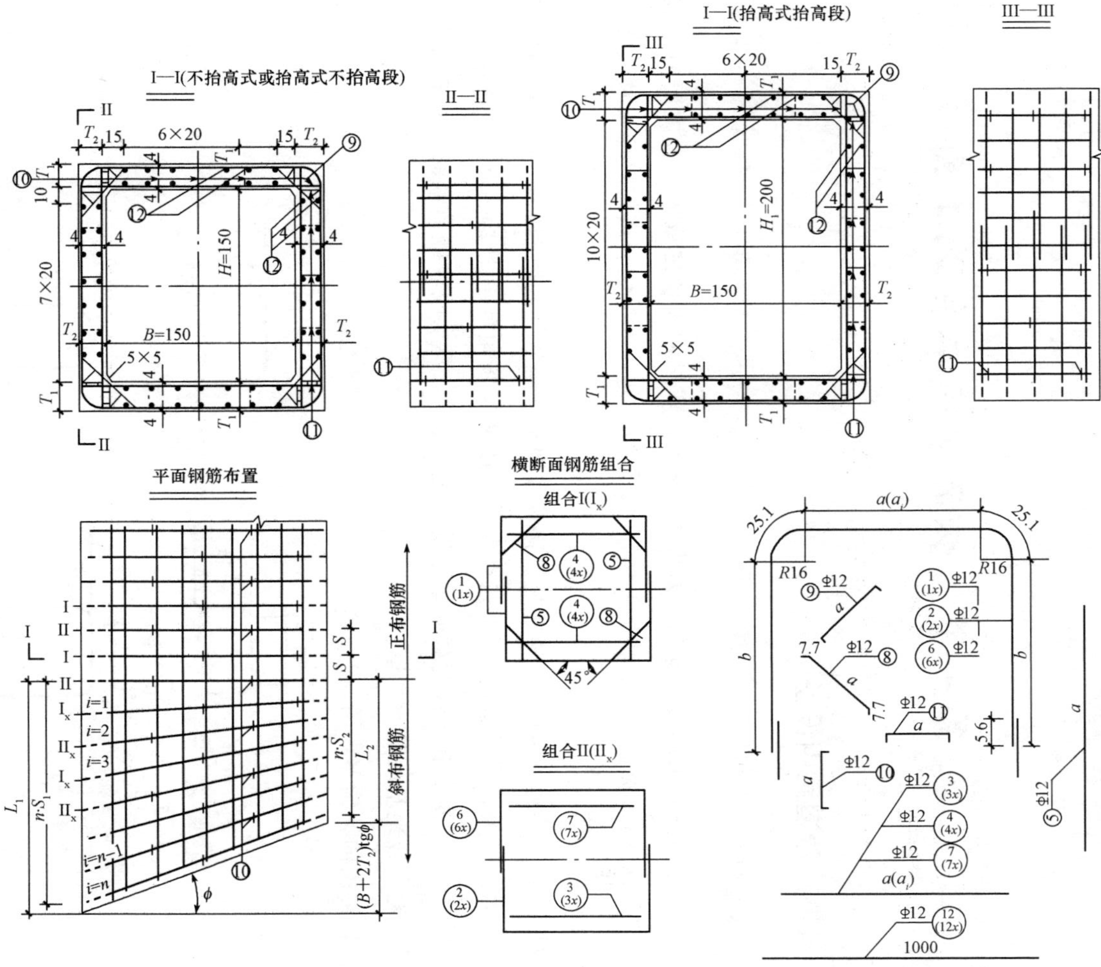

图 4-13　过街通道的钢筋混凝土结构图

正布钢筋尺寸表

型式部及位	钢筋号	钢筋尺寸(cm) \ 箱壁厚(cm) \ 涵顶填土(m)	0.5~4.0 T_1=20 T_2=20
不高抬式高不式抬或高抬段	1，2，6	a	150
		b	103
	3，4，7	a	186
	5	a	186
	8	a	44.2
	9	a	15.9
	10	a	15.9
	11	a	13.3
抬抬高高式段	1，2，6	a	150
		a	128
	5	a	236
	3,4,7,8,9,10,11号钢筋网不抬高段		

附注：
1.图中尺寸除钢筋直径以“mm”计外，余均以“cm”为单位。
2.本图表示同一净空箱涵的进水口为抬高式和不抬高式的正涵和斜涵的涵身构造。钢筋组合代号I、II表示正布钢筋，I、II表示斜布钢筋。只标一个不带脚码编号的钢筋，表示斜布钢筋与正布钢筋尺寸相同；标有不带脚码和带有脚码两个编号的钢筋表示斜布钢筋与正布钢筋尺寸有区别(图中斜布钢筋的编号和尺寸分别带有脚码x和i，并均加有括号)。除钢筋大样中已标的尺寸外，正布钢筋尺寸见本图“正布钢筋尺寸表”。
3.角隅处的9号钢筋仅在组合I或I_x布设。
4.两种钢筋组合按图示次序排列：在洞口和变形缝附近应适当调整数排钢筋的间距、并将边排换成组合I或I_x。

第五章

供热与燃气管道工程施工图

第一节　供热管道工程施工图

一、供热管道常用设备

1. 补偿器

为了防止供热管道随着所输送热媒温度升高，出现热伸长现象或由于温度应力引起管道变形或破裂，必须在管道上设置各种补偿器（或称伸缩器），以补偿管道的热伸长及减弱或消除因热膨胀而产生的应力。

波形补偿器的适用范围为：变形与位移量大而空间位置受到限制的管道；变形与位移量大而工作压力低的大直径管道；由于工艺操作条件或从经济角度考虑要求阻力降和湍流程度尽可能小的管道；需要限制接管荷载的敏感设备进口管道；要求吸收隔离高频机械振动的管道；考虑吸收地震或地基沉陷的管道。

各种常用的补偿器如图 5-1～图 5-4 所示。

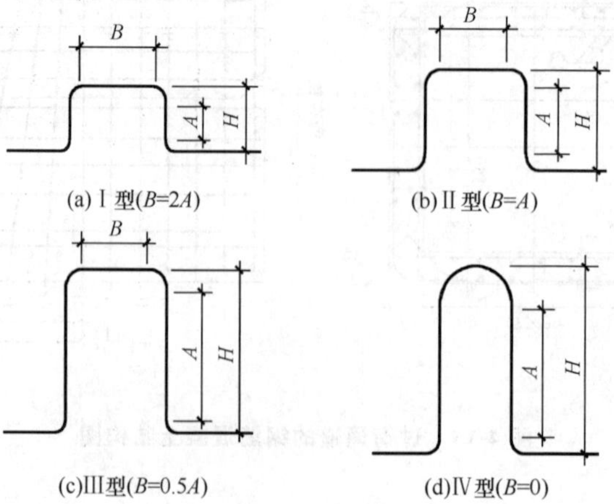

图 5-1　方形补偿器

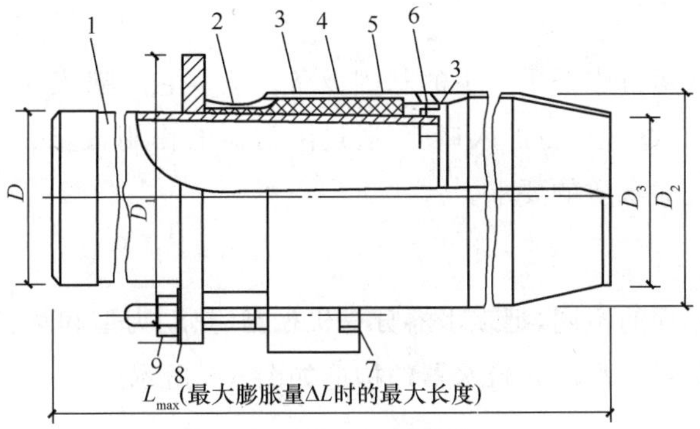

图 5-2　套筒补偿器

1—套管；2—前压兰；3—壳体；4—填料圈；5—后压兰；6—防脱肩；7—T 形螺栓；8—垫圈；9—螺母

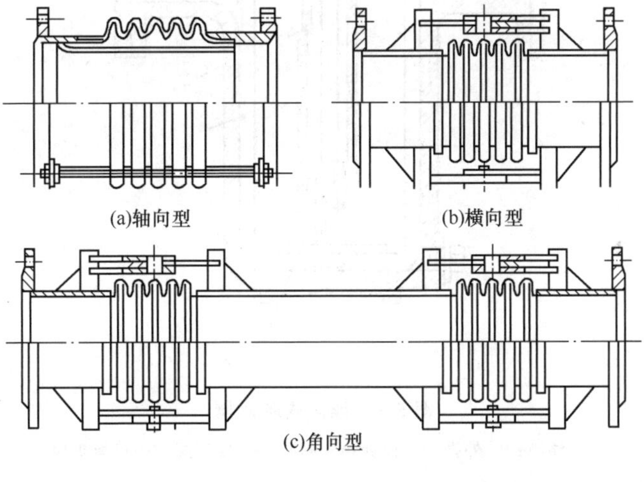

图 5-3　波形补偿器结构形式示意图

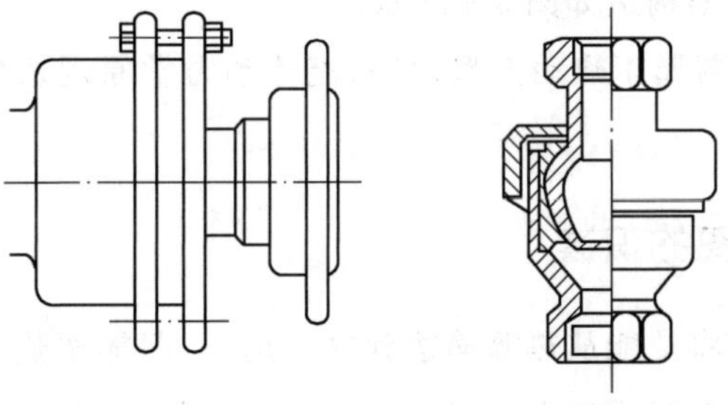

图 5-4　球形补偿器

2. 除污器

除污器是热力管网运行中必不可少的基础设备之一。它一般安装在供热系统的锅炉、循环泵、板式(或管式)换热器等设备的入口前,通过除污器的作用,过滤和清除掉供热管网中的杂质、污物,以保证系统对水质的要求。

3. 疏水器

根据疏水器作用原理的不同,把疏水器分为机械型、热动力型和热静力型三大类。机械型又可分为浮筒式和吊筒式。浮筒式疏水器的构造如图 5-5 所示。

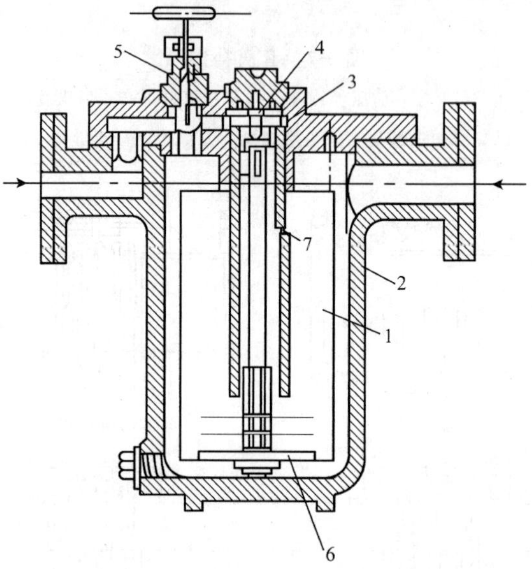

图 5-5 浮筒式疏水器

1—浮筒;2—外壳;3—顶针;4—阀孔;5—放气阀;6—可换重块

吊筒式比浮筒式体积小、质量轻、筒内不积沉渣、容易排出空气。但它的杠杆仍易失灵,维修量较大。吊筒式疏水器的构造如图 5-6 所示。

如图 5-7 所示的疏水器属于热动力型,是靠流体动力学原理来自动启闭凝水排孔的一种疏水器。

二、供热管道安装图的识读

热力管道是利用热媒将热能从热源输送到热力用户,即输送热媒的管道。热媒主要有热水和蒸汽两种。热水传导和对流使自身温度降低而释放热能,蒸汽主要通过凝结放出热量。

1. 管沟敷设

根据管沟内人行通道的设置情况,分为通行管沟、半通行管沟和不通行管沟。

(1)通行管沟。当管道数目较多(超过 6 根时),或管道在地沟内任一侧的排列高度(保温层计算在内)大于或等于 1.5m 时可设通行地沟。通行地沟的截面尺寸大,检修通行方便。在整体浇筑的钢筋混凝土通行地沟内每隔一定长度应有安装孔,如图 5-8 所示。

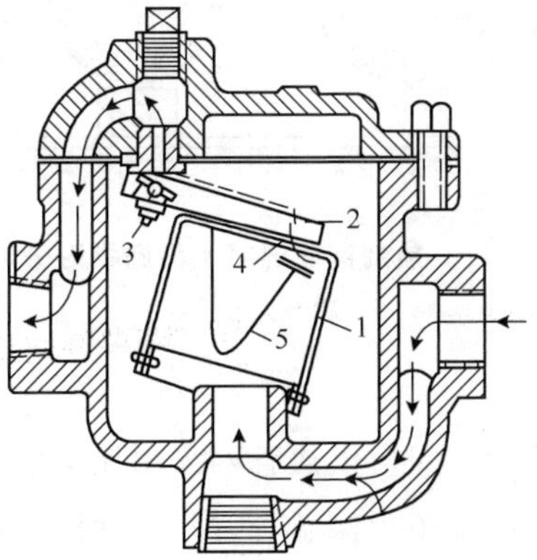

图 5-6　吊筒式疏水器

1—吊筒;2—杠杆;3—珠阀;
4—快速排水孔;5—双金属弹簧片

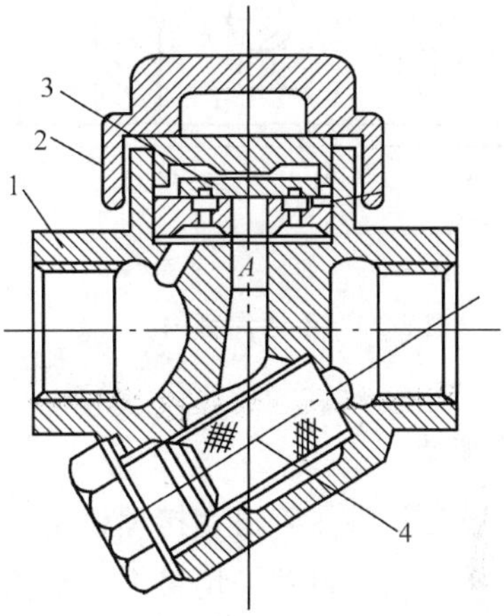

图 5-7　热动力型输水渠

1—阀体;2—阀片;3—阀盖;4—过滤器

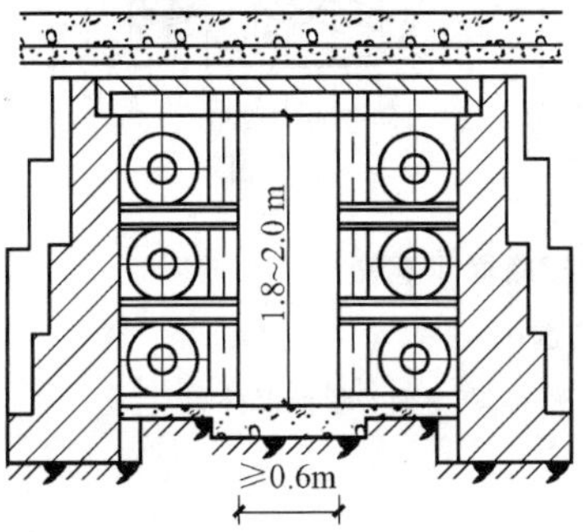

图 5-8　通行管沟

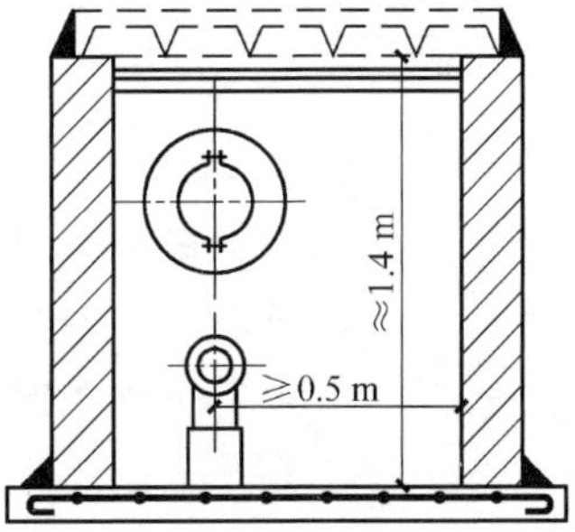

图 5-9　半通行管沟

(2)半通行管沟。半通行地沟的断面尺寸依据工人能弯腰走路并进行一般的维修工作的要求而定出,其截面尺寸较通行地沟小,一般净高应大于 1.4m,通道净宽为 0.6～0.7m,人仅能弯腰行走进行维修工作,里面的照明和通风设施可酌情设置,半通行地沟一般只考虑单侧敷设管道,如图 5-9 所示。一般当管道的种类和数量不多,且不能开挖路面进行管道的维修时,才采用半通行地沟,有时为了节省造价也采用半通行地沟。

(3)不通行管沟。不通行管沟的横截面较小,造价低,占地较小。当管道种类、数量少,管径较小,平常无维修任务时,可采用不通行地沟,如图 5-10 所示。这种地沟一般只布置单层管道,管道之间的距离应考虑到管道保温层厚度和安装操作净距。

以上所述的管沟形式,都属于砌筑管沟。图 5-11 为预制钢筋混凝土椭圆拱形管沟。它可以是通行或不通行的形式,适用在较大管径时。

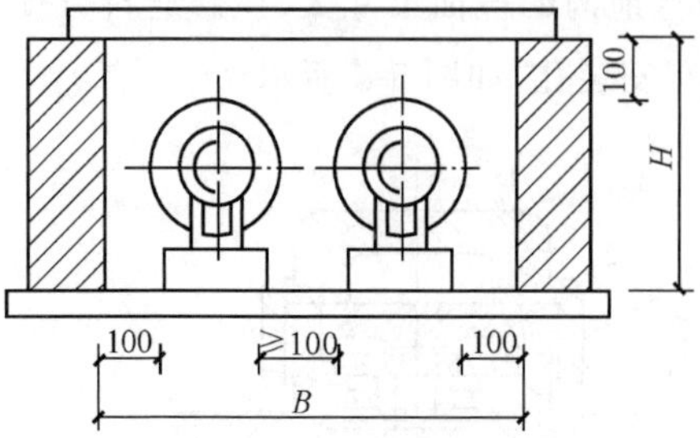

图 5-10　不通沟管沟

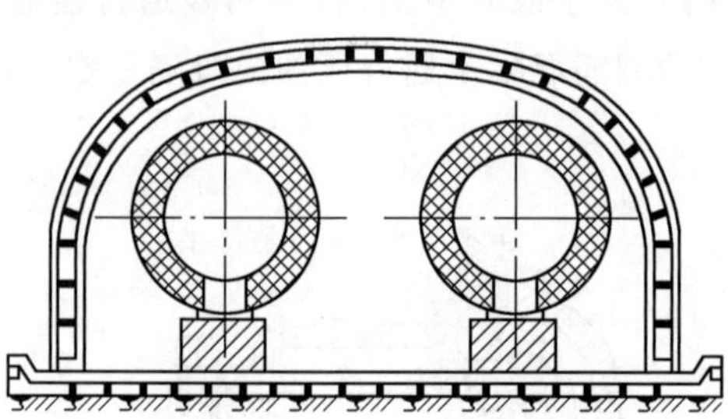

图 5-11　预制钢筋混凝土椭圆拱形管沟

2. 直埋敷设

直埋敷设是将供热管道直接埋设于土壤中的敷设方式。供热管网采用无沟敷设在国内外已得到广泛地应用。目前采用最多的结构形式为整体式预制保温管，即将采暖管道、保温层和保护外壳三者紧密地粘结在一起，形成一个整体，如图 5-12 所示。

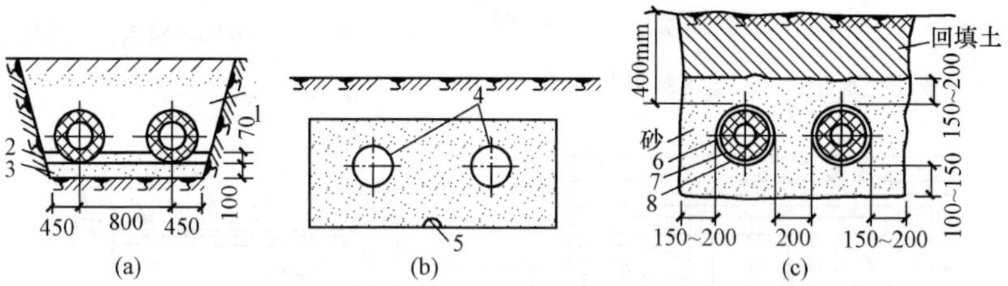

图 5-12　直埋敷设横断面示意图

1—填土；2—粗砂；3—砂；4—管道；5—排风孔；6—钢管；

7—硬质聚氨酯泡沫塑料保温层；8—高密度聚乙烯保温外壳

3. 架空敷设

架空敷设所用的支架按其制成材料可分为砖砌、毛石砌、钢筋混凝土预制或现场浇灌、钢结构、木结构等类型。目前，国内使用较多的是钢筋混凝土支架。它坚固耐久，能承受较大的轴向推力，而且节省钢材，造价较低。

(1)按支架的高度分类

1)低支架。图 5-13 为低支架示意图。通常在不妨碍交通、不影响厂区扩建的场合可采用低支架敷设。通常是沿着工厂的围墙或平行于公路或铁路敷设。为了避免雨雪的侵袭，供热管道保温结构底距地面净高不得小于 0.3m。低支架敷设可以节省大量土建材料，建设投资小，施工安装方便，维护管理容易，但其适用范围太窄。

2)中支架。在人行频繁和非机动车辆通行地段，可采用中支架敷设。管道保温结构底距地面净高为 2.0～4.0m，如图 5-14 所示，常用于行人频繁等处的管道敷设。

3)高支架。如图 5-14 所示，高支架上管道保温层外壳底部与地面净距为 4～6m，因其支架高、截面尺寸大、耗材料多，故主要用于跨越铁路、公路等处的管道敷设。

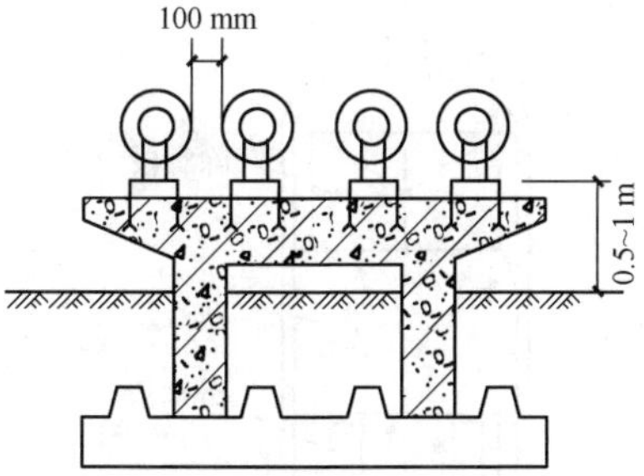

图 5-13　支架示意图

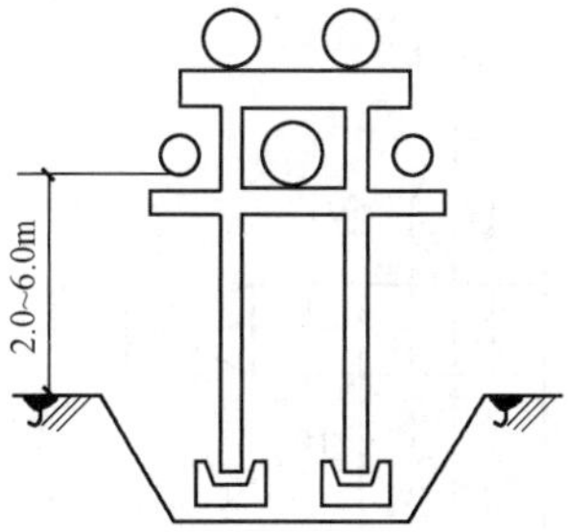

图 5-14　中、高支架示意图

(2)按支架承受的荷载分类

支架分为中间支架和固定支架。中间支架承受管道、管中热媒及保温材料等的质量以及由于管道发生温度变形伸缩时产生较小的摩擦力水平荷载。对于中间支架，按照其结构的力学特点，可有三种不同受力性能的支架形式：刚性支架、铰接支架和柔性支架。固定支架处的管道不允许移动，故固定支架主要承受水平推力及不大的管道等的重力。

第二节　燃气管道工程施工图

一、燃气管道常用设备

燃气管网经常采用的主要设备有分离除尘器、调压器、补偿器、排水器和各类阀门等。

1. 分离除尘器

常见的分离除尘器有旋风除尘器、重力分离器、循环分离器和过滤分离器等。用来除去管道天然气中的杂质，保证输出的气体含尘量不超过规定要求。图 5-15 为旋风分离器原理示意图。

图 5-16 为重力分离器示意图，从下到上分为储液段、分离段、沉降段和除雾段。

如图 5-17 所示为一内流式循环分离器，它分两个有效分离段。第一段，所有自由液滴及大部分夹带在气体中的液体靠离心力被抛出。第二段，夹在气体中的少量液体采用加大离心力的方法被抛出。

图 5-18 为过滤分离器的结构示意图，主要由圆筒形玻璃过滤原件和不锈钢金属丝除雾网组成，过滤分离器第一级装有可更换的玻璃纤维模压滤芯(管状)，第二级分离室装有金属丝网(或叶片式)的高效液体分离装置。

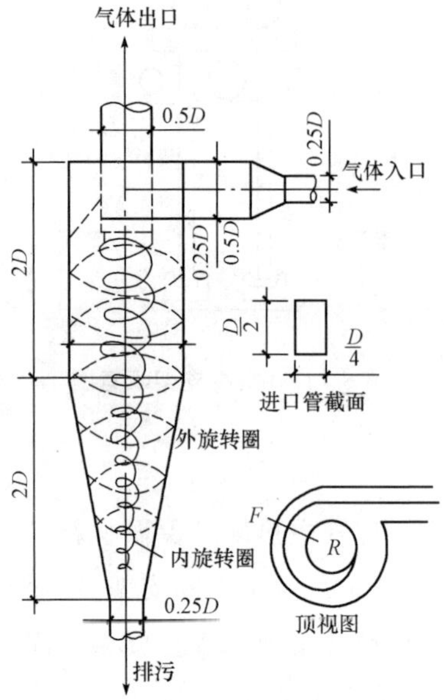

图 5-15　旋风分离器原理示意图

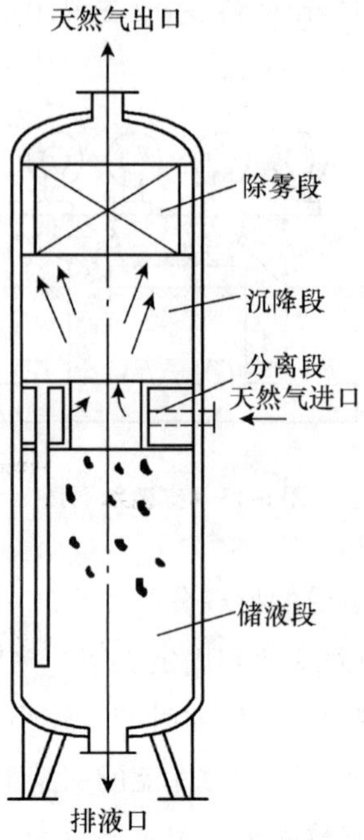

图 5-16　重力分离器示意图

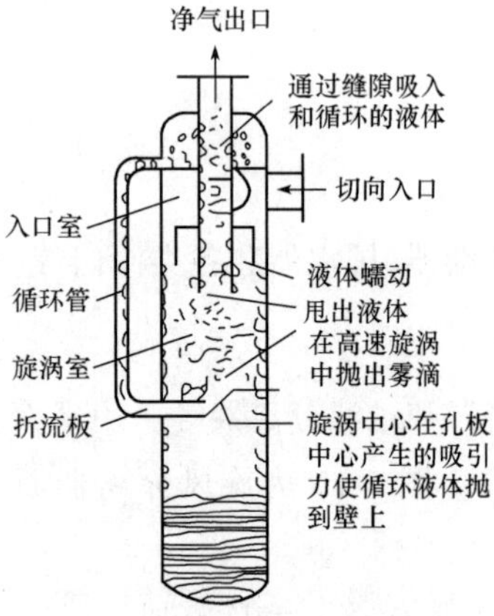

图 5-17　循环分离器示意图

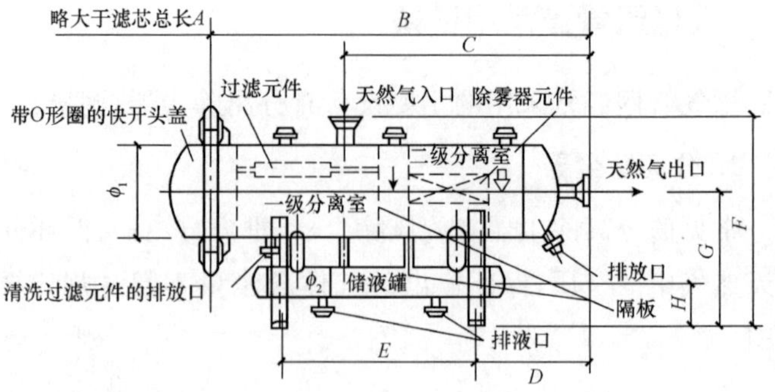

图 5-18　过滤分离器结构示意图

2. 调压器

(1)直接作用式用户调压器

可以直接与中压或高压燃气管道相连,燃气减压至低压送入用户。它具有构造简单、体积小、质量轻、性能可靠、安装方便等优点,如图 5-19 所示。

(2)雷诺式调压器

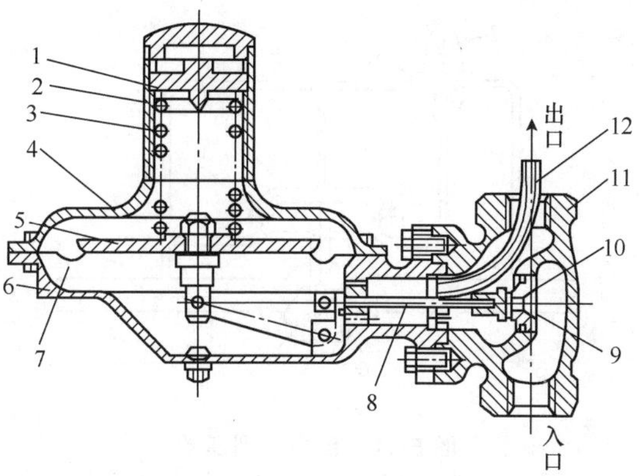

图 5-19 直接作用式用户调压器

1—调节螺丝；2—定位压板；3—弹簧；4—上体；5—托盘；6—下体；

7—薄膜；8—横轴；9—阀垫；10—阀座；11—阀体；12—导压管

主要用于区域调压及大用户专用调压。它比其他类型的调压器结构复杂，占地面积较大，但通过流量大，调节性能好，无论进口压力和管网负荷在允许范围内如何变化，均能保持规定的出口压力，如图 5-20 所示。

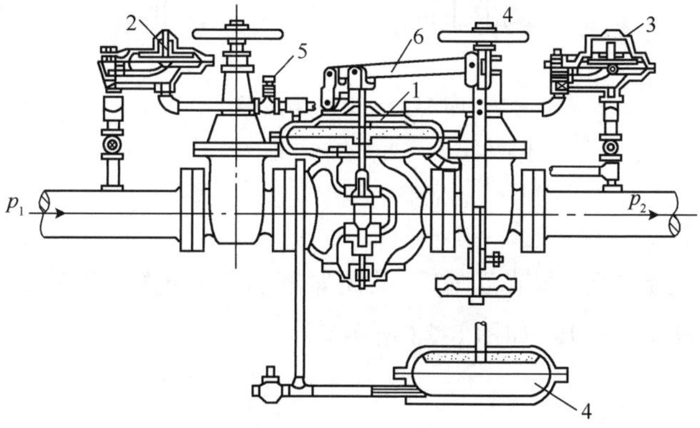

图 5-20 雷诺式调压器

1—主调压器；2—中压辅助调压器；3—低压辅助调压器；

4—压力平衡器；5—针形阀；6—杠杆

(3)自力式调压器

通过对流量的调节达到对压力的调节，其结构简单，操作简单方便，广泛应用于天然气供应系统的门站、分配站及调压计量站等，如图 5-21 所示。

(4)T 形调压器

体积小，流量大，调压性能好，使用范围广，安装、调试、检修方便，当燃气的净化程度稍差时也能正常工作，不至于被堵塞，如图 5-22 所示。

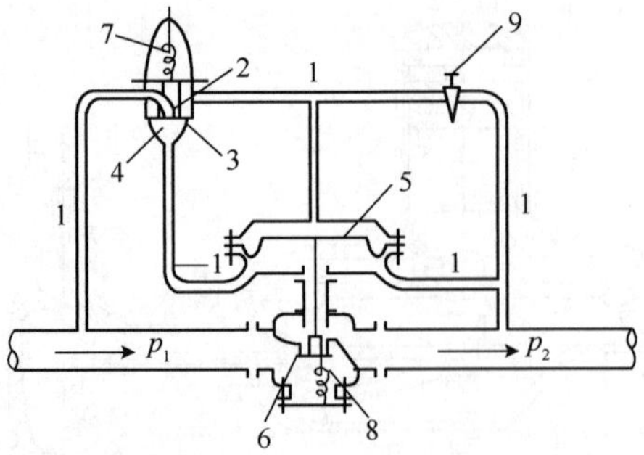

图 5-21　自力式调压器

1—导压管;2—指挥器喷嘴;3—指挥器挡板;4—底部气室;5—主调压器薄膜;
6—主调压器阀门;7—指挥器弹簧;8—主调压器弹簧;9—节流针阀

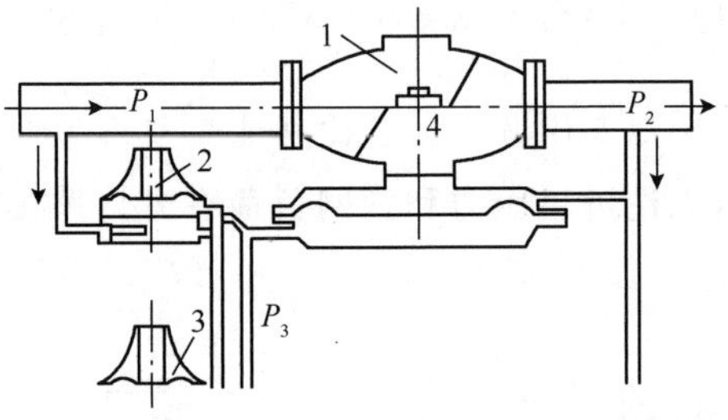

图 5-22　T 形调压器

1—主调压器;2—指挥器;3—排气阀;4—阀门

(5)曲流式调压器

具有结构紧凑、性能稳定、调节范围广、关闭紧密、运行噪声小等特点,适用于天然气供应系统的门站、分配站及用户调压,如图 5-23 所示。

3. 排水器

排水器又称凝水缸及聚水井。图 5-24 和图 5-25 分别为凝水缸结构示意图和安装示意图。

4. 安全阀

安全阀是避免管道超压,保证人身安全的关键设备,必须符合要求,常用的安全阀有弹簧式安全阀和先导式气体安全泄压阀两种。其中弹簧式安全阀按其阀盘升起高度的不同可分为全启式和微启式两种,如图 5-26 所示为全启式弹簧安全阀,弹簧全启式安全阀在阀瓣式阀座处设有调节圈,供调整开启高度或流量用。

图 5-27 为先导式气体安全泄压阀结构示意图,这种安全阀可以直接在工艺装置或管道上进行定压调校,减轻维护、检测的劳动量。因无泄漏及过量排放,从而减小了天然气的排放损失。

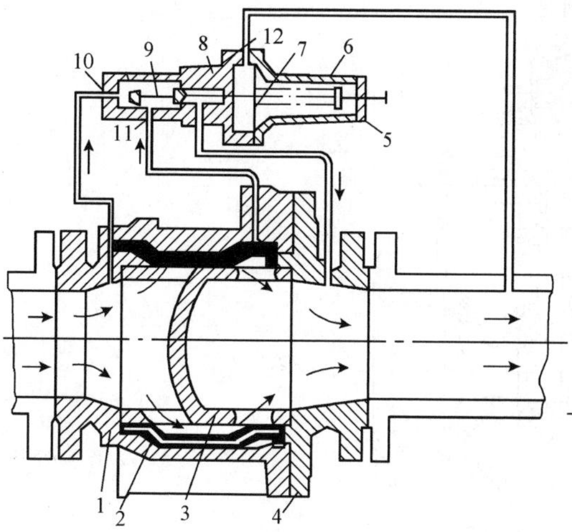

图 5-23 曲流式调压器

1—阀体;2—橡胶套;3—阀心;
4—阀盖;5—指挥器上壳体;6—弹簧;7—橡胶膜片;
8—指挥器下壳体;9—阀杆;10—阀口;
11—孔口;12—导压管入口

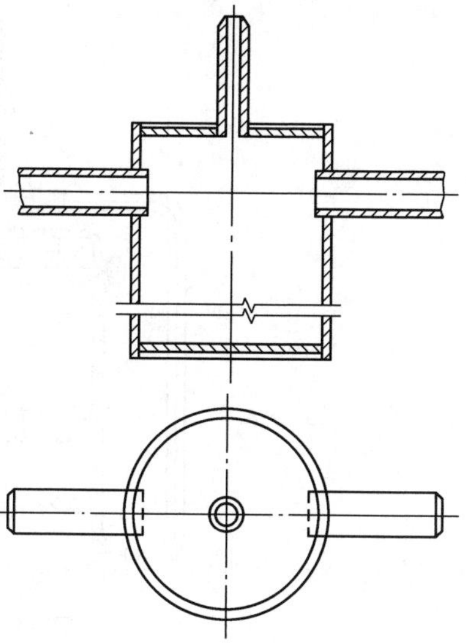

图 5-24 凝水缸结构示意图

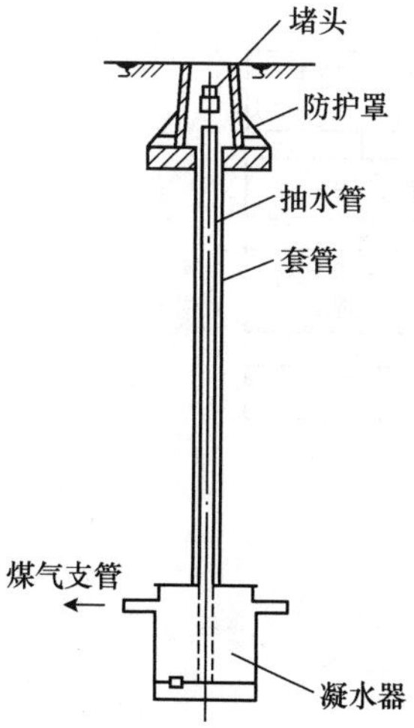

图 5-25 凝水缸安装示意图

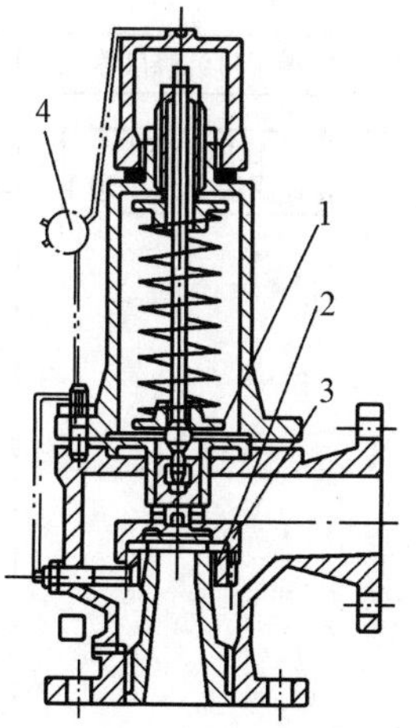

图 5-26 全启式弹簧安全阀

1—阀瓣;2—反冲盘;3—阀座;4—铅封

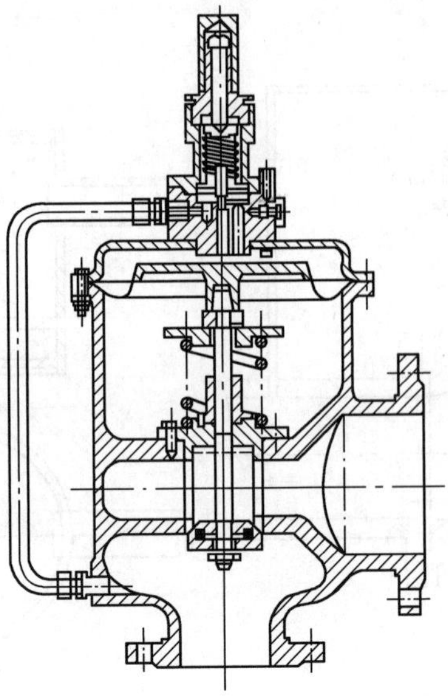

图 5-27　先导式安全阀结构

二、燃气管道安装图的识读

1. 钢管燃气管道的安装

钢管燃气管道施工流程如图 5-28 所示。

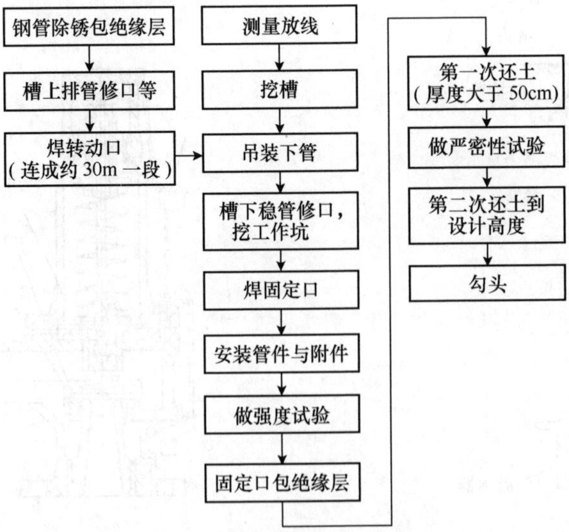

图 5-28　钢管燃气管道施工流程

钢管燃气管道安装要点：

(1)管材质量、品种应符合设计与规范有关规定；

(2)管径小于 $DN400$ 的钢管，宜于沟槽上(即在沟槽架上方木，每 3～5m 一根)排管，对管焊接成 50m 左右的一段，而后用“三角架”人工(图 5-29)下到槽内。管径 $DN>400$mm 的“管段”宜用起重机下管。起重机下管时，应根据管径大小布置几台起重机同时“抬”起向沟内下管，如图 5-30 所示。起重机之间的距离(吊点)要经计算，避免因下管道造成焊口折裂。

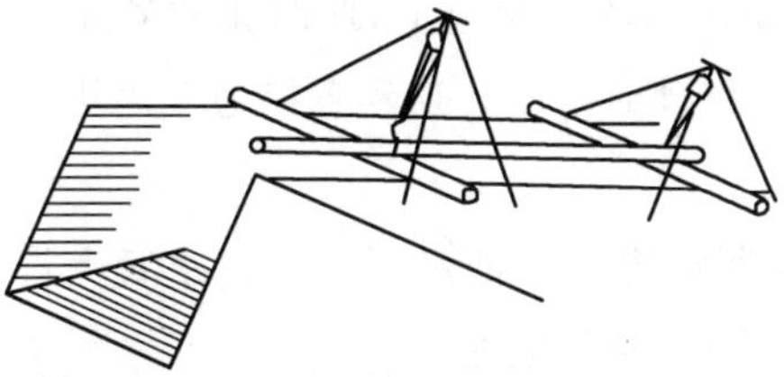

图 5-29 人工三脚架下管示意图

图 5-30 几台起重机同时下管示意图

2. 铸铁管燃气管道的安装

(1)铸铁管燃气管道的特点

1)铸铁管耐腐性比钢管好，防腐绝缘处理比钢管简单。

2)铸铁管强度比钢管低，因此铸铁管只能做一般地段的燃气管材。

3)铸铁管接口常用承插口、机械接口等形式——比钢管焊接口要麻烦。

4)同样管径的管材，铸铁管比其他管材重，因此铸铁管不宜做架空式的燃气管道。

(2)铸铁管燃气管道的接口

铸铁管接口，多数是承插口，因此承插口的质量好坏，直接影响到燃气管道的质量。影响承插口质量的因素较多，如管材、接口材料、地质条件以及施工方法等。铸铁管承插口，按其特性来分：有柔性接口和刚性接口两种，如图 5-31 所示。柔性接口能承受一定的局部沉陷、拉伸等变形。刚性接口只能承受很小的变形。

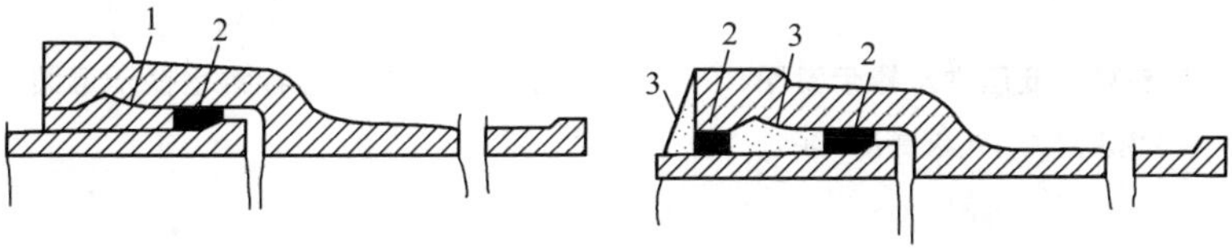

(a)柔性接口　(b)刚性接口

图 5-31 铸铁管承插接口

1—铅；2—浸油线麻；3—水泥

(3)燃气管道附属设备安装

1)检漏管。通过检查检漏管内有无燃气，即可鉴定套管内的燃气管道的严密程度，以防燃气泄露造成重大安全事故。检漏管应按设计要求装在套管一端或在套管两端各装 1 个，一般是根据套管长度而定。

检漏管由检漏管、管箍丝堵与防护罩组成。检漏管常用 ϕ 50mm 的镀锌钢管，一端焊接在套管上，另一端安装管箍与螺堵，要伸入安设在地面上的保护罩内。检漏管与套管焊接处以及检漏管本身要涂防腐涂料。保护罩上侧应与地面一致。在检漏时，打开防护罩，拧开螺堵，然后把燃气指示计的橡胶管插入检漏管内即可。

2）排水器。在输送湿燃气时，燃气管道的低点应设排水器，其构造和型号随燃气压力和凝水量不同而异。小容量的排水器可设在输送经干燥处理的燃气管道上，此时排水器用来排除施工安装时进入管道的水。排水器的排水管也可作为修理时吹扫管道和置换通气之用。低压燃气管道上的排水器，如图 5-32 所示。

排水器联结后应妥善防腐，使用泵或真空槽车定期经排水管抽走凝液。排水管上设有电极，用于测定管道和大地之间的电位差。当设计无要求时，可不安装。

中压和高压管道上的排水器，如图 5-33 所示，一般采用自动连续排水。排水管设在套管中，排水管的上部有一直径为 2mm 的小孔，这就使燃气管道和排水管之间的压力得以平衡，凝结水不能沿排水管上升，避免剩余水在管内冻结。

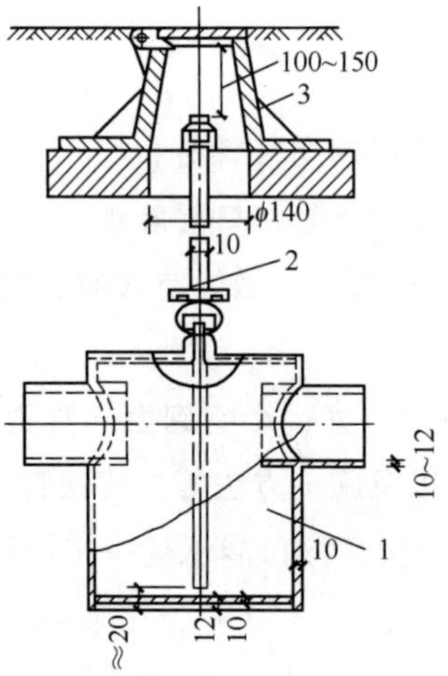

图 5-32　低压排水器示意图

1—集水缸；2—吸水管；3—护盖

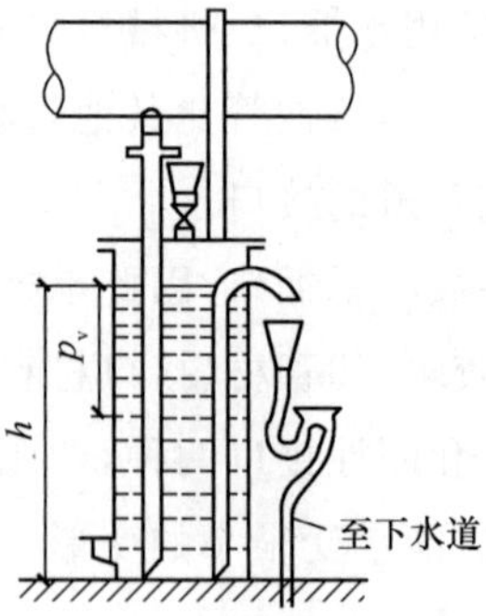

图 5-33　自动连续排水器示意图

3. 燃气管道与构筑物交叉施工

各种管道交叉时，距离要符合规范要求，地下燃气管道与建筑物、构筑物或相邻管道之间的最小净距见表 5-1，与其他构筑物之间的垂直距离见表 5-2。

当燃气管道与铁路、公路干线、地沟及其他管道的阀井交叉，或必须通过居住建筑物和公共建筑物近旁以及埋深过浅时，均应敷设在套管内。可采用开挖施工，也可用顶管使套管就位。套管直径比燃气管道直径大 100mm 以上时，套管常用钢管或钢筋混凝土管。

表 5-1　地下燃气管道与建(构)筑物或相邻管道之间的最小水平净距(单位:m)

项目		地下煤气管道		
		低压	中压	次高压
建筑物的基础		2.0	3.0	4.0
热力管的管沟外壁，给水管或排水管		1.0	1.0	1.5
电力电缆		1.0	1.0	1.0
通信电缆	直埋	1.0	1.0	1.0
	在导管内	1.0	1.0	1.0
其他煤气管道	*DN*≤300mm	0.4	0.4	0.4
	DN>300mm	0.5	0.5	0.5
铁路钢轨		5.0	5.0	5.0
有轨电车道的钢轨		2.0	2.0	2.0
电杆(塔)的基础	≤35kV	1.0	1.0	1.0
	>35kV	5.0	5.0	5.0
通信、照明电杆(至电杆中心)		1.0	1.0	1.0
街树(至树中心)		1.2	1.2	1.2

表 5-2　地下燃气管道与其他构筑物之间的垂直距离(单位:m)

项目		地下煤气管道
给水管、排水管或其他煤气管道		0.15
热力管的管沟底(或顶)		0.15
电缆	直埋	0.50
	在导管内	0.15
铁路轨底		1.20

当燃气管道遇到障碍时，常采取以下措施：当实际情况小于表 5-1、表 5-2 规定的净距时，根据当地条件，燃气管道横向或竖向绕过，增加四个弯管。增加套管，将燃气管道敷设在套管内，套管的做法如图 5-34 所示。

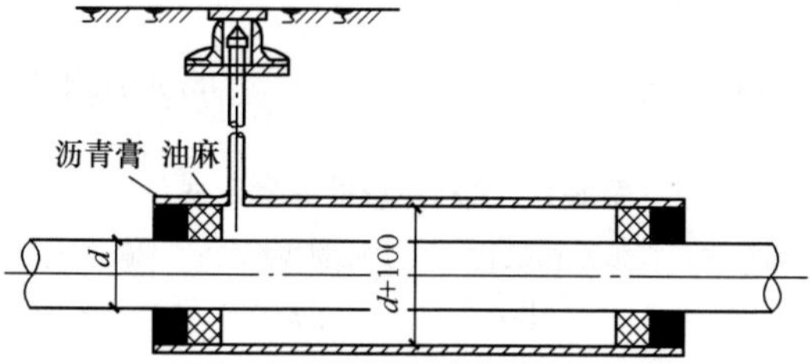

图 5-34　煤气管道在套管中的敷设

第六章

市政管网工程施工图

第一节　给水排水工程系统图

一、城市给水系统图

城市给水工程是为满足城乡居民及工业生产等用水需要而建造的工程设施，它所供给的水在水量、水压和水质方面应适合各种用户的不同要求。因此给水工程的任务是自水源取水，并将其净化到所要求的水质标准后，经输配水管网系统送往用户。

给水工程系统的布置形式主要有统一给水系统和分区给水系统两种。统一给水系统是按统一的水质、水压标准供水，如图 6-1(a)所示。分区给水系统则是按照不同的水质或水压供水，可分为分质给水系统和分压给水系统，分压给水系统又有并联和串联两种形式，如图 6-1(b)所示为并联分压给水系统。

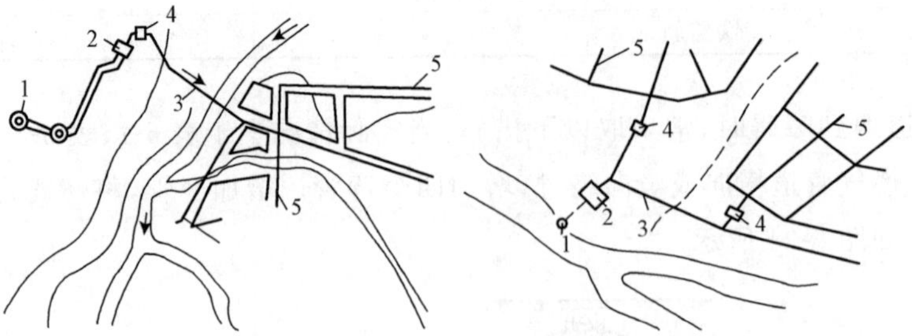

(a) 统一给水系统　　(b) 分区给水系统

图 6-1　给水系统的布置形式

1—水源及取水构筑物；2—水处理构筑物；3—输水管；

4—加压泵站；5—给水管网

二、城市排水系统图

城市排水系统主要功能是收集各种污水并及时地将其输送至适当地点，妥善处理后排放或再利用。它可以分为排水管网、污水处理厂、排水口和排水体制四个部分。

1. 排水管网

排水管网的布置与地形、竖向规划、污水厂的位置、土壤条件、河流情况以及污水的种类和污染程度等因素有关。

在地势向水体方向略有倾斜的地区，排水系统可布置为正交截流式，即排水流域的干管与等高线垂直相交，而主干管（截流管）敷设于排水区域的最低处，且走向与等高线平行。这样既便于干管污水的自流接入，又可以减少截流管的埋设坡度，如图 6-2(a)所示。

在地势高低相差很大的地区，当污水不能靠重力流汇集到同一条主干管时，可分别在高地区和低地区敷设各自独立的排水系统，如图 6-2(b)所示。

此外，还有分区式及放射式等布置形式，如图 6-2(c)和图 6-2(d)所示。

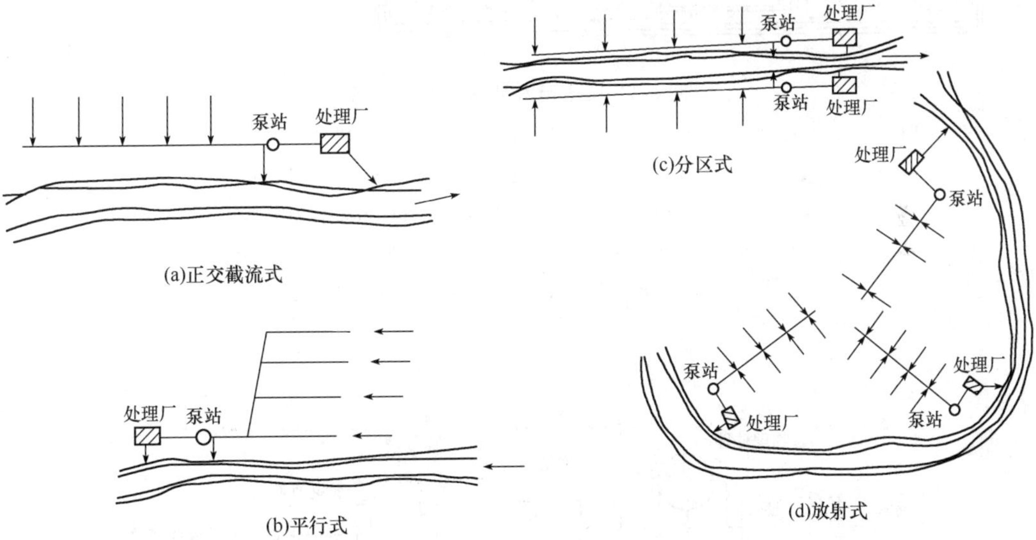

图 6-2 排水管网主干管布置示意图

2. 污水处理厂

污水处理厂是处理和利用污水及污泥的一系列工艺构筑物与附属构筑物的综合体。城市污水处理厂一般设置在城市河流的下游地段，并与居民区域城市边界保持一定的卫生防护距离。城市污水厂总平面图如图 6-3 所示。

城市污水处理的典型流程如图 6-4 所示。

由图可知，在城市污水处理典型流程中，物理处理部分即一级处理，生物处理部分为二级处理，而污泥处理采用厌氧生物处理，即消化。为缩小污泥消化池的容积，两个沉池的污泥在

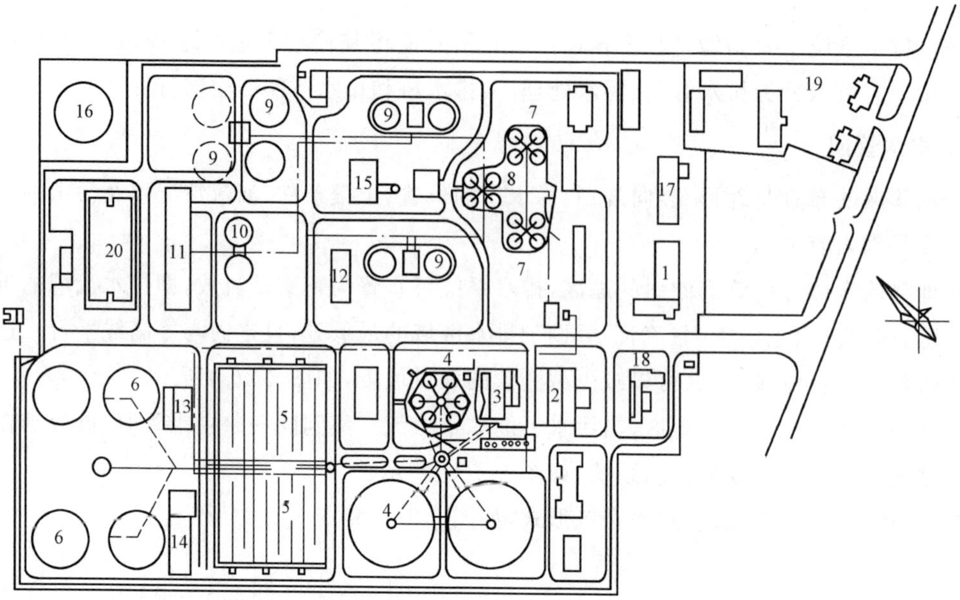

图 6-3　城市污水处理厂总平面图

1—办公化验楼；2—污水提升泵房；3—沉砂池；4—沉池；5—曝气池；
6—二沉池；7—活性污泥浓缩池；8—污泥预热池；9—消化池；
10—消化污泥浓缩池；11—污泥脱水车间；12—中心控制室；
13—污泥回流泵房；14—鼓风机车间；15—锅炉房；16—储气柜；
17—食堂；18—变电室；19—生活区；20—事故干化场

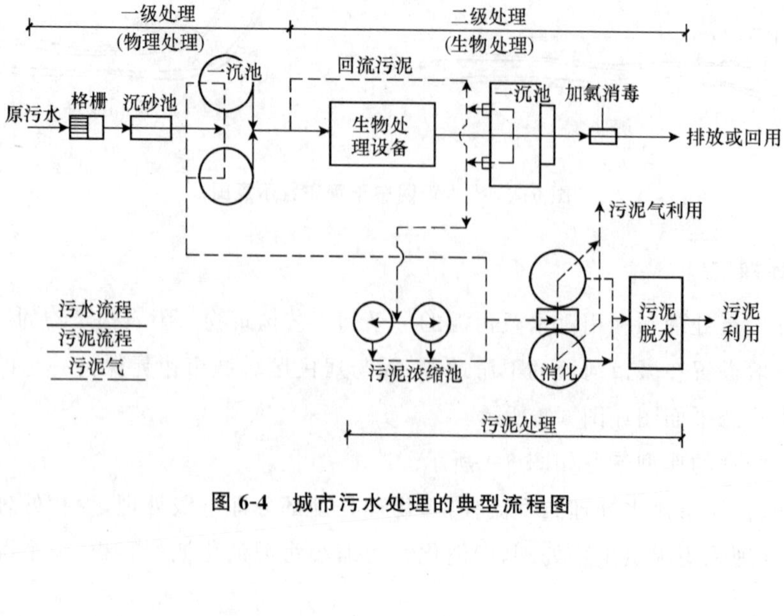

图 6-4　城市污水处理的典型流程图

进入消化池前需进行浓缩。消化后的污泥经脱水和干燥后可进行综合利用，污泥气可做化工原料或燃料使用。

3. 排水口

排水管道排出水体的排水口的位置和形式，应根据污水水质、下游用水情况、水体的水位变化幅度、水流方向、波浪情况、地形变迁和主导风向等因素确定。

4. 排水体制

(1)分流制

用两个或两个以上的管道系统来分别汇集生活污水、工业废水和雨、雪水的排水方式称为分流制，如图 6-5 所示。在这种排水系统中有两个管道系统：污水管道系统排除生活污水和工业废水；雨水管道系统排除雨、雪水。当然有些分流制只设污水管道系统，不设雨水管道系统，雨、雪水沿路面、街道边沟或明渠自然排放。

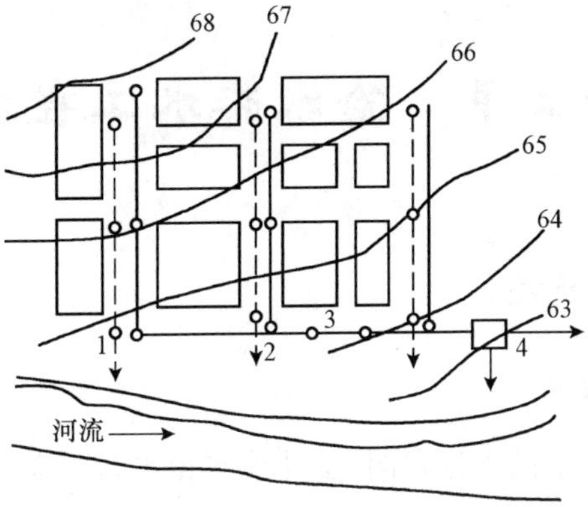

图 6-5　分流制排水系统示意图

1—雨水管道；2—污水管道；

3—检查井；4—污水处理厂

分流制排水系统可以做到清、浊分流，有利于环境保护，降低污水处理厂的处理水量，便于污水的综合利用。但工程投资大、施工较困难。

(2)合流制

合流制是采用一套排水管路系统排除生活污水、工业废水和雨水。目前比较常用的是截流式合流制排水系统，如图 6-6 所示。最早出现的合流制排水系统是将泄入其中的污水和雨水不经处理而直接就近排入水体。这种截流式合流制排水系统，不能彻底消除对水体的污染。

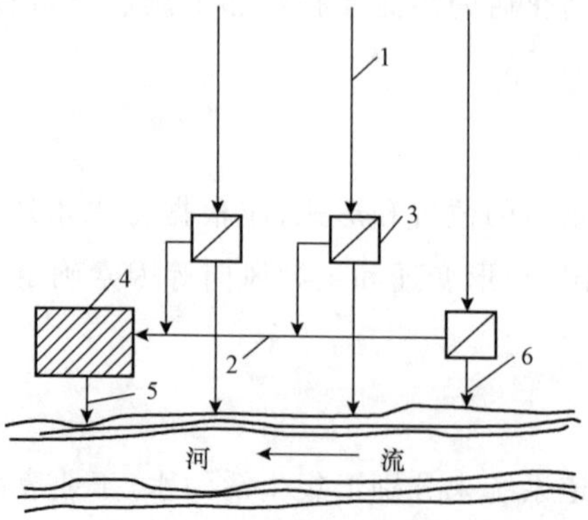

图 6-6 截流式合流制排水系统

1—合流干管；2—截流主干管；3—溢流井；4—污水厂；5—出水口；6—溢流干管

第二节 给水排水工程施工图

一、给水排水施工图概述

1. 给水排水施工图的组成

给水排水工程图是由给水排水流程图、室外给水排水管道总平面图、管道纵断面图、详图等组成。

(1)给(排)水管网流程图

给(排)水管网流程图表明一个区域给(排)水的来龙去脉，以使人们对给(排)水工程有一个总体概念。

(2)给(排)水管网平面图

表明各给水管道的管径、消火栓的安装位置、闸阀的安装位置、排水管网的布置；各排水管道的管径、管长、检查井的编号、标高、化粪池等内容。

(3)给水排水工程管道纵断面图

管道纵断面图是用来表示管道埋深、坡度和管道竖向空间的关系。在管道纵断面图中纵横两个方向分别采用不同的比例，横向(水平距离)选用大比例绘制，常用 1∶500、1∶1000；纵向(垂直距离)选用小比例绘制，常用 1∶100、1∶200。

2. 给水排水工程图的图示特点

(1)给水排水施工图的图样一般采用正投影绘制。但系统图采用轴测投影绘制，工艺流程图采用示意法绘制。

(2)图中的管道、器材和设备一般采用国家有关制图标准规定的图例表示。

(3)不同直径的管道以同样线宽的线条表示，管道坡度也无需按比例画出(画成水平)，但应用数字注明管径和坡度。

(4)管道与墙的距离示意性绘出，安装时按有关施工规范确定。即使暗装管道亦与明装管道一样画在墙外，但应附说明。

(5)当在同一平面位置布置有几根不同高度的管道时，若严格按投影来画，平面图就会重叠在一起，这时可画成平行排列。

(6)为了删掉不需表明的管道部分，常在管线端部采用细线的S形折断符号表示。

(7)管道上的连接配件均属标准的定型工业产品，在图中均不予画出。

3. 给水排水工程常用设备

(1)排水管件

常用的排水铸铁管及其管件和新型排水异型管件如图6-7和图6-8所示。排水塑料管道连接方法有粘结、橡胶圈连接、螺纹连接等，实际应用中联结方式以粘结为主。常见排水塑料管管件如图6-9所示。

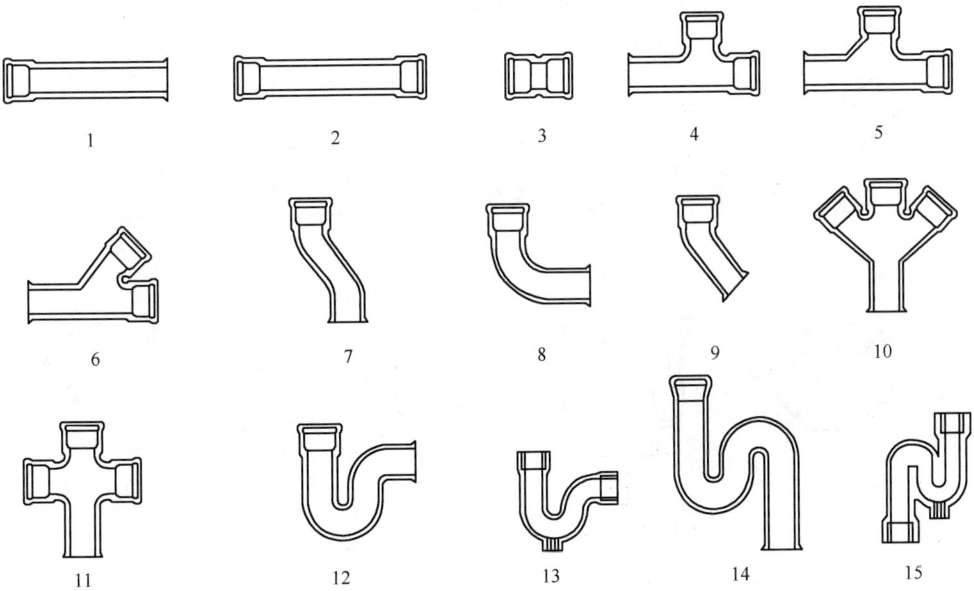

图6-7　常用的排水铸铁管

1—承插直管；2—双承直管；3—管箍(套筒)；4—T形三通；5—90°正三通；6—45°斜三通；7—乙字管；8—90°弯管；9—45°弯管；10—Y形四通；11—正四通；12—P型承插存水弯；13—螺纹P型存水弯；14—S型承插存水弯；15—螺纹S型存水弯

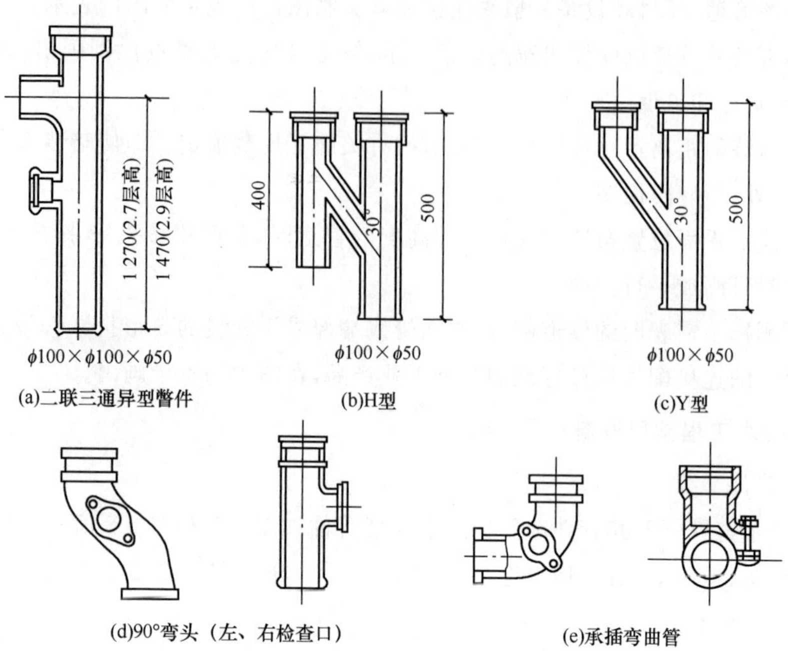

图 6-8　新型排水异型管件

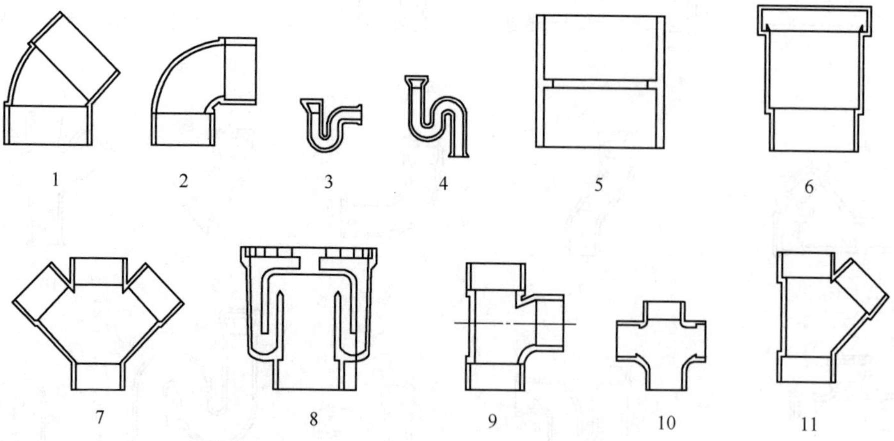

图 6-9　常见排水塑料管管件

1—45°弯头；2—90°弯头；3—P 型存水弯；4—S 型存水弯；5—管箍；6—伸缩节；7—45°斜四通；8—地漏；9—90°顺水三通；10—正四通；11—斜三通

(2)阀门

1)截止阀

如图 6-10 所示，截止阀可用来关闭水流但不能调节流量。此阀关闭后是严密的，但水流阻力较大。截止阀适用在管径小于 50mm 的管段上或经常开启的管段上。

2)闸阀

如图 6-11 所示，闸阀全开时水流呈直线通过，阻力小；但水中杂质落入阀座后，使阀不能关闭到底，因而产生磨损和漏水。管径大于 50mm 时宜用闸阀。

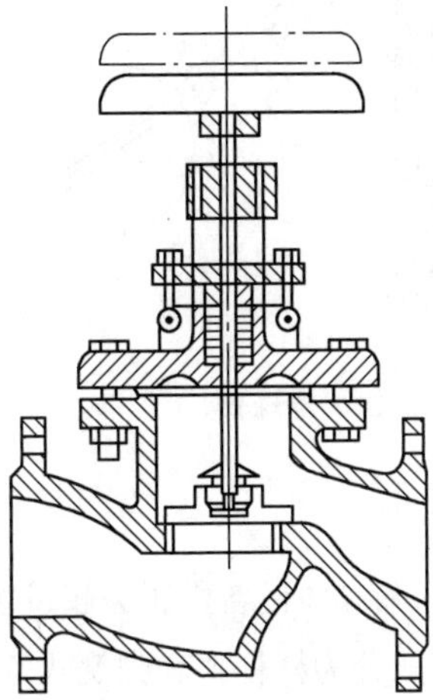

图 6-10 截止阀

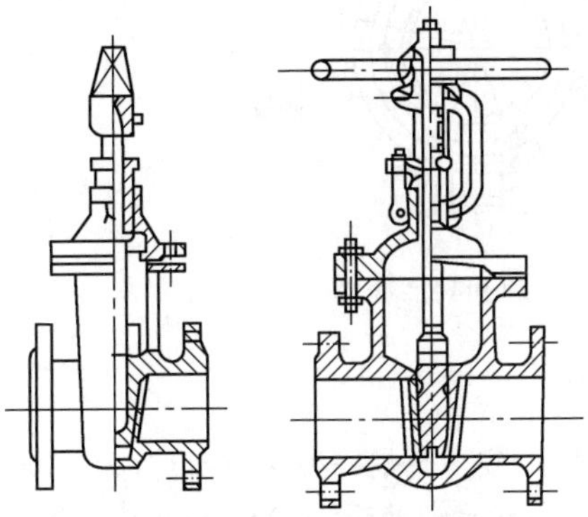

(a)平行式闸阀 (b)楔式闸阀

图 6-11 闸阀

3)止回阀

如图 6-12 所示，止回阀用来阻止水流的反向流动。

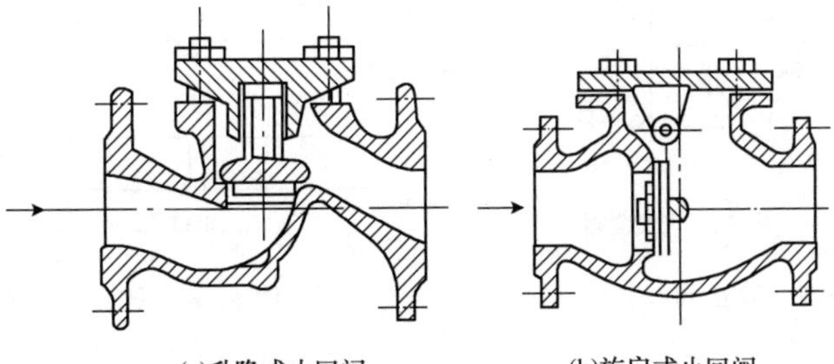

(a)升降式止回阀 (b)旋启式止回阀

图 6-12 止回阀

4)蝶阀

如图 6-13 所示，蝶阀为盘状圆板启闭件，绕其自身中轴旋转改变管道轴线间的夹角，而控制水流通过，具有结构简单、尺寸紧凑、启闭灵活、开启度指示清楚、水流阻力小等优点。在双向流动的管段上应采用闸阀或蝶阀。

5)浮球阀

如图 6-14 所示，浮球阀是一种可以自动进水自动关闭的阀门，多装在水箱或水池内。

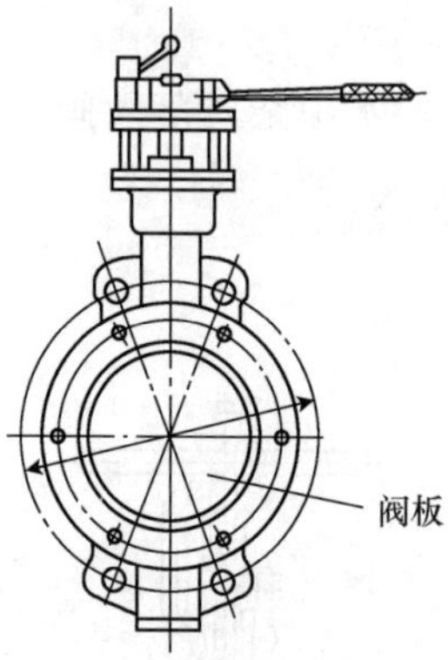

图 6-13　蝶阀

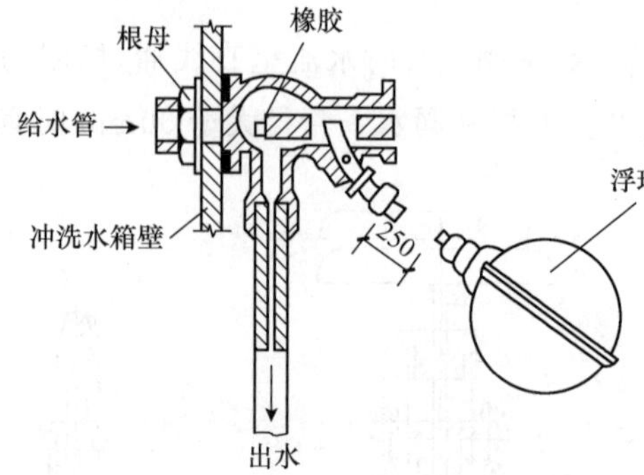

图 6-14　浮球阀

6)安全阀

如图 6-15 所示,安全阀是一种保安器材,为了避免管网和其他设备中压力超过规定的范围而使管网、用具或密封水箱受到破坏,需要安装此阀。安全阀一般分为杠杆式和弹簧式两种。

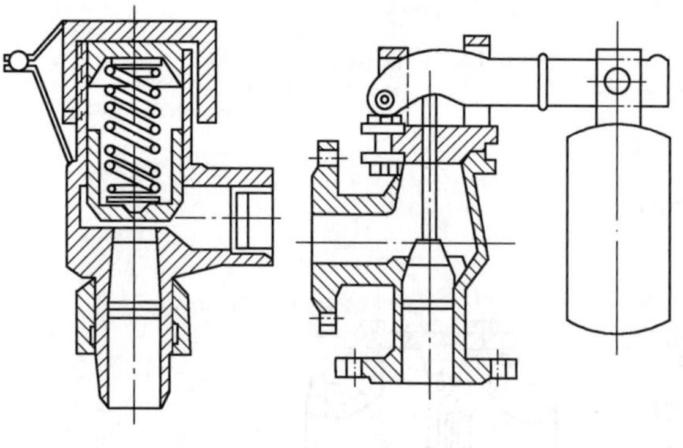

(a)弹簧式安全阀　(b)杠杆式安全阀

图 6-15　安全阀

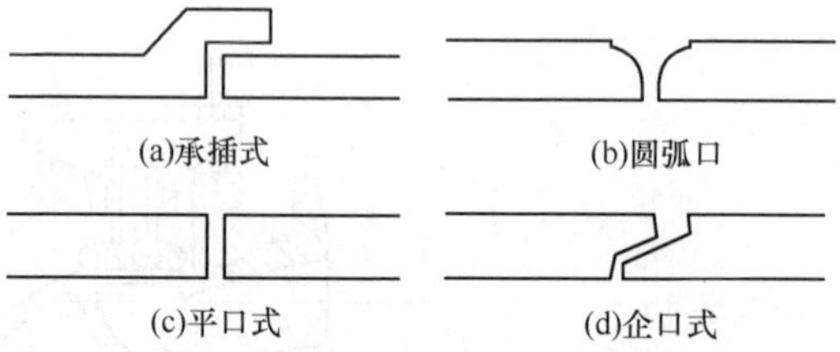

图 6-16　混凝土管工管口形状示意图

7)混凝土管

混凝土管可以在专门的厂家预制,也可以现场浇制。管口形状有承插口、平口、圆弧口、企口等,如图 6-16 所示。

混凝土管道一般为无压管,在排水工程中经常被采用。其主要缺点是抵抗酸、碱浸蚀及抗渗性能较差、管节短、接头多、施工复杂。在地震烈度大于 8 度的地区及饱和松砂、淤泥和淤泥土质、冲填土的地区不宜敷设。图 6-17 为预制混凝土块拱形渠道示意图。

二、城市道路排水施工图的识读

1. 城市道路排水工程图的识读

(1)路肩排水系统

路肩排水由路面横坡、路缘带与硬路肩、路缘石形成的集水槽以及将地表水排除路基的泄

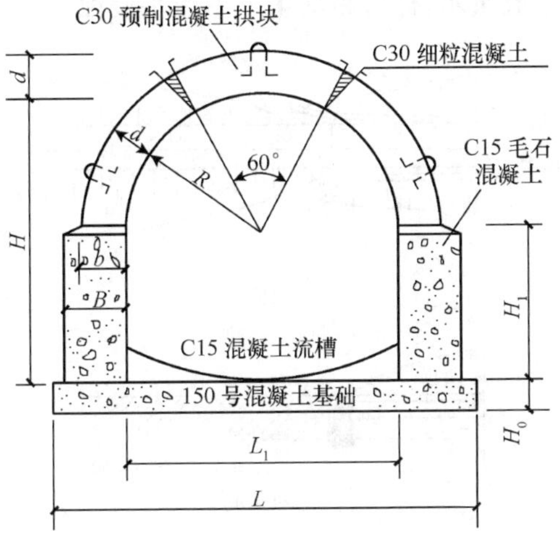

图 6-17　预制混凝土块拱形渠道示意图

水口(俗称水簸箕)和急流槽等组成。其过水断面原则上限制在路缘带、硬路肩、拦水路缘石之内(即集水槽之内)。

路肩排水系统如图 6-18 所示。其中(a)的形式,即硬路肩比路缘带少铺上面层而形成 4～5cm 的凹形过水断面,其纵坡与行车道纵坡相同,一般不宜小于 0.2%。

当硬路肩较宽和暴雨强度较小时,通常采用图 6-18(b)所示的形式,或采用图 6-18(c)所示的形式。

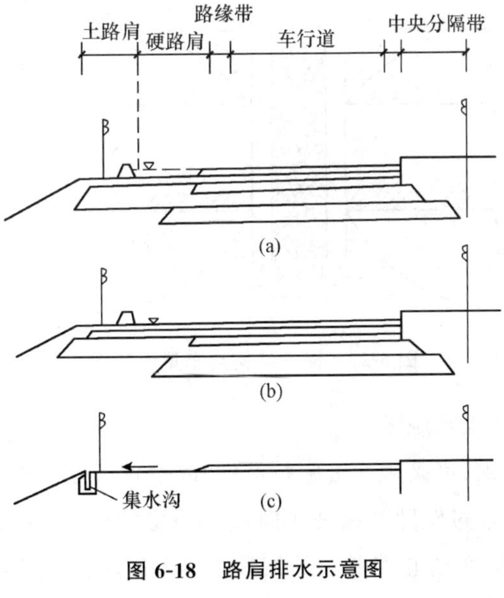

图 6-18　路肩排水示意图

(2)盲沟与渗井

图 6-19 为挖填交界处的横向盲沟,设在路基挖方与填方交界处的横向盲沟,是用以拦截

和排除路堑下面层间水或小股泉水，保持路堤填土不受水侵蚀。

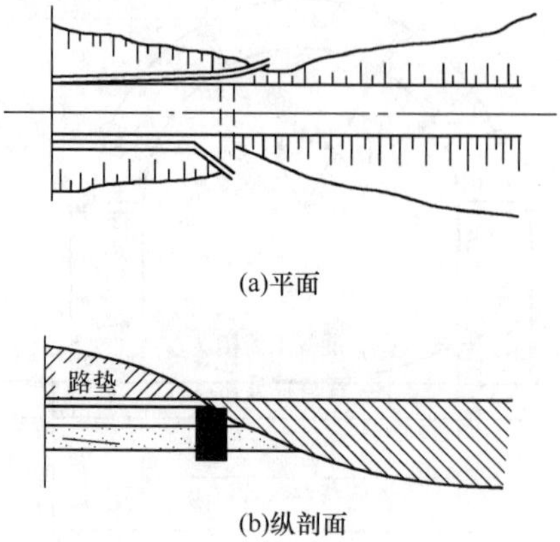

图 6-19　挖填交界处的横向盲沟

渗井是一种立式地下排水设施。图 6-20 为路基内渗井结构与布置示意图，在多层含水的地基上，如果影响路基的地下含水层较薄，且平式盲沟排水不易布置时，可考虑设置立式渗水井，向地下穿过不透水层，将上层含水引入下层渗水层，以利地下水扩散排除。必要时还可配盲沟(渗沟)设置渗井，平竖结合以排除地下水。

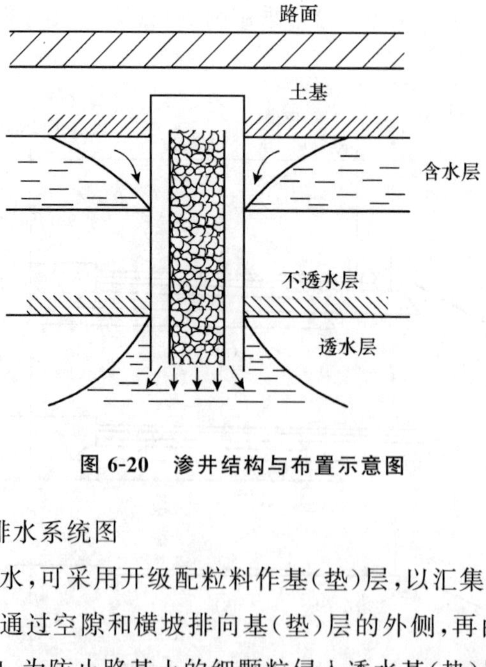

图 6-20　渗井结构与布置示意图

(3)路面表面渗水的排水系统图

迅速排出渗入路面的水，可采用开级配粒料作基(垫)层，以汇集由面层或面板接(裂)缝和路面外侧边缘渗下的水并通过空隙和横坡排向基(垫)层的外侧，再由纵向排水管汇集后横向排出路基。从图 6-21 看出，为防止路基土的细颗粒侵入透水基(垫)层堵塞空隙而使排水作用失效，在透水基(垫)层下设置过滤层。从图 6-22 可知，当采用密级配粒料或其他材料做成不透水基(垫)层时，可在路肩下设置排水层(开级配粒料或多孔贫混凝土等)，将通过接缝或裂缝下渗的水沿面板和不透水基(垫)层界面流向路肩，排出路基之外。由于水量较大，图中还增设纵向排水管。

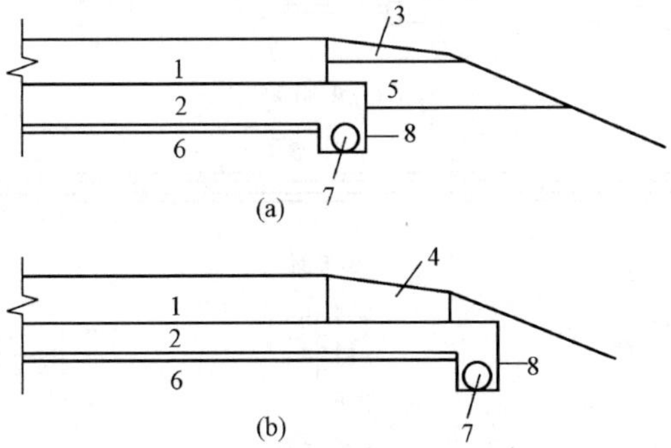

图 6-21　透水基(垫)层排水系统示意图

1—混凝土面板;2—透水基(垫)层;3—沥青路肩;4—混凝土路肩;

5—路肩基层;6—过滤层;7—集水管;8—过滤织物

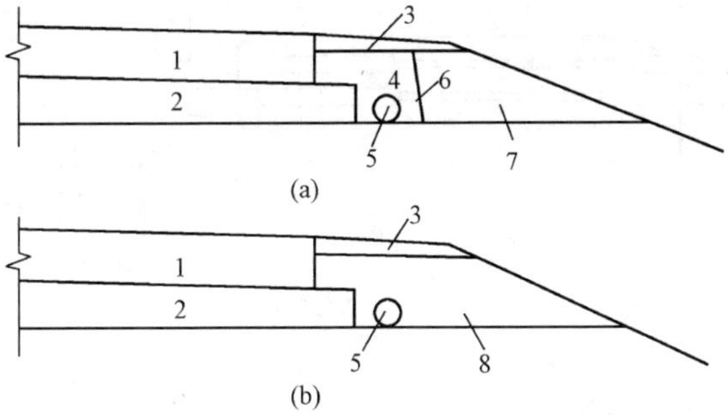

图 6-22　面层—基(垫)层—路肩排水系统

1—混凝土面板;2—基(垫)层;3—路肩;4—多孔混凝土;

5—集水管;6—过滤织物;7—未处理粒料;8—透水材料

(4)跌水与急流槽结构图

图 6-23 为一等截面多级跌水结构示意图,槽底具有 1%～2%的纵坡。

急流槽的结构图式如图 6-24 所示。其纵坡比跌水更陡,主要纵坡可达 67%以上,有时需要更陡,为了节省投资和结构稳定起见,槽身倾斜宜控制在 100%以内。

跌水与急流槽均为人工排水沟渠的特殊形式,用于陡坡地段,沟底纵坡可达 100%,是山区公路路基排水常见的结构物。由于纵坡大、水流湍急、冲刷作用严重,所以跌水与急流槽必须用浆砌块石或水泥混凝土砌筑,且应埋设牢固。

(5)雨水口、检查井的构造图

1)雨水口

一般由基础、井身、井口、井箅等部分组成。其水平截面一般为矩形,如图 6-25 所示。

按照集水方式的不同,雨水口可分为平箅式、立箅式和联合式。

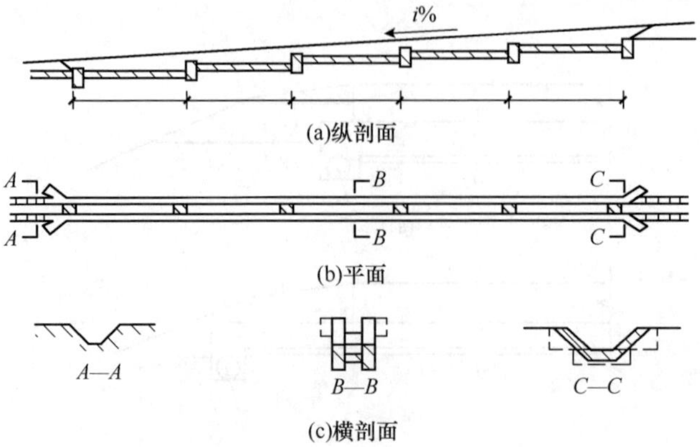

图 6-23　等截面多级跌水结构图

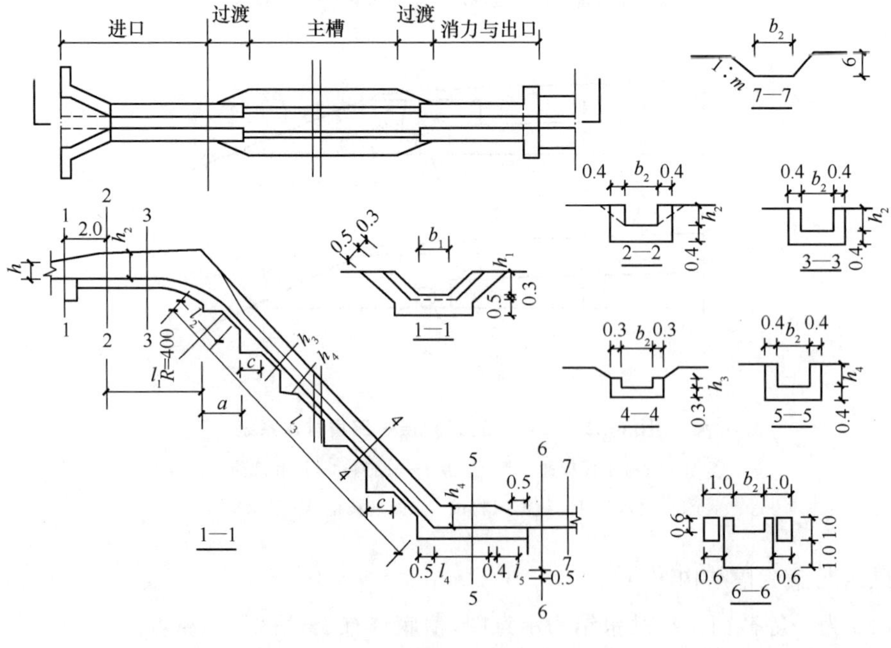

图 6-24　急流槽结构图式(单位:m)

平箅式就是雨水口的收水井箅呈水平状态设在道路或道路边沟上，收水井箅与雨水流动方向平行。平箅式雨水口又分成单箅和双箅。如图 6-26 所示。

立箅式就是雨水口的收水井箅呈竖直状态设在人行道的侧缘石上。井箅与雨水流动方向呈正交。构造图如图 6-27 所示。

联合式就是雨水口兼有上述两种吸水井箅的设置方式，其两井箅成直角。联合式雨水口又分成单箅式、双箅式，如图 6-28 图 6-29 所示。

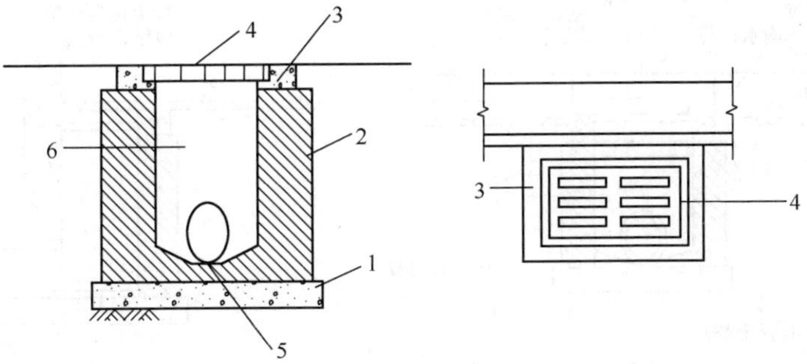

图 6-25　雨水口构造示意图

1—基础;2—井身;3—井箅圈;4—井箅;5—支管;6—井室

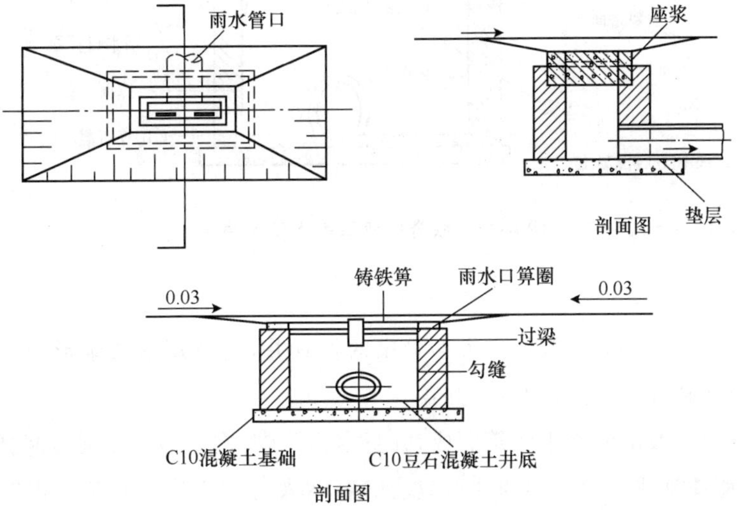

图 6-26　平箅式雨水口平、剖面示意图

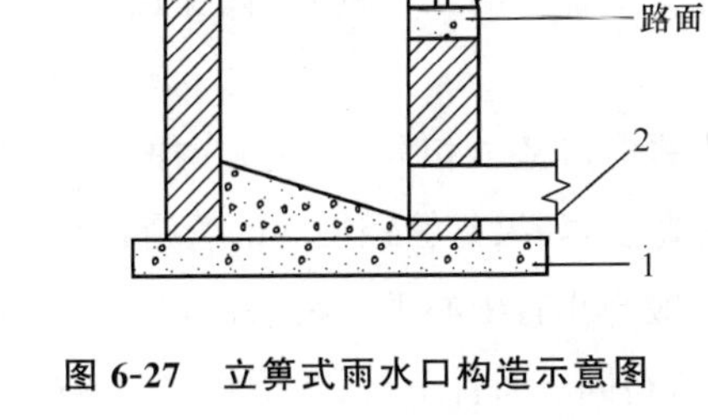

图 6-27　立箅式雨水口构造示意图

1—基础;2—支管;3—井箅;4—井盖

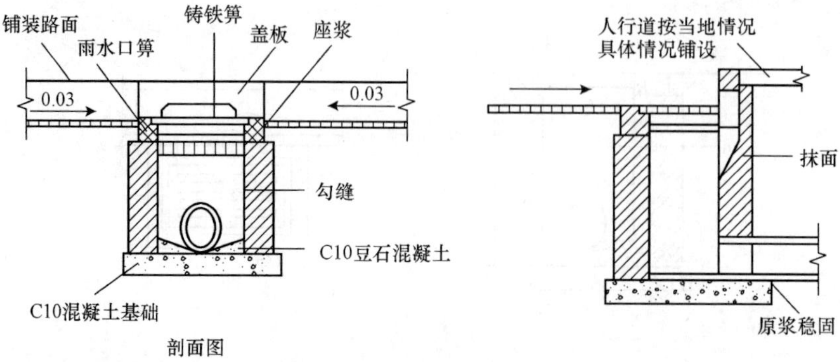

图 6-28 联合式单箅雨水口示意图

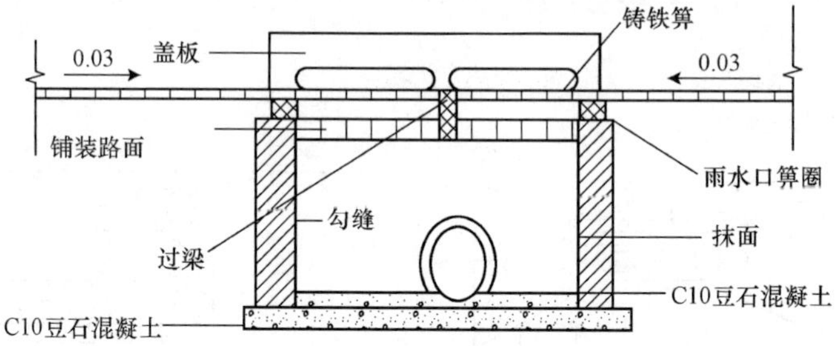

图 6-29 联合式双箅雨水口示意图

2)检查井

检查井的平面形状一般为圆形。大型管渠的检查井,也有矩形或扇形的。一般检查井的基本构造可分为基础部分、井身、井口、井盖。

检查井的基础一般由混凝土浇筑而成,井身多为砖砌,内壁需用水泥砂浆抹面,以防渗漏。井口、井盖多为铸铁制成。检查井的井口应能够容纳人身的进出。井室内也应保证下井操作人员的操作空间。为了降低检查井的井室和井口之间距离,需有一个减缩部分连接。检查井内上、下游管道的联结,是通过检查井底的半圆形或弧形流槽,按上下游管底高程顺接。这样,可以使管内水流在过井时,有较好的水力条件。流槽两侧与检查井井壁面间的沟肩宽度,一般不应小于 20cm,以便维护人员下井时立足。设在管道转弯或管道交汇处的检查井,其流槽的转弯半径,应按管线转角的角度及管径的大小确定,以保证井内水流通顺。一般检查井内的流槽形式,如图 6-30 所示。

雨水检查井、污水检查井的构造基本相同,只是井内的流槽高度有差别。当一般管道按管顶平接时,雨水检查井的流槽高度:如果是管径相同的管道在检查井内连接时,流槽顶与管中心平;如果管径不同,则流槽顶一般与小管中心平。污水检查井的流槽高度:在按管顶平接时,流槽顶一般与管内顶平。也就是说,在同等条件下,污水检查井的流槽要比雨水检查井的高些。

(6)中央分隔带排水

图 6-31 为凸式绿化型中央分隔带采用盲沟排水示意图。直线段的路基,其中央分隔带用

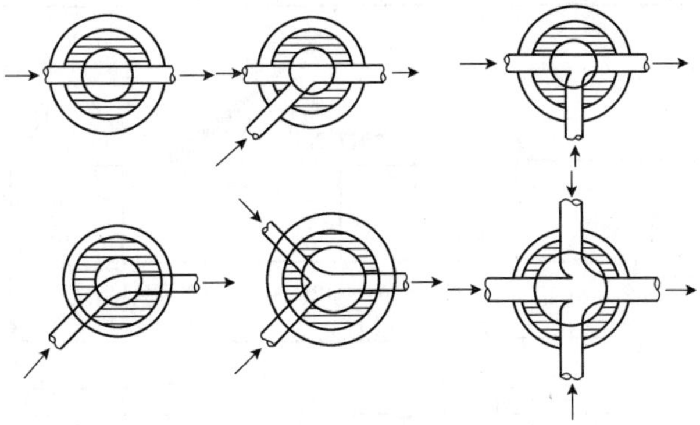

图 6-30　检查井内的流槽形式

现浇薄层水泥混凝土或预制混凝土小块封面时，可不设中央分隔带的地下排水系统；若中央分隔带采用种草皮或灌木时，视降雨量的大小设置盲沟、带孔排水管、横向排水管等地下排水设施。

在有超高的曲线段上，一般应在靠近超高内侧的中央分隔带设置浅碟式或凸形排水沟，在适当的位置设置雨水口(集水井)和地下横向排水管，将雨水排出路基。

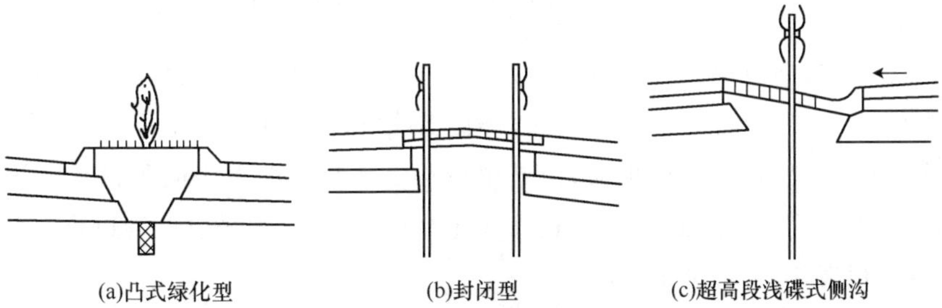

图 6-31　中央分隔带排水示意图

2. 道路排水系统图的识读

(1)道路排水系统平面图的识读

雨水管道的平面详图，一般比例为 1：200～1：500，以布置雨水管线的道路为中心。图上注明：雨水管网干管、主干管的位置；设计管段起讫检查井的位置及其编号；设计管段长度、管径、坡度及管道的排水方向。此外，还注明了道路的宽度并绘出了道路边线及建筑物轮廓线等。还注明了设计管线在道路上的准确位置，以及设计管线与周围建筑物的相对位置关系；设计管线与其他原有或拟建其他地下管线的平面位置关系等，如图 6-32 所示。

(2)道路排水系统断面图识读

雨水管道断面图，是与平面详图相互对应并互为补充的。管道的平面图，是着重反映设计管线在道路上的平面位置；断面图，则是重点突出设计管道在道路以下的状况。为了突出纵断

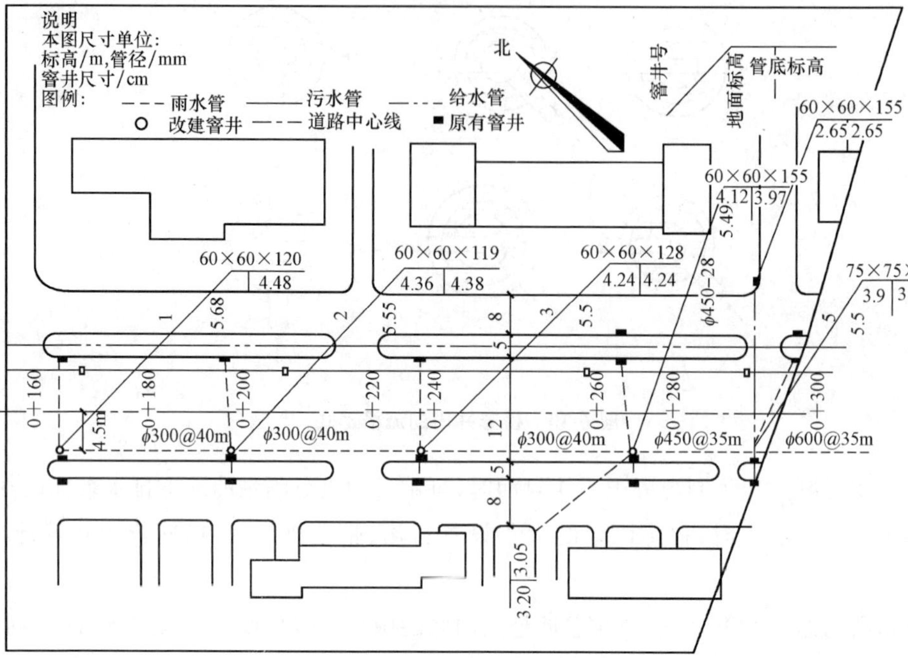

图 6-32　雨水管道部分管段平面图示例

面图的这个特点，一般将纵断面图绘成沿管线方向的比例与竖直方向(挖深方向)的比例不同的形式，沿管线方向的比例一般应与平面详图比例相同，而竖直方向通常采用 1∶50～1∶100。这样，可以使管道的断面加大，位置也变得更明显。图上表明了设计管道的管径、坡度、管内底高程、地面高程、路面高程、检查井修建高程、检查井编号以及管道材料、管道基础类型及旁侧支管的位置等，如图 6-33 所示。

3. 城市桥梁排水系统构造识读

钢筋混凝土结构不宜经受湿润及干晒的交替作用，因此，为防止雨水滞积于桥面并渗入梁体而影响桥梁的耐久性，除在桥面铺装内设置防水层外，应使桥上的雨水迅速引导排出桥外。

(1)桥面排水

桥面排水是借助于桥面纵横坡的作用，把雨水汇入集水碗，并从泄水管排出。

当桥面纵坡大于 2%且桥长小于 50m 时，雨水可流至桥头从引道上排除，桥上就不必设置专门的泄水孔道，为防止雨水冲刷引道路基，可在引道两侧设置流水槽；当桥面纵坡大于 2%且桥长大于 50m 时，宜顺桥长每隔 12～15m 设置一个泄水管；当桥面纵坡小于 2%时，顺桥长每隔 6～8m 设置一个泄水管，如图 6-34 所示。

泄水管设置在行车道两侧，可对称、也可交错排列。泄水管过水面积按每平方米桥面不少于 2～3cm^2。常用的泄水管有钢筋混凝土管和铸铁管两种，如图 6-35 和图 6-36 所示。

对于跨线桥和城市桥梁最好像建筑物那样设置完善的落水管道，将雨水排至地面阴沟或下水道内。

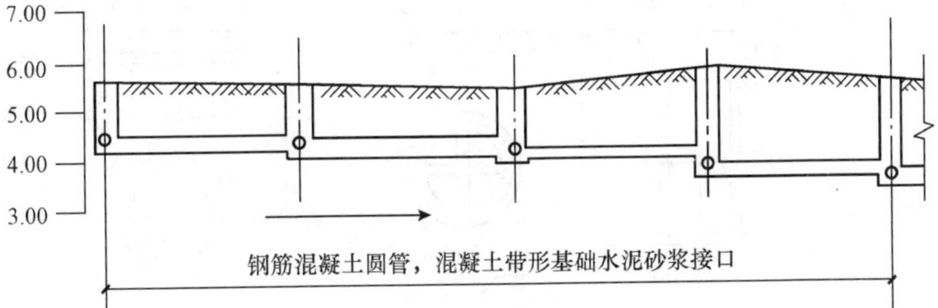

设计路面高程	m	5.68	5.55	5.3	5.49　5.55
管内底高程	m	4.48　4.36	4.36　4.24	4.24　4.12	3.97　3.9
设计管径D	mm	300	300	300	450
管底坡度i	‰	3	3	3	2
递加距离	m	40	40	40	35
检查井编号		1号	2号	3号	4号　5号

图 6-33　雨水管道部分管段断面图

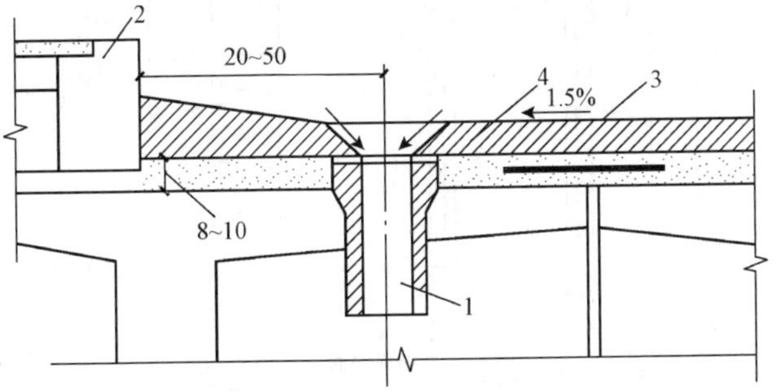

图 6-34　桥面排水管布置示意图(单位:m)

1—泄水管;2—缘石;3—防水混凝土;4—沥青表面处理

(2)防水层

防水层设置在桥面铺装层下面,它将透过铺装层渗下来的雨水接住汇入到泄水管排出。对于严寒地区,为防止渗水而产生冻害,防水层可由两层油毛毡和三层沥青间隔叠置而成,厚度为 1～2cm。其防水性能好,但造价高,施工较麻烦。对于南方地区,可在三角垫层上涂刷一层沥青玛瑶脂,或在铺装层上加铺一层沥青混凝土,也可用防水混凝土作铺装层以提高防水能力,如图 6-37 所示。

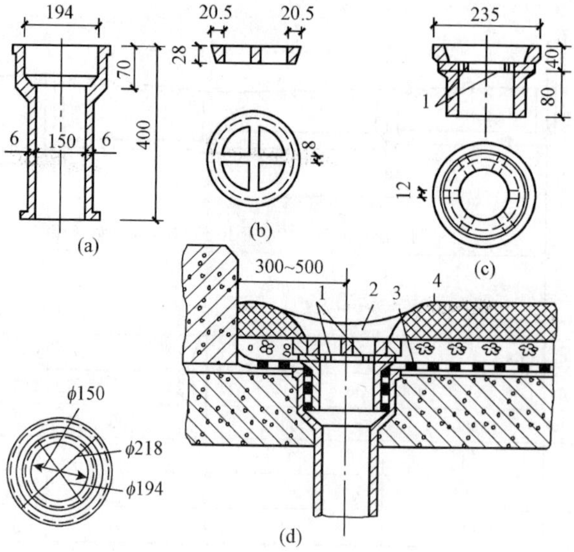

图 6-35　金属泄水管构造图

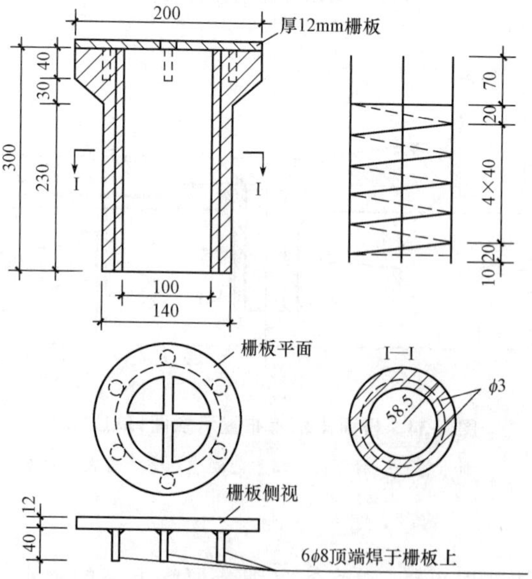

尺寸单位：mm

图 6-36　钢筋混凝土泄水管构造图

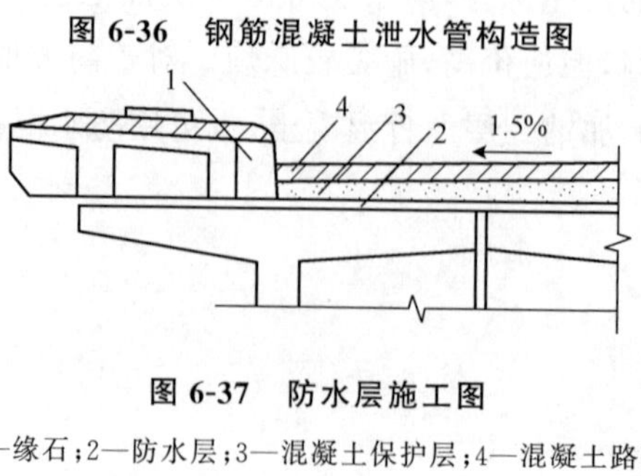

图 6-37　防水层施工图

1—缘石；2—防水层；3—混凝土保护层；4—混凝土路面

第三节 管道工程构件详图

给水排水平面图、管道系统图以及室外管道纵断面图等，表达各种管道的布置情况，施工的时候还需要有施工详图做为依据。

一、详图比例

详图采用的比例较大，一般采用 1∶50、1∶30、1∶20、1∶10、1∶5、1∶2、1∶1、2∶1 的比例，安装详图必须按照施工安装的需要表达得详尽、具体、明确，一般都用正投影绘制，设备的外形可简单画出，管道用双线表示，安装尺寸也应该完整和清晰，主要材料表和有关说明要表达清楚。

二、检查井详图的识读

1. 室外砖砌污水检查井详图的识读

室外砖砌污水检查井详图，如图 6-38 所示。由于检查井外形简单，需要表述的只有内部干管及接入支管的连接和检查井的构造情况，所以三个投影都采用剖面图的形式。其中检查

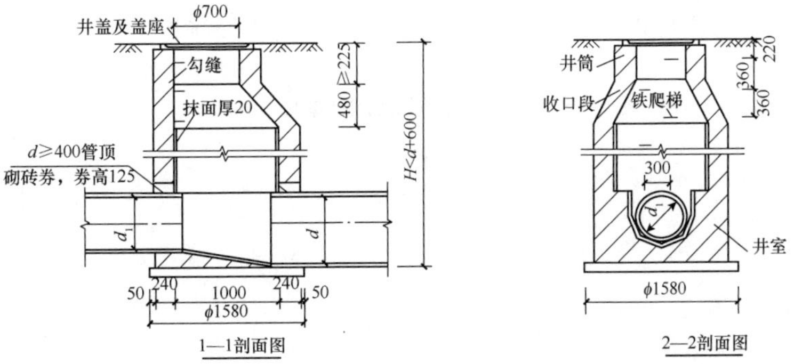

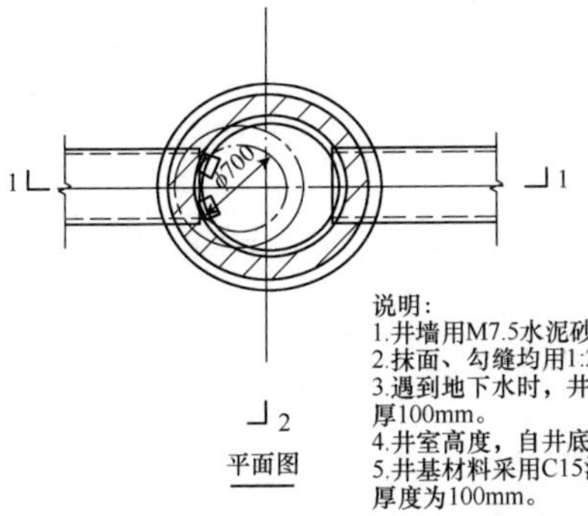

工程数量表

管径 d	砖砌体(m^3)			C15混凝土(m^3)	砂浆抹面(m^2)
	7.62	7.62	7.62		
200	0.39	1.98	0.71	0.20	7.62
300	0.39	2.10	0.71	0.20	7.62
400	0.39	2.21	0.71	0.20	7.62
400	0.39	2.32	0.71	0.22	7.62
600	0.39	2.41	0.71	0.24	7.62

说明：
1.井墙用M7.5水泥砂浆砌MU10砖；无地下水时，可用M5混合砂浆砌MU10砖。
2.抹面、勾缝均用1:2水泥砂浆。
3.遇到地下水时，井外壁抹面至地下水位以上500mm，厚20mm，井底铺碎石，厚100mm。
4.井室高度，自井底至收口段一般为d+1800，当埋深不允许时，可酌情减少。
5.井基材料采用C15混凝土，厚度等于干管管基厚度，若干管为土基时，井基厚度为100mm。

图 6-38 室外砖砌污水检查井详图(单位:mm)

井的平面图与建筑平面图的表达形式一样，实为水平剖面图，但其他两个剖面图中不标注剖切符号，图中的两虚线圆是上端井盖的投影。

2. 盖座及井盖的配筋图的识读

盖座及井盖的配筋图如图 6-39 所示。

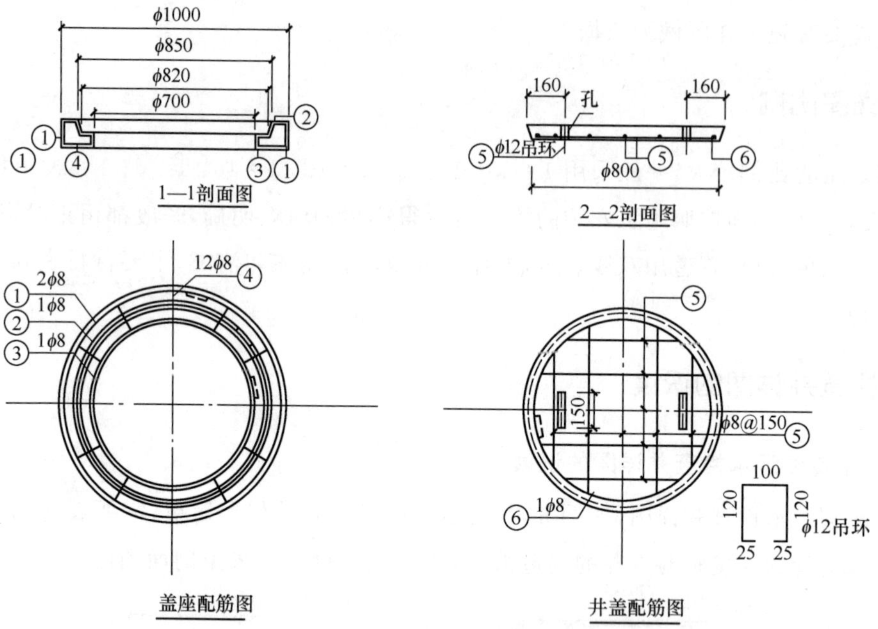

图 6-39　盖座及井盖配筋图(单位:mm)

第七章

市政工程施工图实例

一、设计说明

1. 依据北京市规划委员会2007年7月9日所发的《规划意见书》(2006规意选字0166号);北京市测绘设计研究院2006年12月30日所发的《北京市畜牧兽医总站生物工程与医药产业基地钉桩坐标成果通知单》(测号2006拨地0845)以及甲方提供的《北京生物医药工程产业基地规划设计条件通知书》和本院相关专业提供的资料绘制,供甲方对建筑单体施工定位与报建使用。

2. 图中所注尺寸为建构筑物外墙面间以及外墙与相邻建筑、用地红线、相邻道路边线和道路边线间的距离。图中所注坐标为建筑物外墙交点与用地红线交点的坐标。图中所注标高为建筑物室内±0.00和室外散水坡脚处的标高。高程系统同地形图,坐标系统采用北京市坐标系统。

3. 行政及辅助用房(综合服务楼和传达室)的建筑面积占总建筑面积的6.1%,占地面积为总用地面积的4.9%。

4. 图中单位尺寸以米计。

二、工程概况

总用地面积48969.80m^2,其中代征道路面积7871.50m^2,代征绿地面积2295.90m^2,本次建设用地面积38802.40m^2。

总建筑面积18992.98m^2,其中:地上建筑面积18689.28m^2,地下建筑面积303.70m^2。

建构筑物占地总面积6449.45m^2,其中:地上建构筑物占地面积6169.64m^2,地下建构筑物占地面积279.81m^2。

容积率0.48m^2。

建筑密度15.9%。

道路面积10448.61m^2(含停车场面积,不含代征道路)。

绿化面积17505.46m^2。

绿地率45.1%(不含代征绿地面积)。

停车位123辆。

三、材料做法

1. 道路

(1)路边停车场与厂内道路衔接处其路牙变为平道牙,路面 4m 宽的单坡路两边的路牙为平道牙。

(2)路面纵坡以千分数计,横坡均为 1.5%。

(3)雨水口标高较周围路面标高低 1～2cm。

(4)硬化铺装采用预制异形混凝土连锁砌块。

(5)厂区道路均为水泥混凝土整体路面,小车停车场做法为 8cm 厚嵌草水泥砖做法,详细做法参见道路详图,其它按《水泥混凝土路面施工及验收规范》(GBJ 97－1987)施工。

2. 管线

(1)消防水池与其他管线以相对尺寸定位,所注尺寸为各管线间的距离或其中心距建筑物外墙。

(2)道路边线间的距离,路灯距道路边线 0.5m。

(3)凡设在路面上的井盖标高应与附近路面标高相协调,管线密集处施工时应统一考虑,先施工管线,后施工道路。

(4)各管线与用地红线外接口位置以现场为准。

四、图纸内容

某动物疾病预防与控制中心总平面图如图 7-1 所示(见书后插页);道路竖向图如图 7-2 所示(见书后插页);道路详图如图 7-3 所示;道路施工定位图如图 7-4 所示(见书后插页);室外管线综合图如图 7-5 所示(见书后插页);供暖管道施工定位图如图 7-6 所示(见书后插页);给水排水管道施工平面图如图 7-7 所示(见书后插页)。

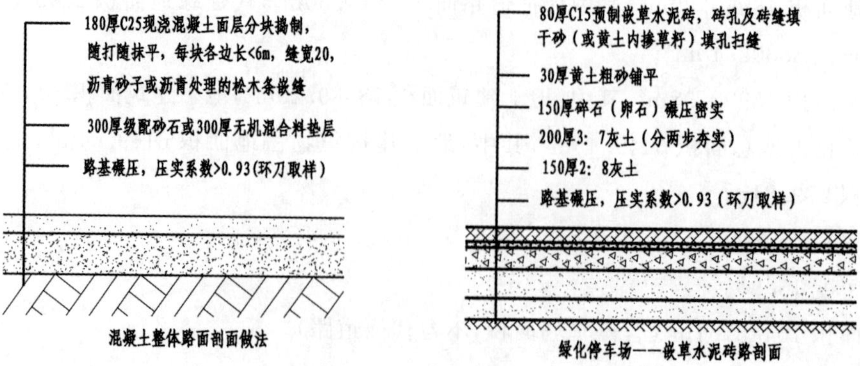

图 7-3 道路详图

参考文献

[1] 白建国．市政工程识图与预算精解[M]．北京：化学工业出版社，2014.

[2] 赵家臻．市政工程常用图表手册[M]．北京：机械工业出版社，2013.

[3] 冯忠居，乌延玲，王彦志．公路涵洞新技术[M]．北京：中国建筑工业出版社，2013.

[4] 赵云华．道路工程制图(第 2 版)[M]．北京：机械工业出版社，2012.

[5] 魏永．给水排水工程[M]．北京：华中科技大学出版社，2011.

[6] 范立础．桥梁工程(上册)(第 2 版)[M]．北京：人民交通出版社，2012.

[7] 周先雁，王解军．桥梁工程(第 2 版)[M]．北京：北京大学出版社，2012.

[8] 王兴国，刘丽珍．桥梁工程[M]．北京：化学工业出版社，2014.

[9] 任伯帜．城市给水排水规划[M]．北京：高等教育出版社，2011.

[10] 闫文杰．市政燃气热力工程施工员培训教材[M]．北京：中国建材工业出版社，2010.

[11] 吴旷怀．道路工程(第 2 版)[M]．北京：中国建筑工业出版社，2012.

[12] 张兴强．道路工程(第 2 版)[M]．北京：北京交通大学出版社，2012.